내신 1등급 문제서

KB132593

절대등급

절대등급

Time Attack

137

절대등급으로
수학 내신 1등급 도전!

- 1등급을 위한 **최고 수준 문제**
- 실전을 위한 **타임어택 1, 3, 7분컷**
- 기출에서 pick한 **출제율 높은 문제**

이 책의 검토에 참여하신 선생님들께 감사드립니다.
김문석(포항제철고), 김영산(전일고), 김종서(마산중앙고), 김종익(대동고)
남준석(마산가포고), 박성복(장원남고), 배정현(세화고), 서효선(천수사대부고)
손동준(포항제철고), 오종현(전주해성고), 윤성호(클라이매쓰), 이태동(세화고), 장진영(장진영수학)
정재훈(금성고), 채종윤(동암고), 최원욱(육민관고)

이 책의 감수에 도움을 주신 분들께 감사드립니다.
권대혁(창원남산고), 권순만(강서고), 김경열(세화여고), 김대의(서문여고), 김백중(고려고), 김영민(행신고)
김영욱(혜성여고), 김종관(진선여고), 김종성(중산고), 김종우(우신고), 김준기(중산고), 김지현(진명여고), 김헌충(고려고)
김현주(살레시오여고), 김형섭(경산과학고), 나준영(단대부고), 류병렬(대진여고), 박기헌(울산외고)
백동훈(청구고), 손태진(풍문고), 송영식(혜성여고), 송진웅(대동고), 유태혁(세화고), 윤신영(대륜고)
이경란(일산대진고), 이성기(세화여고), 이승열(제일고), 이의원(인천국제고), 이장원(세화고), 이주현(목동고)
이준배(대동고), 임성균(인천과학고), 전윤미(한가람고), 정지현(수도여고), 최동길(대구여고)

이 책을 검토한 선배님들께 감사드립니다.
김은지(서울대), 김형준(서울대), 안소현(서울대), 이우석(서울대), 최윤성(서울대)

내신 1등급
문제서

절대등급

수학 II

수학의 매력은 결과가
절대적으로 확실하다는 데 있다.

By 루이스 캐롤

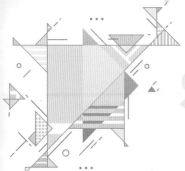

structure 이 책의 **특장점**

절대등급은

전국 500개 최근 학교 시험 문제를 분석하고 내신 1등급이라면 꼭 풀어야 하는 문제들만을 엄선하여 효과적으로 내신 1등급 대비가 가능하게 구성한 상위권 실전 문제집입니다.

첫째, 타임어택 1, 3, 7분컷!

학교 시험 문제 중에서

출제율이 높은 문제를 기본과 실력으로 나누고

1등급을 결정짓는 변별력 있는 문제를 선별하여

[기본 문제 1분컷], [실력 문제 3분컷],

[최상위 문제 7분컷]의 3단계 난이도로 구성하였습니다.

제한된 시간 안에 문제를 푸는 연습을 하여

실전에 대한 감각을 기르고, 세 단계를 차례로 해결하면서

탄탄하게 실력을 쌓을 수 있습니다.

둘째, 격이 다른 문제!

원리를 해석하면 감각적으로 풀리는 문제,

다양한 영역을 통합적으로 생각해야 하는 문제,

최근 떠오르고 있는 새로운 유형의 문제 등

계산만 복잡한 문제가 아닌 수학적 사고력과

문제해결력을 기를 수 있는 문제들로

구성하였습니다.

셋째, 차별화된 해설!

[전략]을 통해 풀이의 실마리를 제시하였고,

이해하기 쉬운 깔끔한 풀이와

한 문제에 대한 여러 가지 해결 방법,

사고의 폭을 넓혀주는 친절한 Note를

다양하게 제시하여 문제, 문제마다

충분한 점검을 할 수 있습니다.

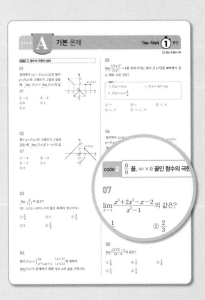
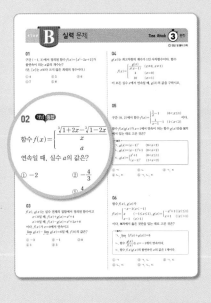

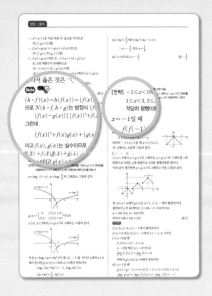

contents

이 책의 **차례**

I. 함수의 극한과 연속

01. 함수의 극한

$\lim\limits_{x \to a} f(x)$의 값은
$f(a)$와 다를 수도 있고,
$f(x)$가 $x=a$에서
정의되지 않아도 된다.

1 수렴

(1) 함수 $f(x)$에서 x의 값이 a가 아니면서 a에 한없이 가까워질 때, $f(x)$의 값이 L에 한없이 가까워지면 $f(x)$는 L에 **수렴**한다 하고

$$x \to a일 \text{ 때 } f(x) \to L \text{ 또는 } \lim\limits_{x \to a} f(x) = L$$

과 같이 나타낸다. 또, L을 $x=a$에서 $f(x)$의 **극한값** 또는 **극한** 이라 한다.

$x=a$에서
좌극한과 우극한이 다르면
$x=a$에서 극한값이 없다.

(2) 함수 $f(x)$에서 x의 값이 a보다 크면서 a에 한없이 가까워질 때, $f(x)$의 값이 L에 한없이 가까워지면 L을 $f(x)$의 **우극한**이라 하고 $\lim\limits_{x \to a+} f(x) = L$로 나타낸다.

또, x의 값이 a보다 작으면서 a에 한없이 가까워질 때, $f(x)$의 값이 M에 한없이 가까워지면 M을 $f(x)$의 **좌극한**이라 하고 $\lim\limits_{x \to a-} f(x) = M$으로 나타낸다.

(3) 함수 $f(x)$가 $x=a$에서 수렴하면 좌극한과 우극한이 같다. 즉,

$$\lim\limits_{x \to a} f(x) = L \Longleftrightarrow \lim\limits_{x \to a+} f(x) = \lim\limits_{x \to a-} f(x) = L$$

2 발산

$y = \dfrac{1}{x}$의 그래프를 생각하면

$$\lim\limits_{x \to 0+} \frac{1}{x} = \infty, \quad \lim\limits_{x \to 0-} \frac{1}{x} = -\infty,$$

$$\lim\limits_{x \to \infty} \frac{1}{x} = 0, \quad \lim\limits_{x \to -\infty} \frac{1}{x} = 0$$

(1) $x \to a$일 때 $f(x)$의 값이 한없이 커지면 $f(x)$는 양의 무한 대로 **발산**한다 하고 $\lim\limits_{x \to a} f(x) = \infty$로 나타낸다.

또, $f(x)$의 값이 음수이면서 절댓값이 한없이 커지면 음의 무한대로 **발산**한다 하고 $\lim\limits_{x \to a} f(x) = -\infty$로 나타낸다.

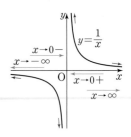

(2) x의 값이 한없이 커질 때 $x \to \infty$로 나타내고, x의 값이 음수 이면서 절댓값이 한없이 커질 때 $x \to -\infty$로 나타낸다.

3 극한의 성질

극한의 성질을 이용하면
$\lim\limits_{x \to a} x^n = a^n$, $\lim\limits_{x \to a} cx^n = ca^n$
또, $f(x)$가 다항식이면
$\lim\limits_{x \to a} f(x) = f(a)$

함수 $f(x)$, $g(x)$에 대하여 $\lim\limits_{x \to a} f(x)$, $\lim\limits_{x \to a} g(x)$의 값이 존재할 때

(1) $\lim\limits_{x \to a} cf(x) = c \lim\limits_{x \to a} f(x)$ (단, c는 상수)

(2) $\lim\limits_{x \to a} \{f(x) \pm g(x)\} = \lim\limits_{x \to a} f(x) \pm \lim\limits_{x \to a} g(x)$

(3) $\lim\limits_{x \to a} f(x)g(x) = \lim\limits_{x \to a} f(x) \times \lim\limits_{x \to a} g(x)$

(4) $\lim\limits_{x \to a} \dfrac{f(x)}{g(x)} = \dfrac{\lim\limits_{x \to a} f(x)}{\lim\limits_{x \to a} g(x)}$ $\left(단, \lim\limits_{x \to a} g(x) \neq 0\right)$

(5) $f(x) < g(x)$이면 $\lim\limits_{x \to a} f(x) \leq \lim\limits_{x \to a} g(x)$

4 극한의 계산

무리식을 포함한 $\dfrac{0}{0}$ 꼴은
분자나 분모를 유리화한다.

(1) $x \to a$일 때 $\dfrac{0}{0}$ 꼴의 극한 $\Rightarrow$ 분자, 분모를 $x-a$로 나눌 수 있는 꼴로 정리한다.

(2) $x \to \infty$일 때 $\dfrac{\infty}{\infty}$ 꼴의 극한 $\Rightarrow$ 분모의 최고차항으로 분자, 분모를 나눈다.

(3) $x \to a$일 때 $0 \times \infty$ 꼴의 극한 $\Rightarrow$ ∞ 부분을 역수로 나타내어 $\dfrac{0}{0}$ 꼴로 고친다.

(4) $x \to -\infty$인 경우 $-x = t$로 치환하고 $t \to \infty$일 때의 극한을 생각한다.

5 극한과 미정계수

(1) $\lim\limits_{x \to a} \dfrac{f(x)}{g(x)}$가 수렴하고 $x \to a$일 때 $g(x) = 0$이면 $\lim\limits_{x \to a} f(x) = 0$이다.

(2) $\lim\limits_{x \to a} \dfrac{f(x)}{g(x)}$가 0이 아닌 값에 수렴하고 $x \to a$일 때 $f(x) = 0$이면 $\lim\limits_{x \to a} g(x) = 0$이다.

(3) $f(x)$, $g(x)$가 다항식이고 $\lim\limits_{x \to \infty} \dfrac{f(x)}{g(x)}$가 0이 아닌 값에 수렴하면 $f(x)$와 $g(x)$의 차수 는 같고, 극한값은 최고차항의 계수의 비이다.

code 1 함수의 극한의 정의

01

정의역이 $\{x \mid -2 \leq x \leq 2\}$인 함수 $y=f(x)$의 그래프가 그림과 같을 때, $\lim\limits_{x \to -1-} f(x) + \lim\limits_{x \to 1+} f(x)$의 값은?

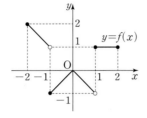

① -2　　　　② -1
③ 0　　　　④ 1
⑤ 2

02

함수 $y=f(x)$의 그래프가 그림과 같을 때, $\lim\limits_{x \to 1+} f(x)f(1-x)$의 값은?

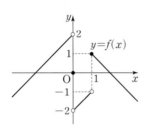

① -4　　　　② -2
③ -1　　　　④ 1
⑤ 2

03

$\lim\limits_{x \to 3-} \dfrac{x}{[x]}$의 값은?
(단, $[x]$는 x보다 크지 않은 최대의 정수이다.)

① $\dfrac{1}{2}$　　　　② 1　　　　③ $\dfrac{3}{2}$

④ 2　　　　⑤ $\dfrac{5}{2}$

04

함수 $f(x)=\begin{cases} 3x & (x>2) \\ x^2+ax+1 & (x \leq 2) \end{cases}$에 대하여 $\lim\limits_{x \to 2} f(x)$가 존재하기 위한 상수 a의 값을 구하시오.

05

$\lim\limits_{x \to 0} \dfrac{\{f(x)\}^2}{f(x^2)}=4$를 만족시키는 함수 $f(x)$만을 **보기**에서 있는 대로 고른 것은?

┌─ 보기 ─
ㄱ. $f(x)=4|x|$　　　　ㄴ. $f(x)=2x^2+2x$
ㄷ. $f(x)=x+\dfrac{4}{x}$
└─

① ㄱ　　　　② ㄴ　　　　③ ㄱ, ㄷ
④ ㄴ, ㄷ　　　　⑤ ㄱ, ㄴ, ㄷ

06

정의역이 $\{x \mid 0 \leq x \leq 4\}$인 함수 $y=f(x)$의 그래프가 그림과 같다. $\lim\limits_{x \to 0+} f(f(x)) + \lim\limits_{x \to 2+} f(f(x))$의 값을 구하시오.

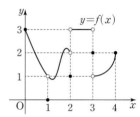

code 2 $\dfrac{0}{0}$ 꼴, $\infty \times 0$ 꼴인 함수의 극한값 구하기

07

$\lim\limits_{x \to 1} \dfrac{x^3+2x^2-x-2}{x^3-1}$의 값은?

① $\dfrac{1}{3}$　　　　② $\dfrac{2}{3}$　　　　③ 1

④ 2　　　　⑤ 6

08

$\lim\limits_{x \to 3} \dfrac{\sqrt{x+1}-2}{2x-6}$의 값은?

① $\dfrac{1}{8}$　　　　② $\dfrac{1}{7}$　　　　③ $\dfrac{1}{6}$

④ $\dfrac{1}{5}$　　　　⑤ $\dfrac{1}{4}$

09

$\lim\limits_{x \to 0} \dfrac{\sqrt{1+3x}-\sqrt{1-3x}}{x}$의 값은?

① 1   ② 2   ③ 3

④ 4   ⑤ 5

10

$\lim\limits_{x \to 1} \dfrac{1}{x-1}\left\{\dfrac{1}{(x-2)^2}-1\right\}$의 값은?

① -1   ② 0   ③ 1

④ 2   ⑤ 3

code **3** $\dfrac{\infty}{\infty}$ 꼴, $\infty - \infty$ 꼴인 함수의 극한값 구하기

11

$\lim\limits_{x \to \infty} \dfrac{4x}{\sqrt{x^2+2}+3x}$의 값은?

① -2   ② -1   ③ 0

④ 1   ⑤ 2

12

$\lim\limits_{x \to \infty} (\sqrt{x^2+3x}-x)$의 값은?

① $-\dfrac{1}{2}$ ② 0   ③ $\dfrac{1}{2}$

④ 1   ⑤ $\dfrac{3}{2}$

13

$\lim\limits_{x \to -\infty} \dfrac{\sqrt{x^2+x}+\sqrt{x^2-x}}{x}$의 값은?

① -2   ② $-\dfrac{1}{2}$ ③ $\dfrac{1}{2}$

④ 1   ⑤ 2

code **4** 미정계수의 결정

14

$\lim\limits_{x \to -1} \dfrac{x^2+ax+b}{x+1}=3$일 때, $a+b$의 값은?

① 1   ② 3   ③ 5

④ 7   ⑤ 9

15

$\lim\limits_{x \to 2} \dfrac{x^2-ax+8}{x^2-(2+b)x+2b}=\dfrac{1}{4}$일 때, a, b의 값을 구하시오.

16

$a<0$이고 $\lim\limits_{x \to 3} \dfrac{1}{x-3}\left(\dfrac{1}{x+a}-\dfrac{1}{b}\right)=-\dfrac{1}{16}$일 때, a, b의 값을 구하시오.

17

$\lim\limits_{x \to 2} \dfrac{a\sqrt{x-3}+b}{x-2}=1$일 때, a^2+b^2의 값은?

① 6   ② 7   ③ 8

④ 9   ⑤ 10

18

a, b가 실수이고 $\lim\limits_{x \to \infty} (\sqrt{2x^2+x}-ax)=b$일 때, ab의 값은?

① $-\dfrac{1}{2}$ ② $-\dfrac{1}{4}$ ③ 0

④ $\dfrac{1}{4}$ ⑤ $\dfrac{1}{2}$

code 5   함수 구하기

19

$f(x)$가 다항함수이고
$$\lim\limits_{x \to 1} \frac{f(x)}{x^2-1}=2, \quad \lim\limits_{x \to \infty} \frac{f(x)}{x^2-1}=3$$
일 때, $f(2)$의 값은?

① 1   ② 3   ③ 7

④ 11   ⑤ 15

20

$f(x)$가 다항함수이고
$$\lim\limits_{x \to \infty} \left\{ \frac{f(x)}{x^2}+x \right\}=3, \quad \lim\limits_{x \to 1} \frac{f(x)}{x-1}=2$$
일 때, $f(3)$의 값을 구하시오.

code 6   극한의 성질

21

함수 $f(x)$에 대하여 $\lim\limits_{x \to 0} \dfrac{x}{f(x)}=1$일 때,

$\lim\limits_{x \to 0} \dfrac{x+4f(x)}{3x^2+2f(x)}$의 값은?

① $\dfrac{1}{3}$ ② $\dfrac{1}{2}$ ③ 1

④ $\dfrac{3}{2}$ ⑤ $\dfrac{5}{2}$

22

함수 $f(x)$에 대하여 $\lim\limits_{x \to 2} \dfrac{f(x-2)}{x^2-2x}=3$일 때,

$\lim\limits_{x \to 0} \dfrac{f(x)}{x}$의 값은?

① 1   ② 3   ③ 6

④ 8   ⑤ 9

23

두 함수 $f(x)$, $g(x)$에 대하여
$$\lim\limits_{x \to \infty} f(x)=\infty, \quad \lim\limits_{x \to \infty} \{4f(x)-3g(x)\}=\frac{5}{2}$$
일 때, $\lim\limits_{x \to \infty} \dfrac{-2f(x)+6g(x)}{2f(x)-3g(x)}$의 값을 구하시오.

24

함수 $f(x)$가 모든 실수 x에 대하여
$2x<f(x)<2x+3$일 때, $\lim\limits_{x \to \infty} \dfrac{\{f(x)\}^2}{2x^2+3}$의 값은?

① $\dfrac{1}{4}$ ② $\dfrac{1}{2}$ ③ 1

④ 2   ⑤ 4

25

함수의 극한에 대한 설명으로 항상 옳은 것만을 **보기**에서 있는 대로 고른 것은?

> **● 보기 ●**
> ㄱ. $\lim_{x \to 0} f(x) = 1$이면 $f(0) = 1$이다.
> ㄴ. $\lim_{x \to 1} f(x) = 1$이면 $\lim_{x \to \infty} f\left(1 + \dfrac{1}{x}\right) = 1$이다.
> ㄷ. $f(x) < g(x) < h(x)$이고 $\lim_{x \to 0} f(x) = 0$, $\lim_{x \to 0} h(x) = 0$ 이면 $\lim_{x \to 0} g(x) = 0$이다.

① ㄱ   ② ㄷ   ③ ㄱ, ㄴ
④ ㄴ, ㄷ   ⑤ ㄱ, ㄴ, ㄷ

26

함수 $f(x)$, $g(x)$에 대하여 **보기**에서 옳은 것만을 있는 대로 고른 것은?

> **● 보기 ●**
> ㄱ. $\lim_{x \to a} f(x)$, $\lim_{x \to a} f(x)g(x)$가 각각 수렴하면 $\lim_{x \to a} g(x)$ 도 수렴한다.
> ㄴ. $\lim_{x \to a} f(x)$, $\lim_{x \to a} \dfrac{f(x)}{g(x)}$가 각각 수렴하면 $\lim_{x \to a} g(x)$도 수렴한다.
> ㄷ. $\lim_{x \to a} g(x)$, $\lim_{x \to a} \dfrac{f(x)}{g(x)}$가 각각 수렴하면 $\lim_{x \to a} f(x)$도 수렴한다.

① ㄱ   ② ㄴ   ③ ㄷ
④ ㄱ, ㄷ   ⑤ ㄱ, ㄴ, ㄷ

code 7 **극한의 활용**

27

직선 $y = \dfrac{1}{2}(x+1)$ 위에 두 점 $A(-1, 0)$과 $P\left(t, \dfrac{t+1}{2}\right)$이 있다. 점 P를 지나고 직선 $y = \dfrac{1}{2}(x+1)$에 수직인 직선이 y축과 만나는 점을 Q라 할 때, $\lim_{t \to \infty} \dfrac{\overline{AQ}}{\overline{AP}}$의 값을 구하시오.

28

그림과 같이 곡선 $y = x^2$ 위의 점 P와 $\overline{OP} = \overline{OQ}$가 되는 x축 위의 점 Q가 있다. 직선 PQ가 y축과 만나는 점을 R라 하자. 점 P가 곡선을 따라 원점 O에 가까워질 때, 점 R가 가까워지는 점의 y좌표는? (단, P, Q의 x좌표는 양수이다.)

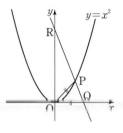

① $\dfrac{1}{2}$ ② 1   ③ $\dfrac{3}{2}$
④ 2   ⑤ $\dfrac{5}{2}$

29

그림과 같이 곡선 $y = 2x^2$ 위의 원점이 아닌 점 P에 대하여 y축 위의 점 Q를 중심으로 하고 원점과 점 P를 지나는 원이 있다. 점 P가 원점 O에 한없이 가까워질 때, 점 Q가 한없이 가까워지는 점의 좌표를 구하시오.

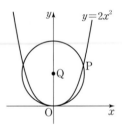

30

원 $x^2 + y^2 = 1$과 곡선 $y = \sqrt{x+1}$이 직선 $x = t \ (0 < t < 1)$과 제1사분면에서 만나는 점을 각각 P, Q라 하자. 삼각형 OPQ의 넓이를 $S(t)$라 할 때, $\lim_{t \to 0+} \dfrac{S(t)}{t^2}$의 값을 구하시오. (단, O는 원점이다.)

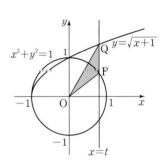

01 개념 통합

a, b가 실수이고 $\lim\limits_{x \to 8} \dfrac{x-8}{\sqrt[3]{x}-2}=a$, $\lim\limits_{x \to 0} \dfrac{1}{x}\left(1-\dfrac{1}{\sqrt{x+1}}\right)=b$ 일 때, ab의 값은?

① 3   ② 6   ③ 8
④ 10   ⑤ 12

02

$a>1$일 때, $\lim\limits_{x \to 1} \dfrac{|x-a|-(a-1)}{x-1}$의 값은?

① 1   ② $\dfrac{1}{2}$ ③ 0
④ -1 ⑤ -2

03

$\lim\limits_{x \to 1} \dfrac{x^{2n-1}+x-2}{x^{n+1}-1}=\dfrac{3}{2}$일 때, 1보다 큰 자연수 n의 값은?

① 2   ② 3   ③ 4
④ 5   ⑤ 6

04

정수 n과 $0 \le \alpha < 1$에 대하여 $x=n+\alpha$일 때, $f(x)=\alpha$라 하자. $\lim\limits_{x \to 4+} \dfrac{f(x)}{x^2-3x-4}$의 값은?

① $\dfrac{1}{2}$ ② $\dfrac{1}{3}$ ③ $\dfrac{1}{4}$
④ $\dfrac{1}{5}$ ⑤ $\dfrac{1}{6}$

05

n이 정수이고 $\lim\limits_{x \to n} \dfrac{[x]^2+2x}{[x]}$의 값이 존재할 때, n의 값과 극한값을 구하시오.
(단, $[x]$는 x보다 크지 않은 최대의 정수이다.)

06

α, β가 서로 다른 두 실수이고 $\alpha+\beta=1$일 때,
$\lim\limits_{x \to \infty} \dfrac{\sqrt{x+\alpha^2}-\sqrt{x+\beta^2}}{\sqrt{4x+\alpha}-\sqrt{4x+\beta}}$의 값은?

① $\dfrac{1}{4}$ ② $\dfrac{1}{2}$ ③ 1
④ 2   ⑤ 4

07

a, b, c가 실수이고 $\lim\limits_{x \to 0} \dfrac{\sqrt{(1+x)^3}-(a+bx)}{x^2}=c$일 때, $a+b+c$의 값은?

① $\dfrac{23}{8}$　　　　② $\dfrac{21}{8}$　　　　③ $\dfrac{19}{8}$

④ $\dfrac{17}{8}$　　　　⑤ $\dfrac{15}{8}$

08

$\lim\limits_{x \to \infty} x(\sqrt{4x^2+4x-5}+ax+b)$의 값이 존재할 때, a, b의 값과 극한값을 구하시오.

09

함수 $y=f(x)$의 그래프가 그림과 같다.

$\lim\limits_{t \to \infty} f\left(\dfrac{t-1}{t+1}\right)+\lim\limits_{t \to -\infty} f\left(\dfrac{4t-1}{t+1}\right)$

의 값은?

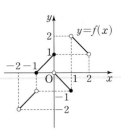

① 3　　　　② 4

③ 5　　　　④ 6

⑤ 7

10

함수 $f(x)=x^2-2x+1$, $g(x)=[x]$일 때, **보기**에서 옳은 것만을 있는 대로 고른 것은?

(단, $[x]$는 x보다 크지 않은 최대의 정수이다.)

---• 보기 •---
ㄱ. $\lim\limits_{x \to 0} g(x)=0$　　　　ㄴ. $\lim\limits_{x \to 1} g(f(x))=0$

ㄷ. $\lim\limits_{x \to 0+} f(g(x))=1$

---

① ㄱ　　　　② ㄴ　　　　③ ㄱ, ㄴ

④ ㄴ, ㄷ　　　　⑤ ㄱ, ㄴ, ㄷ

11 개념 통합

$-2<x<2$에서 정의된 함수 $y=f(x)$의 그래프가 그림과 같을 때, **보기**에서 옳은 것만을 있는 대로 고른 것은?

---• 보기 •---
ㄱ. $\lim\limits_{x \to 1+} f(x)=2$　　　　ㄴ. $\lim\limits_{x \to 0+} f^{-1}(f^{-1}(x))=-1$

ㄷ. $\lim\limits_{x \to a-} f^{-1}(x)+\lim\limits_{x \to a+} f^{-1}(x)=-1$을 만족시키는 실수 a는 1개이다.

---

① ㄱ　　　　② ㄱ, ㄴ　　　　③ ㄱ, ㄷ

④ ㄴ, ㄷ　　　　⑤ ㄱ, ㄴ, ㄷ

12

$f(x)$는 $x>0$에서 정의된 함수이다.

$$2x-3 \le f(x) \le (x-1)^2$$

일 때, $\lim\limits_{x \to 2} \dfrac{\{f(x)\}^2+f(x)-6}{f(x)-2}$의 값을 구하시오.

13

함수 $f(x)$, $g(x)$는 모든 실수 x에 대하여
$f(x) \neq g(x)$, $g(x) \neq 0$이다.

$$\lim_{x \to \infty} g(x) = 0, \quad \lim_{x \to \infty} \frac{f(x) + 2g(x)}{\{g(x)\}^2} = 3$$

일 때, $\lim\limits_{x \to \infty} \dfrac{3f(x) + g(x)}{f(x) - g(x)}$의 값은?

① -1 ② $-\dfrac{1}{3}$ ③ $\dfrac{1}{3}$

④ 1 ⑤ $\dfrac{5}{3}$

14

$f(x)$가 삼차함수이고
$$\lim_{x \to 1} \frac{f(x)}{x - 1} = 0, \quad \lim_{x \to 3} \frac{f(x) + 4}{x - 3} = 4$$
일 때, $f(2)$의 값은?

① -3 ② -1 ③ 1
④ 3 ⑤ 5

15

$f(x)$는 최고차항의 계수가 1인 이차함수이다.
$\lim\limits_{x \to 2} \dfrac{f(x)}{|x - 2|}$의 값이 존재할 때, $f(4)$의 값은?

① -2 ② 0 ③ 2
④ 4 ⑤ 6

16

$f(x)$는 x^2의 계수가 1인 이차함수이다.
$\lim\limits_{x \to \infty} f\left(\dfrac{1}{x}\right) = 3$이고 $\lim\limits_{x \to 0} |x| \left\{ f\left(\dfrac{1}{x}\right) - f\left(-\dfrac{1}{x}\right) \right\}$의 값이 존재할 때, $f(2)$의 값은?

① 1 ② 3 ③ 5
④ 7 ⑤ 9

17 개념 통합

$f(x)$, $g(x)$는 다항함수이고 다음 조건을 모두 만족시킨다.

> (가) $f(x)$를 $(x - 2)^2$으로 나눈 몫은 $g(x)$이다.
> (나) $g(x)$를 $x - 3$으로 나눈 나머지는 6이다.
> (다) $\lim\limits_{x \to 3} \dfrac{f(x) - g(x)}{x - 3} = 4$

$f(2)$의 값은?

① 4 ② 6 ③ 8
④ 10 ⑤ 12

18

함수 $f(x)$에 대하여 $\lim\limits_{x \to -3} \dfrac{f(x + 3)}{(x + 3)(x + 1)(x - 1)} = 3$일 때,
$\lim\limits_{x \to 0} \dfrac{x^2 f(x) - 4f(x)}{x^3 - 3x^2 - 4x}$의 값은?

① 20 ② 24 ③ 28
④ 32 ⑤ 36

19

$f(x)$는 x^2의 계수가 1인 이차함수이고

$$\lim_{x \to a} \frac{\{f(x)\}^2 + (x-a)^2}{\{f(x)\}^2 - (x-a)^2} = \frac{25}{24}$$

이다. 방정식 $f(x+a)=0$의 두 근을 α, β라 할 때, $|\alpha| + |\beta|$의 값은?

① 7   ② 8   ③ 9

④ 10   ⑤ 11

20

$f(x)$는 최고차항의 계수가 1이 아닌 다항함수이고, 다음 조건을 모두 만족시킨다.

> (가) $\lim_{x \to \infty} \dfrac{\{f(x)\}^2 - f(x^2)}{x^2 f(x)} = 4$
>
> (나) $\lim_{x \to 2} \dfrac{f(x) - 3}{x - 2} = 6$

$f(1)$의 값은?

① 1   ② 2   ③ 3

④ 4   ⑤ 5

21

$f(x)$, $g(x)$는 다항함수이다.

$f(x) + x - 1 = (x-1)g(x)$이고 $\lim\limits_{x \to 1} \dfrac{g(x) - 2x}{x - 1}$의 값이 존재할 때, $\lim\limits_{x \to 1} \dfrac{f(x)g(x)}{x^2 - 1}$의 값은?

① 1   ② 2   ③ 3

④ 4   ⑤ 5

22

$f(x)$가 다항함수이고,

$$\lim_{x \to 0} \frac{x}{f(x)} = 2, \quad \lim_{x \to 1} \frac{x-1}{f(x)} = 4$$

일 때, $\lim\limits_{x \to 1} \dfrac{f(f(x))}{3x^2 - x - 2}$의 값은?

① $\dfrac{1}{40}$ ② $\dfrac{1}{20}$ ③ $\dfrac{1}{10}$

④ $\dfrac{3}{20}$ ⑤ $\dfrac{1}{5}$

23 신유형

좌표평면 위에 원점 O와 점 A(3, 0), B(3, 3), C(0, 3)이 있다. $a > 0$일 때, 함수 $y = \dfrac{1}{x-a} + a$의 그래프가 정사각형 OABC와 만나는 점의 개수를 $f(a)$라 하자.

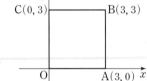

$\lim\limits_{a \to 1+} f(a) + \lim\limits_{a \to 2+} f(a) + \lim\limits_{a \to 4-} f(a)$의 값은?

① 5   ② 6   ③ 7

④ 8   ⑤ 9

24

$t > 0$일 때, 도형 $|x| + |y| = t$와 원 $x^2 + y^2 = 1$이 만나는 점의 개수를 $f(t)$라 하자. $\lim\limits_{t \to \sqrt{2}-} f(t) + \lim\limits_{t \to 1+} f(t)$의 값은?

① 0   ② 2   ③ 4

④ 8   ⑤ 16

25

그림과 같이 직선 AC′과 직선 BO′의 기울기가 각각 $\dfrac{1}{t^2-1}$, $\dfrac{1}{1-t^3}$이 되도록 하는 선분 CB, OA 위의 두 점을 C′, O′이라 하고, 직선 AC′과 직선 BO′의 교점을 D라 하자. 직선 AC′의 기울기는 한없이 작아지고 직선 BO′의 기울기는 한없이 커지도록 t가 변할 때, 삼각형 C′BD와 삼각형 AO′D의 넓이의 비를 가장 간단한 자연수의 비로 나타내시오.

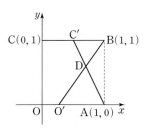

26

그림과 같이 곡선 $y=x^2$ 위의 점 P, x축 위의 점 Q, y축 위의 점 R에 대하여 $\overline{PO}=\overline{PQ}$, $\overline{RO}=\overline{RP}$이다. P의 x좌표가 $t\,(t>0)$일 때, 삼각형 POQ와 삼각형 PRO의 넓이를 각각 $S(t)$, $T(t)$라 하자. $\displaystyle\lim_{t\to 0+}\dfrac{T(t)-S(t)}{t}$의 값은? (단, O는 원점이다.)

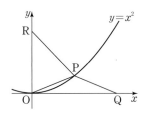

① $\dfrac{1}{8}$ ② $\dfrac{1}{4}$ ③ $\dfrac{3}{8}$

④ $\dfrac{1}{2}$ ⑤ $\dfrac{5}{8}$

27

그림과 같이 곡선 $y=-(x-t)^2+t^2$이 x축과 만나는 점을 각각 O, A라 하고, 곡선의 꼭짓점을 P라 하자. 삼각형 POA에 내접하는 원의 둘레의 길이를 $f(t)$라 할 때, $\displaystyle\lim_{t\to\infty}\dfrac{f(t)}{t}$의 값을 구하시오. (단, O는 원점이다.)

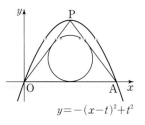

$y=-(x-t)^2+t^2$

28 번뜩 아이디어

그림과 같이 곡선 $y=x^2$ 위의 점 $P(2a,\,4a^2)$에서의 접선 l이 x축과 만나는 점을 A라 하고, 점 A를 지나고 l에 수직인 직선이 y축과 만나는 점을 B라 하자. 삼각형 OAB에 내접하는 원의 반지름의 길이를 $r(a)$라 할 때, $\displaystyle\lim_{a\to\infty}r(a)$의 값을 구하시오. (단, $a>0$, O는 원점이다.)

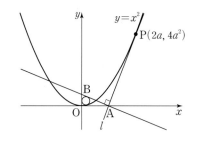

29

곡선 $y=\sqrt{1-x^2}$ 위의 점 $A(0,\,1)$, $B(1,\,0)$과 제1사분면 위의 점 $P(t,\,\sqrt{1-t^2})$이 있다. 그림과 같이 점 B를 지나고 x축에 수직인 직선 l이 직선 OP, 직선 AP와 만나는 점을 각각 Q, R라 할 때, $\displaystyle\lim_{t\to 1-}\dfrac{\overline{RB}}{\overline{QB}}$의 값을 구하시오. (단, O는 원점이다.)

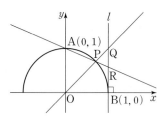

30

그림과 같이 직선 $y=mx\,(m>0)$가 곡선 $y=\dfrac{x+1}{x-1}$과 제1사분면에서 만나는 점을 P, 점 P에서 x축에 내린 수선의 발을 R라 하자. 삼각형 OPR의 넓이를 $S(m)$이라 할 때, $\displaystyle\lim_{m\to\infty}\dfrac{S(m)}{m}$의 값을 구하시오. (단, O는 원점이다.)

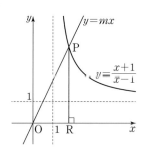

01

$f(x)$, $g(x)$는 최고차항의 계수가 1인 삼차함수이고 $g(1)=0$이다.

$$\lim_{x \to n} \frac{f(x)}{g(x)} = (n-1)(n-2) \quad (n=1, 2, 3, 4)$$

일 때, $g(5)$의 값은?

① 4   ② 6   ③ 8

④ 10   ⑤ 12

02

5 이하의 음이 아닌 정수 a, b, c에 대하여

$$\lim_{x \to 1} \frac{2x^2-3x+a}{(x-a)(x-b)} = c$$

일 때, $a+b+c$의 최댓값과 최솟값의 곱은?

① 8   ② 10   ③ 12

④ 14   ⑤ 16

03

함수 $f(x)=[x]^2+(ax+b)[x]$이고, 모든 정수 n에 대하여 $\lim\limits_{x \to n} f(x)$의 값이 존재할 때, $a-b$의 값은?

(단, $[x]$는 x보다 크지 않은 최대의 정수이다.)

① -3 ② -1 ③ 0

④ 1   ⑤ 3

04 신유형

$-2 \le x \le 5$에서 정의된 함수 $y=f(x)$의 그래프가 그림과 같다.

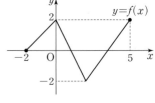

$$\lim_{n \to \infty} \frac{|nf(a)-1|-nf(a)}{2n+3} = 1$$

일 때, 상수 a의 개수는?

① 1   ② 2   ③ 3

④ 4   ⑤ 5

● 정답 및 풀이 14쪽

05

제1사분면에서 원 $x^2+y^2=1$ 위를 움직이는 점 P의 x좌표를 t, P를 지나고 x축에 평행한 직선을 l이라 하자.

원 $x^2+y^2=1$과 점 $(0, 1)$에서 접하고 직선 l과 접하는 원의 넓이를 $S(t)$라 하자.

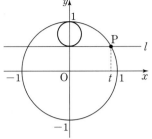

$\lim\limits_{t \to 0+} \dfrac{S(t)}{t^n}$의 값이 존재하는 자연수 n의 최댓값은?

① 1   ② 2   ③ 3

④ 4   ⑤ 5

06

반지름의 길이가 1인 원 O 위에 점 A가 있다. 점 A가 중심이고 반지름의 길이가 r인 원이 원 O와 만나는 두 점을 P, Q라 하고, 원 O의 지름 AB와 만나는 점을 R라 하자.

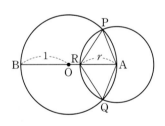

사각형 APRQ의 넓이를 $S(r)$라 할 때, $\lim\limits_{r \to 2-} \dfrac{S(r)}{\sqrt{2-r}}$의 값은? (단, $0 < r < 2$)

① 1   ② 2   ③ 3

④ 4   ⑤ 5

07

그림과 같이 변의 길이가 각각 3, 4, 5인 직각삼각형 ABC의 바깥쪽에 다음과 같은 방법으로 직각삼각형 A′B′C′을 그린다.

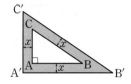

> 선분 A′B′, B′C′, C′A′은 선분 AB, BC, CA와 각각 평행하고, 평행한 두 선분 사이의 거리는 모두 x이다.

두 직각삼각형 사이 색칠한 부분의 넓이를 $f(x)$라 할 때, $\lim\limits_{x \to 0} \dfrac{f(x)}{x}$의 값을 구하시오.

08 신유형

양의 실수 k와 자연수 a, b에 대하여 함수

$$f(x) = ax(x-b)$$

$$g(x) = \begin{cases} f(x) & (x < b) \\ kf(x-b) & (x \geq b) \end{cases}$$

는 다음 조건을 모두 만족시킨다.

> (가) $g(6) = -8$
> (나) 방정식 $|g(x)| = b$의 서로 다른 실근은 5개이다.

직선 $y = mx - 1$이 $y = |g(x)|$의 그래프와 만나는 점의 개수를 $h(m)$이라 할 때, $\lim\limits_{m \to t-} h(m) + \lim\limits_{m \to t+} h(m) = 6$을 만족시키는 실수 t값의 합은 $p + q\sqrt{14}$이다. 유리수 p, q의 값을 구하시오.

02. 함수의 연속

1 구간

(1) $a<b$인 두 실수 a, b에 대하여

집합 $\{x\,|\,a\leq x\leq b\}$, $\{x\,|\,a<x<b\}$, $\{x\,|\,a\leq x<b\}$, $\{x\,|\,a<x\leq b\}$를 각각 $[a,\,b]$, $(a,\,b)$, $[a,\,b)$, $(a,\,b]$로 나타내고 **구간**이라 한다. 또, $[a,\,b]$를 **닫힌구간**, $(a,\,b)$를 **열린구간**, $[a,\,b)$나 $(a,\,b]$를 **반닫힌 구간** 또는 **반열린 구간**이라 한다.

(2) 집합 $\{x\,|\,x\geq a\}$, $\{x\,|\,x>a\}$, $\{x\,|\,x\leq a\}$, $\{x\,|\,x<a\}$는 ∞를 이용하여 $[a,\,\infty)$, $(a,\,\infty)$, $(-\infty,\,a]$, $(-\infty,\,a)$로 나타낸다.

또, 실수 전체의 집합은 $(-\infty,\,\infty)$로 나타낸다.

> ∞나 $-\infty$는 실수가 아니다.

2 함수의 연속

(1) 함수 $f(x)$가 다음을 만족시키면 $x=a$에서 연속이다.

(ⅰ) $x=a$에서 정의된다.

(ⅱ) $\displaystyle\lim_{x\to a}f(x)$의 값이 존재하고, $\displaystyle\lim_{x\to a}f(x)=f(a)$이다.

함수 $f(x)$가 $x=a$에서 연속이 아니면 $x=a$에서 불연속이라 한다. $f(x)$가 $x=a$에서 정의되고 불연속이면 아래 그림과 같이 좌극한과 우극한이 다르거나, 극한값과 함숫값이 다르다.

함수 $f(x)$가 $x=a$에서 연속이면 $y=f(x)$의 그래프는 $x=a$에서 이어져 있다.

(2) 함수 $f(x)$가 구간 $(a,\,b)$의 모든 x에 대하여 연속이면 $f(x)$는 이 구간에서 연속이라 한다.

그리고 $f(x)$가 구간 $[a,\,b]$에서 연속이면 구간 $(a,\,b)$의 모든 x에 대하여 연속이고, $\displaystyle\lim_{x\to a+}f(x)=f(a)$, $\displaystyle\lim_{x\to b-}f(x)=f(b)$이다.

> $f(x)$가 $x=a$에서 연속인지 아닌지를 조사할 때에는 좌극한과 우극한이 같을 조건과 극한값과 함숫값이 같을 조건을 찾는다.

> 구간 $[a,b]$에서 정의된 경우 $\displaystyle\lim_{x\to a-}f(x)$, $\displaystyle\lim_{x\to b+}f(x)$는 생각할 수 없다.

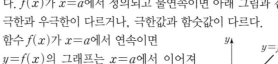
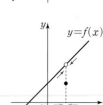

3 연속함수의 성질

(1) 함수 $f(x)$, $g(x)$가 $x=a$에서 연속이면 다음 함수도 $x=a$에서 연속이다.

① $cf(x)$ (단, c는 상수) ② $f(x)+g(x)$, $f(x)-g(x)$

③ $f(x)g(x)$ ④ $\dfrac{f(x)}{g(x)}$ (단, $g(a)\neq0$)

(2) 다항함수는 구간 $(-\infty,\,\infty)$에서 연속이고, 유리함수는 분모가 0이 아닌 x에서 연속이다.

(3) 함수 $f(x)g(x)$가 $x=a$에서 연속이고 $x=a$에서 $f(x)$가 연속이고 $g(x)$가 연속이 아니면 $f(a)=0$이다.

> 연속함수의 성질은 극한의 성질과 같다.

> 분모가 0인 경우 함수가 정의되지 않는다.

4 최대·최소 정리와 사잇값의 정리

(1) 최대·최소 정리

함수 $f(x)$가 닫힌구간 $[a,\,b]$에서 연속이면 $f(x)$는 구간 $[a,\,b]$에서 최댓값과 최솟값을 갖는다.

(2) 사잇값의 정리

함수 $f(x)$가 구간 $[a,\,b]$에서 연속이면 $f(a)$와 $f(b)$ 사이의 값 k에 대하여 $f(c)=k$인 c가 구간 $(a,\,b)$에 적어도 하나 존재한다.

(3) $f(x)$가 구간 $[a,\,b]$에서 연속이고 $f(a)$와 $f(b)$의 부호가 다르면 방정식 $f(x)=0$의 실근이 구간 $(a,\,b)$에 적어도 하나 존재한다.

> 최대·최소 정리와 사잇값의 정리는 연속함수에서만 성립하는 성질이다.

> n차 다항식 $f(x)=0$의 실근은 n개 이하이다.

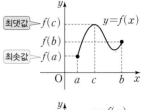
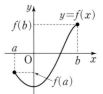

---

code 1 연속함수와 미정계수

01

함수 $f(x)$는 모든 실수 x에서 연속이다.

$\lim\limits_{x \to 2} \dfrac{(x^3-8)f(x)}{x^2-4}=6$일 때, $f(2)$의 값은?

① 2   ② 4   ③ 6

④ 8   ⑤ 10

02

함수 $f(x)=\begin{cases} \dfrac{\sqrt{x+7}-a}{x-2} & (x \neq 2) \\ b & (x=2) \end{cases}$가 $x=2$에서 연속일 때,

ab의 값은?

① $\dfrac{1}{2}$ ② $\dfrac{3}{4}$ ③ 1

④ $\dfrac{5}{4}$ ⑤ $\dfrac{3}{2}$

03

함수 $f(x)=\begin{cases} \dfrac{x^2-2x-8}{x-a} & (x \neq a) \\ 6 & (x=a) \end{cases}$이 모든 실수 x에서

연속일 때, $f(0)$의 값은?

① -4 ② -2 ③ 0

④ 2   ⑤ 4

04

함수 $f(x)=\begin{cases} \dfrac{x^3+ax+b}{(x-1)^2} & (x \neq 1) \\ c & (x=1) \end{cases}$가 $x=1$에서 연속일 때,

상수 a, b, c의 값을 구하시오.

05

$-9 \leq x \leq 9$에서 연속인 함수 $f(x)$에 대하여

$(\sqrt{9+x}-\sqrt{9-x})f(x)=x^2+3x$

일 때, $f(0)$의 값은?

① -3 ② 1   ③ 3

④ 9   ⑤ 27

06

함수 $f(x)$는 모든 실수 x에서 연속이고

$(x^2-1)f(x)=x^4+ax+b$

이다. $f(1)+f(-1)$의 값은?

① 1   ② 2   ③ 3

④ 4   ⑤ 5

---

code 2 범위를 나누는 문제

07

함수 $f(x)=\begin{cases} x(x-1) & (|x|>1) \\ -x^2+ax+b & (|x| \leq 1) \end{cases}$가 모든 실수 x에서

연속일 때, $a-b$의 값은?

① -3 ② -1 ③ 0

④ 1   ⑤ 3

08

함수 $f(x)=\begin{cases} a(x+2) & (x \geq 2) \\ 1 & (x<2) \end{cases}$에 대하여

함수 $f(x)-f(x+1)$이 $x=1$에서 연속일 때, 상수 a의 값을 구하시오.

09

함수 $f(x)$는 모든 실수 x에 대하여 $f(x+2)=f(x)$이고,

$$f(x)=\begin{cases} ax+1 & (-1\le x<0) \\ 3x^2+2ax+b & (0\le x<1) \end{cases}$$

이다. $f(x)$가 모든 실수 x에서 연속일 때, $a+b$의 값은?

① -2 ② -1 ③ 0

④ 1 ⑤ 2

---

code **3**   [ ] 또는 | | 기호를 포함하는 함수

10

함수 $f(x)=a[x]^2-3[x]+2$가 $x=3$에서 연속일 때, 상수 a의 값은? (단, $[x]$는 x보다 크지 않은 최대의 정수이다.)

① $\dfrac{1}{5}$ ② $\dfrac{2}{5}$ ③ $\dfrac{3}{5}$

④ $\dfrac{4}{5}$ ⑤ 1

11

함수 $f(x)=\begin{cases} x^2-4x-3 & (x\ge 2) \\ x+1 & (x<2) \end{cases}$ 이다. 함수

$g(x)=|f(x)-a|$ 가 $x=2$에서 연속일 때, 상수 a의 값은?

① -2 ② 0 ③ 2

④ 4 ⑤ 6

12

함수 $f(x)=\begin{cases} -2x+a & (x<-1) \\ 3x-2 & (-1\le x\le 1) \\ -x+b & (x>1) \end{cases}$ 에 대하여

함수 $|f(x)|$가 실수 전체의 집합에서 연속일 때, 양수 a, b의 값을 구하시오.

---

code **4**   함수 $f(x)g(x)$의 연속

13

함수 $g(x)=x^2+ax-9$이고, 함수 $y=f(x)$의 그래프가 그림과 같다. 함수 $f(x)g(x)$가 $x=1$에서 연속일 때, 상수 a의 값은?

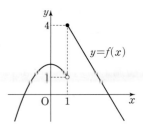

① 6 ② 7

③ 8 ④ 9

⑤ 10

14

함수

$$f(x)=\begin{cases} -x^2+a & (x\le 2) \\ x^2-4 & (x>2) \end{cases}, g(x)=\begin{cases} x-4 & (x\le 2) \\ \dfrac{1}{x-2} & (x>2) \end{cases}$$

에 대하여 함수 $f(x)g(x)$가 $x=2$에서 연속일 때, a의 값은?

① 1 ② 2 ③ 3

④ 4 ⑤ 5

15

함수

$$f(x)=\begin{cases} x+3 & (x\le a) \\ x^2-x & (x>a) \end{cases}, g(x)=x-(2a+7)$$

에 대하여 함수 $f(x)g(x)$가 실수 전체의 집합에서 연속일 때, 실수 a의 값을 모두 구하시오.

16

함수 $f(x)=\begin{cases} x+1 & (x\le 0) \\ -\dfrac{1}{2}x+7 & (x>0) \end{cases}$ 에 대하여 함수

$f(x)f(x-a)$가 $x=a$에서 연속일 때, 실수 a의 값을 모두 구하시오.

17

함수 $f(x) = \begin{cases} \dfrac{2}{x-2} & (x \neq 2) \\ 1 & (x=2) \end{cases}$ 과 이차함수 $g(x)$가 있다.

$g(0) = 8$이고 함수 $f(x)g(x)$는 모든 실수 x에서 연속일 때, $g(6)$의 값을 구하시오.

code 5 함수 $\dfrac{f(x)}{g(x)}$의 연속

18

함수 $f(x) = x - \dfrac{1}{x - \dfrac{4}{x-3}}$이 불연속이 되는 실수 x의 개수는?

① 1   ② 2   ③ 3

④ 4   ⑤ 5

19

함수 $f(x) = x^2 - 2x + 3$, $g(x) = x^2 + ax + 4a$에 대하여 함수 $h(x) = \dfrac{f(x)}{g(x)}$가 실수 전체의 집합에서 연속일 때, 정수 a의 개수는?

① 9   ② 11   ③ 13

④ 15   ⑤ 17

20

이차함수 $f(x)$가 다음 조건을 모두 만족시킨다.

(가) 함수 $\dfrac{x}{f(x)}$는 $x=1$, $x=2$에서 불연속이다.

(나) $\displaystyle\lim_{x \to 2} \dfrac{f(x)}{x-2} = 4$

$f(4)$의 값을 구하시오.

21

다음은 거짓인 명제이다. 반례를 보이시오.

함수 $f(x)$, $f(x)g(x)$가 $x=1$에서 연속이면 함수 $g(x)$도 $x=1$에서 연속이다.

code 6 합성함수의 연속

22

함수 $f(x) = \begin{cases} 2-x & (x \leq 1) \\ x+1 & (x>1) \end{cases}$, $g(x) = x^2 + ax$에 대하여

함수 $g(f(x))$가 $x=1$에서 연속일 때, 상수 a의 값은?

① -1 ② -2 ③ -3

④ -4 ⑤ -5

23

함수

$$f(x) = \begin{cases} x^2 - x + 2a & (x \geq 1) \\ 3x + a & (x < 1) \end{cases}, \quad g(x) = x^2 + ax + 3$$

에 대하여 함수 $(g \circ f)(x)$가 실수 전체의 집합에서 연속일 때, 상수 a의 값을 모두 구하시오.

24

함수 $y = f(x)$의 그래프가 그림과 같을 때, **보기**에서 옳은 것만을 있는 대로 고른 것은?

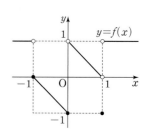

• 보기 •

ㄱ. $\displaystyle\lim_{x \to -1-} f(f(x)) = \lim_{x \to 1+} f(f(x))$

ㄴ. $\displaystyle\lim_{x \to -1+} f(f(x)) = \lim_{x \to 1-} f(f(x))$

ㄷ. 함수 $(f \circ f)(x)$는 $x=-1$에서 연속이다.

① ㄱ   ② ㄴ   ③ ㄱ, ㄷ

④ ㄴ, ㄷ   ⑤ ㄱ, ㄴ, ㄷ

code 7 | 연속과 활용

25

함수 $f(x)=|x-1|(x+2)$에 대하여 t가 실수일 때, $y=f(x)$의 그래프와 직선 $y=\frac{1}{2}x+t$의 교점의 개수를 $g(t)$라 하자. $g(t)$가 $t=a$에서 불연속인 a의 값을 모두 구하시오.

26

t가 실수일 때, 직선 $y=t$와 $y=||x-3|-2|$의 그래프가 만나는 점의 개수를 $f(t)$라 하자. $g(t)$가 최고차항의 계수가 1인 이차함수이고, 함수 $f(t)g(t)$가 모든 실수 t에서 연속일 때, $\lim_{t \to 2^-} f(t)+g(3)$의 값은?

① 7   ② 6   ③ 5

④ 4   ⑤ 3

27

$\overline{AB}=3$, $\overline{BC}=4$, $\angle B=90°$인 직각삼각형 ABC가 있다. 중심이 점 B이고 반지름의 길이가 r인 원이 삼각형 ABC와 만나는 점의 개수를 $f(r)$라 하자. $g(r)$는 최고차항의 계수가 1인 삼차함수이고, 함수 $f(r)g(r)$가 $r>0$에서 연속일 때, $g(8)$의 값은?

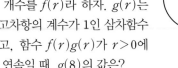

① 112   ② 113   ③ 114

④ 115   ⑤ 116

code 8 | 사잇값의 정리

28

$f(x)$는 연속함수이고
$$f(0)=k+2, \quad f(1)=k-3$$
이다. 방정식 $f(x)=1$이 구간 $(0, 1)$에서 적어도 하나의 실근을 갖도록 하는 k값의 범위를 구하시오.

29

방정식 $a^x+x-4=0$이 구간 $(0, 2)$에서 적어도 하나의 실근을 갖도록 하는 양수 a값의 범위는?

① $0<a<\frac{1}{\sqrt{2}}$ ② $0<a<\frac{1}{2}$ ③ $0<a<\sqrt{2}$

④ $a>1$ ⑤ $a>\sqrt{2}$

30

방정식 $\cos x-x+1=0$이 오직 하나의 실근을 가질 때, 다음 중 실근이 존재하는 구간은?

① $\left(0, \frac{\pi}{3}\right)$ ② $\left(\frac{\pi}{3}, \frac{\pi}{2}\right)$ ③ $\left(\frac{\pi}{2}, \frac{2\pi}{3}\right)$

④ $\left(\frac{2\pi}{3}, \pi\right)$ ⑤ $\left(\pi, \frac{4\pi}{3}\right)$

31

구간 $[-1, 2]$에서 함수 $f(x)$는 연속이고
$$f(-1)=2, \quad f(2)=-3$$
이다. **보기** 중 구간 $(-1, 2)$에서 반드시 실근을 갖는 방정식만을 있는 대로 고른 것은?

보기

ㄱ. $xf(x)+3=0$ ㄴ. $f(x)-2x^2=0$

ㄷ. $(x-3)f(x)=0$

① ㄱ   ② ㄴ   ③ ㄱ, ㄷ

④ ㄴ, ㄷ   ⑤ ㄱ, ㄴ, ㄷ

01

구간 $(-1, 3)$에서 정의된 함수 $f(x) = [x^2 - 2x + 2]$가 불연속이 되는 x값의 개수는?
(단, $[x]$는 x보다 크지 않은 최대의 정수이다.)

① 4   ② 5   ③ 6

④ 7   ⑤ 8

02 개념 통합

함수 $f(x) = \begin{cases} \dfrac{\sqrt[3]{1+2x} - \sqrt[3]{1-2x}}{x} & (x \neq 0) \\ a & (x=0) \end{cases}$ 가 $x=0$에서

연속일 때, 실수 a의 값은?

① -2 ② $-\dfrac{4}{3}$ ③ $-\dfrac{1}{3}$

④ $\dfrac{1}{3}$ ⑤ $\dfrac{4}{3}$

03

$f(x)$, $g(x)$는 실수 전체의 집합에서 정의된 함수이고

$x < 0$일 때, $f(x) + g(x) = x^2 + 4$

$x > 0$일 때, $f(x) - g(x) = x^2 + 2x + 8$

이다. $f(x)$가 $x=0$에서 연속이고

$\lim\limits_{x \to 0-} g(x) - \lim\limits_{x \to 0+} g(x) = 6$일 때, $f(0)$의 값은?

① -3 ② -1 ③ 0

④ 1 ⑤ 3

04

$g(x)$는 최고차항의 계수가 1인 사차함수이다. 함수

$$f(x) = \begin{cases} \dfrac{g(x)}{x(x-1)} & (x \neq 0, \ x \neq 1) \\ 4 & (x=0) \\ 10 & (x=1) \end{cases}$$

이 모든 실수 x에서 연속일 때, $g(2)$의 값을 구하시오.

05

구간 $(0, 2)$에서 함수 $f(x) = \begin{cases} \dfrac{1}{x} - 1 & (0 < x \leq 1) \\ \dfrac{1}{x-1} - 1 & (1 < x < 2) \end{cases}$ 이다.

함수 $f(x)g(x)$가 $x=1$에서 연속이 되는 함수 $g(x)$만을 **보기** 에서 있는 대로 고른 것은?

• 보기 •

ㄱ. $g(x) = (x-1)^2$ $(0 < x < 2)$

ㄴ. $g(x) = (x-1)^3 + 1$ $(0 < x < 2)$

ㄷ. $g(x) = \begin{cases} x^2 + 1 & (0 < x \leq 1) \\ (x-1)^3 & (1 < x < 2) \end{cases}$

① ㄱ   ② ㄴ   ③ ㄱ, ㄷ

④ ㄴ, ㄷ   ⑤ ㄱ, ㄴ, ㄷ

06

함수 $f(x)$, $g(x)$가

$$f(x) = \begin{cases} -x-1 & (x < -1) \\ x & (-1 \leq x \leq 1), \\ x-1 & (x > 1) \end{cases} \quad g(x) = \begin{cases} -x^2 + 1 & (|x| \leq 1) \\ x+1 & (|x| > 1) \end{cases}$$

이다. **보기**에서 옳은 것만을 있는 대로 고른 것은?

• 보기 •

ㄱ. $\lim\limits_{x \to -1-} \{f(x) + g(x)\} = 0$

ㄴ. 함수 $\dfrac{g(x)}{f(x)}$는 $x=-1$에서 연속이다.

ㄷ. 함수 $f(x)g(x)$의 불연속인 x의 값은 1개이다.

① ㄱ   ② ㄱ, ㄴ   ③ ㄱ, ㄷ

④ ㄴ, ㄷ   ⑤ ㄱ, ㄴ, ㄷ

07

양수 a, b에 대하여 함수 $f(x)=\begin{cases} x+2 & (x\leq 0) \\ x-a & (x>0) \end{cases}$ 이고,

함수 $f(x)\{f(x-b)+2\}$는 모든 실수 x에서 연속일 때,
$a+b$의 값은?

① 8   ② 9   ③ 10
④ 11   ⑤ 12

08

함수

$$f(x)=\begin{cases} -x^2-4x-3 & (x\leq 0) \\ x^2-4x+3 & (x>0) \end{cases}$$

$$g(x)=\begin{cases} x^2-3 & (x\leq 1) \\ x+1 & (x>1) \end{cases}$$

에 대하여 함수 $f(x-k)g(x)$가 $x=1$에서 연속일 때, 실수 k의 개수는?

① 1   ② 2   ③ 3
④ 4   ⑤ 5

09 번뜩 아이디어

$f(x)$, $g(x)$는 서로 다른 다항함수일 때,

함수 $y=\begin{cases} f(x) & (x<a) \\ g(x) & (x\geq a) \end{cases}$ 가 모든 실수 x에서 연속이 되는

실수 a의 개수를 $N(f,g)$라 하자. **보기**에서 옳은 것만을 있는 대로 고른 것은?

─• 보기 •─
ㄱ. $f(x)=x^2$, $g(x)=x+1$이면 $N(f,g)=2$이다.
ㄴ. $N(f,g)=N(g,f)$
ㄷ. $h(x)=x^3$이면 $N(f,g)=N(h\circ f, h\circ g)$이다.

① ㄱ   ② ㄱ, ㄴ   ③ ㄱ, ㄷ
④ ㄴ, ㄷ   ⑤ ㄱ, ㄴ, ㄷ

10 개념 통합

함수 $f(x)=\begin{cases} \log_2 (2-x) & (x\leq 0) \\ \log_2 (ax+6a^2) & (0<x<2) \\ \log_2 \dfrac{x}{4} & (x\geq 2) \end{cases}$ 에 대하여

함수 $g(x)=\dfrac{f(x)-|f(x)|}{2}$라 하자. $g(x)$가 실수 전체의 집합에서 연속일 때, 상수 a의 값을 구하시오.

11

$-1\leq x\leq 1$에서 $y=f(x)$의 그래프가 그림과 같다.

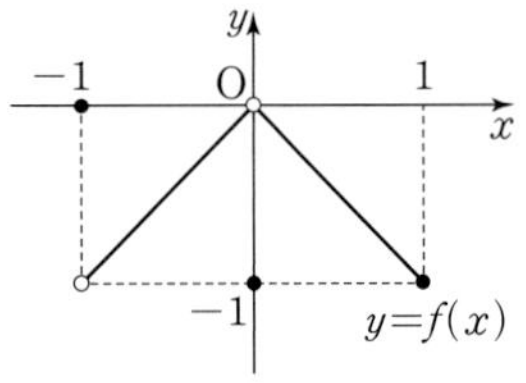

함수 $g(x)$는 $-1\leq x<1$에서 $g(x)=f(f(x))$이고, 모든 실수 x에 대하여 $g(x+2)=g(x)+1$ 이다. $0\leq x<n$에서 $g(x)$가 불연속인 x가 80개일 때, 자연수 n값의 합은?

① 317   ② 319   ③ 321
④ 323   ⑤ 325

12

함수 $f(x)$, $g(x)$가

$$f(x)=\begin{cases} x-2 & (x>1) \\ -x & (|x|\leq 1) \\ x+2 & (x<-1) \end{cases}, \quad g(x)=\begin{cases} |x| & (0<|x|\leq 1) \\ -1 & (x=0) \\ 0 & (|x|>1) \end{cases}$$

일 때, 함수 $y=(g\circ f)(x)$가 불연속인 x의 개수는?

① 4   ② 5   ③ 6
④ 7   ⑤ 8

➡ 정답 및 풀이 23쪽

13

함수 $y=f(x)$의 그래프가 그림과 같다. $-1 \leq x \leq 2$에서

$$g(x)=\frac{f(x)+|f(x)|}{2}$$

$$h(x)=\frac{f(x)-|f(x)|}{2}$$

일 때, **보기**에서 옳은 것만을 있는 대로 고른 것은?

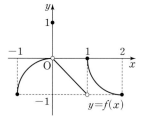

┌─ 보기 ─────────────────────┐
ㄱ. $g(x)+h(x)$는 $x=0$에서 연속이다.
ㄴ. $g(x)h(x)$는 $-1 \leq x \leq 2$에서 연속이다.
ㄷ. $(h \circ g)(x)$는 $-1 \leq x \leq 2$에서 연속이다.
└───────────────────────────┘

① ㄴ   ② ㄷ   ③ ㄱ, ㄴ
④ ㄱ, ㄷ   ⑤ ㄴ, ㄷ

14

함수 $y=f(x)$의 그래프는 그림과 같다.

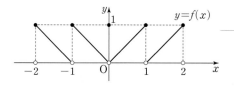

함수 $g(x)$가 $f(x)g(x)=1$을 만족시킬 때, **보기**에서 옳은 것만을 있는 대로 고른 것은?

┌─ 보기 ─────────────────────┐
ㄱ. $\lim\limits_{x \to 1} g(x)$가 존재한다.   ㄴ. $\lim\limits_{x \to 1-} (g \circ f)(x)=1$
ㄷ. 구간 $(-2, 2)$에서 $x^2 g(x)$가 불연속인 점은 2개이다.
└───────────────────────────┘

① ㄱ   ② ㄴ   ③ ㄷ
④ ㄱ, ㄴ   ⑤ ㄴ, ㄷ

15

실수 전체의 집합에서 정의된 함수 $y=f(x)$의 그래프는 그림과 같다. 함수 $g(x)=x^2-4x+k$에 대하여 함수 $(f \circ g)(x)$가 $x=2$에서 불연속일 때, 상수 k의 값을 모두 구하시오.

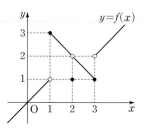

16

실수 전체의 집합에서 정의된 함수 $y=f(x)$의 그래프가 그림과 같고, $g(x)$는 최고차항의 계수가 1이고 $g(0)=2$인 삼차함수이다. 함수 $(g \circ f)(x)$가 실수 전체의 집합에서 연속일 때, $g(-2)$의 값은?

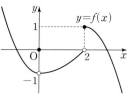

① -4 ② -2 ③ 0
④ 2   ⑤ 4

17

실수 k에 대하여 원 $x^2+y^2=2$와 함수 $y=|x-k|+k-2$의 그래프의 교점의 개수를 $f(k)$라 할 때, **보기**에서 옳은 것만을 있는 대로 고른 것은?

┌─ 보기 ─────────────────────┐
ㄱ. $f(0)=2$ ㄴ. $\lim\limits_{k \to 1-} f(k)=2$
ㄷ. $f(x)$가 불연속인 x의 값은 3개이다.
└───────────────────────────┘

① ㄱ   ② ㄴ   ③ ㄱ, ㄷ
④ ㄴ, ㄷ   ⑤ ㄱ, ㄴ, ㄷ

18

좌표평면에서 중심이 $(0, 3)$이고 반지름의 길이가 1인 원을 C라 하자. $r>0$일 때, 반지름의 길이가 r인 원 중에서 원 C와 한 점에서 만나고 동시에 x축에 접하는 원의 개수를 $f(r)$라 하자. 구간 $(0, 4)$에서 함수 $f(r)$의 불연속인 점의 개수는?

① 1   ② 2   ③ 3
④ 4   ⑤ 5

19 신유형

$AB=4$, $BC=3$, $\angle B=90°$인 직각삼각형 ABC의 변 AB 위를 움직이는 점 P가 있다. $\overline{AP}=x\ (0<x<4)$일 때, 점 P를 중심으로 하고 반지름의 길이가 2인 원 O가 삼각형 ABC와 만나는 점의 개수를 $f(x)$라 하자. 함수 $f(x)$가 $x=a$에서 불연속인 a의 값을 모두 구하시오.

20

$-2\leq x\leq 2$에서 정의된 함수 $y=f(x)$와 $y=g(x)$의 그래프가 그림과 같을 때, **보기**에서 옳은 것만을 있는 대로 고른 것은?

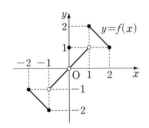
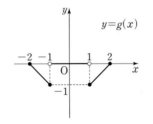

• 보기 •

ㄱ. $\lim\limits_{x\to -1}g(f(x))=-1$

ㄴ. 함수 $g(f(x))$는 $x=0$에서 연속이 아니다.

ㄷ. 방정식 $g(f(x))=-\dfrac{1}{2}$의 실근이 1과 2 사이에 적어도 하나 존재한다.

① ㄱ   ② ㄷ   ③ ㄱ, ㄴ

④ ㄴ, ㄷ   ⑤ ㄱ, ㄴ, ㄷ

21

함수 $f(x)$, $g(x)$는

$$f(x)=x^2-8x+a,\ g(x)=\begin{cases} 2x+5a & (x\geq a) \\ f(x+4) & (x<a) \end{cases}$$

이다. 다음 조건을 만족시키는 실수 a의 값을 모두 구하시오.

(가) 방정식 $f(x)=0$은 구간 $(0,\,2)$에서 적어도 하나의 실근을 갖는다.

(나) 함수 $f(x)g(x)$는 $x=a$에서 연속이다.

22

$g(x)$는 x^2의 계수가 1인 이차함수이고, $-3\leq x\leq 3$에서 함수

$$f(x)=\begin{cases} \dfrac{g(x)-2}{x} & (-3\leq x<0) \\ (x+1)g(x) & (0\leq x\leq 3) \end{cases}$$

이다. $f(x)$가 $-3\leq x\leq 3$에서 연속일 때, **보기**에서 옳은 것만을 있는 대로 고른 것은?

• 보기 •

ㄱ. $g(0)=2$, $g(1)=5$

ㄴ. $-3\leq x\leq 3$에서 $f(x)=0$의 실근은 1개이다.

ㄷ. $\dfrac{f(x)}{x}$는 구간 $[0,\,3]$에서 최댓값과 최솟값을 갖는다.

① ㄱ   ② ㄴ   ③ ㄱ, ㄴ

④ ㄴ, ㄷ   ⑤ ㄱ, ㄴ, ㄷ

23

$f(x)$는 연속함수이고 $\lim\limits_{x\to 0}\dfrac{f(x)}{x}=\lim\limits_{x\to 1}\dfrac{f(x)}{x-1}=a$이다.

$a\neq -1$일 때, **보기**에서 옳은 것만을 있는 대로 고른 것은?

• 보기 •

ㄱ. $\lim\limits_{x\to 1}\dfrac{f(x)}{x^3-1}=\dfrac{a}{3}$ ㄴ. $\lim\limits_{x\to 0}\dfrac{x-f(x)}{x+f(x)}=\dfrac{1-a}{1+a}$

ㄷ. 방정식 $f(x)=0$은 구간 $(0,\,1)$에서 적어도 한 개의 실근을 갖는다.

① ㄱ   ② ㄷ   ③ ㄱ, ㄴ

④ ㄴ, ㄷ   ⑤ ㄱ, ㄴ, ㄷ

24

$$f_0(x)=(x-1)(x-2)(x-3)(x-4)$$
$$f_1(x)-x(x-2)(x-3)(x-4)$$
$$f_2(x)=x(x-1)(x-3)(x-4)$$
$$f_3(x)=x(x-1)(x-2)(x-4)$$
$$f_4(x)=x(x-1)(x-2)(x-3)$$

에 대하여

$$f(x)=f_0(x)+f_1(x)+f_2(x)+f_3(x)+f_4(x)$$

라 할 때, 방정식 $f(x)=0$의 서로 다른 실근의 개수는?

① 0   ② 1   ③ 2

④ 3   ⑤ 4

01 번뜩 아이디어

실수 전체의 집합에서 정의된 함수 $f(x)$는

$$f(x)=\begin{cases} -x^2-x+12 & (x\text{는 정수가 아닐 때}) \\ -2x+k & (x\text{는 정수일 때}) \end{cases}$$

이다. $-4<x<3$에서 $f(x)$가 불연속인 x가 4개일 때, 정수 k값의 합은?

① 22   ② 23   ③ 24

④ 25   ⑤ 26

02

$f(x)$, $g(x)$는 연속함수이고 모든 실수 x에 대하여

$$f(x)+g(x)=x^3+x,\ f(x)g(x)=x^4$$

이다. 가능한 $f(x)$, $g(x)$의 순서쌍 $(f(x), g(x))$의 개수는?

① 2   ② 4   ③ 8

④ 16   ⑤ 32

03

다항함수 $f(x)$와 모든 실수 x에서 연속인 함수 $g(x)$가 다음 조건을 모두 만족시킨다.

(가) $\lim\limits_{x\to\infty}\dfrac{x^3-\sqrt{x^3}}{f(x)}=1$

(나) $(x-1)g(x)=\begin{cases} f(x) & (|x|<1) \\ x^2+2x-3 & (|x|>1) \end{cases}$

$\lim\limits_{x\to\infty} x\left\{f\left(\dfrac{2}{x}\right)+g\left(\dfrac{2}{x}\right)\right\}$의 값을 구하시오.

04

함수 $f(x)$는

$$f(x)=\begin{cases} -x^2+4 & (x\leq 2) \\ -\dfrac{1}{2}x+2 & (x>2) \end{cases}$$

이다. $f(x-m)\{f(x)+n\}$이 모든 실수 x에서 연속일 때, $m+n$의 최솟값은?

① -10 ② -6 ③ -1

④ 1   ⑤ 5

05

$-1 < x \le 1$에서 $f(x) = (x-1)(2x-1)(x+1)$이고, 모든 실수 x에 대하여 $f(x) = f(x+2)$이다.

또, 함수 $g(x) = \begin{cases} x & (x \ne 1) \\ a & (x = 1) \end{cases}$이다. 함수 $(f \circ g)(x)$가 $x = 1$에서 연속일 때, $1 < a < 10$에서 가능한 a의 개수를 구하시오.

06 신유형

이차함수 $f(x) = a(x-b)^2 + c$ (a, b, c는 정수)와 함수 $g(x) = \begin{cases} f(x) & (x \ge 0) \\ f(-x) & (x < 0) \end{cases}$가 있다. 직선 $y = t$가 $y = g(x)$의 그래프와 만나는 서로 다른 점의 개수를 $h(t)$라 하면 $h(t)$가 다음 조건을 모두 만족시킨다.

(가) $h(2) < h(-1) < h(0)$
(나) $(t^2 - t)h(t)$는 모든 실수 t에서 연속이다.

$f\left(\dfrac{1}{2}\right)$의 값을 구하시오.

07

2가 아닌 양수 a에 대하여 함수
$$f(x) = \begin{cases} (x-a)^2 & (x \le a) \\ (x-2)(x-a) & (x > a) \end{cases}$$
가 다음 조건을 모두 만족시킨다.

(가) $f(c) = 0$인 c가 0과 $1 + \dfrac{a}{2}$ 사이에 적어도 하나 존재한다.

(나) 세 점 $(2, f(2))$, $(a, f(a))$, $\left(1 + \dfrac{a}{2}, f\left(1 + \dfrac{a}{2}\right)\right)$를 꼭 짓점으로 하는 삼각형의 넓이는 $\dfrac{1}{8}$이다.

$f(3a)$의 값은?

① 2   ② 4   ③ 8
④ 16   ⑤ 32

08

함수 $f(x) = x^2 + \dfrac{1}{2}x$에 대하여 함수 $g(x)$는 다음 조건을 모두 만족시킨다.

(가) $0 \le x < \dfrac{1}{2}$일 때, $g(x) = f(x)$이다.

(나) $n - \dfrac{1}{2} \le x < n + \dfrac{1}{2}$일 때, $g(x) = f(x-n) + \dfrac{n}{2}$이다. (단, n은 자연수이다.)

(다) 모든 실수 x에 대하여 $g(-x) = g(x)$이다.

실수 t에 대하여 $y = g(x)$와 함수 $y = |x| - t$의 그래프가 만나는 점의 개수를 $h(t)$라 하자. $h(t)$가 $t = \alpha$에서 불연속인 α의 값을 작은 수부터 차례로 나열하면 α_1, α_2, α_3, $\cdots$이라 할 때, $16\alpha_{20}$의 값을 구하시오.

II. 미분

03. 미분계수와 도함수

1 미분계수

(1) 평균변화율

① x가 a에서 b까지 변할 때, 함수 $f(x)$의 평균변화율은

$$\frac{\Delta y}{\Delta x}=\frac{f(b)-f(a)}{b-a}=\frac{f(a+\Delta x)-f(a)}{\Delta x}$$

② 평균변화율은 곡선 $y=f(x)$ 위의 두 점 $P(a, f(a))$, $Q(b, f(b))$를 지나는 직선 PQ의 기울기이다.

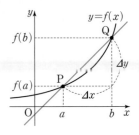

(2) 순간변화율

① $\displaystyle\lim_{\Delta x\to 0}\frac{\Delta y}{\Delta x}=\lim_{\Delta x\to 0}\frac{f(a+\Delta x)-f(a)}{\Delta x}$의 값이 존재할 때, 이 극한값을 $x=a$에서 $f(x)$의 순간변화율 또는 미분계수라 하고, $f'(a)$로 나타낸다.

$$f'(a)=\lim_{\Delta x\to 0}\frac{f(a+\Delta x)-f(a)}{\Delta x}$$
$$=\lim_{x\to a}\frac{f(x)-f(a)}{x-a}$$

② $f'(a)$는 곡선 $y=f(x)$ 위의 점 $P(a, f(a))$에서 접선 l의 기울기이다.

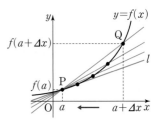

$\displaystyle\lim_{\Delta x\to 0}\frac{f(a+\Delta x)-f(a)}{\Delta x}$와 $\displaystyle\lim_{x\to a}\frac{f(x)-f(a)}{x-a}$의 값은 같다.

2 미분가능성

(1) $\displaystyle\lim_{\Delta x\to 0}\frac{f(a+\Delta x)-f(a)}{\Delta x}$의 값이 존재할 때, $f(x)$는 $x=a$에서 **미분가능**하다고 한다.

또 구간 (a, b)의 모든 x에 대하여 $f(x)$가 미분가능할 때, $f(x)$는 이 구간에서 미분가능하다고 한다.

(2) 함수 $f(x)$가 $x=a$에서 미분가능하면 $f(x)$는 $x=a$에서 연속이다.

(3) 다항함수는 구간 $(-\infty, \infty)$에서 미분가능하다.

(4) 함수 $f(x)$가 $x=a$에서 미분가능한지 조사할 때에는

$$\lim_{h\to 0+}\frac{f(x+h)-f(x)}{h}\text{와 } \lim_{h\to 0-}\frac{f(x+h)-f(x)}{h}\text{가 존재하고 같은지 확인한다.}$$

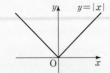

$y=|x|$의 그래프는 $x=0$에서 뾰족하다. 이런 경우 $x=0$에서 미분가능하지 않다. 그러나 $x=0$에서 연속이다.

$\displaystyle\lim_{\Delta x\to 0}\frac{f(a+\Delta x)-f(a)}{\Delta x}$에서 Δx를 간단히 h로 쓴다.

3 도함수

(1) 도함수의 정의

함수 $f(x)$가 정의역의 모든 x에서 미분가능할 때, x에 미분계수 $f'(x)$를 대응시켜 만든 함수를 $f(x)$의 **도함수**라 하고 $f'(x)$, y', $\dfrac{dy}{dx}$, $\dfrac{d}{dx}f(x)$로 나타낸다.

$$f'(x)=\lim_{h\to 0}\frac{f(x+h)-f(x)}{h}$$

또 도함수를 구하는 것을 미분한다고 하고, 미분하는 방법을 **미분법**이라 한다.

(2) 미분법

① $y=c$ (c는 상수) $\Rightarrow y'=0$

$y=x^n$ (n은 자연수) $\Rightarrow y'=nx^{n-1}$

② $f(x)$, $g(x)$가 미분가능한 함수일 때

$$\{cf(x)\}'=cf'(x)$$
$$\{f(x)\pm g(x)\}'=f'(x)\pm g'(x)$$
$$\{f(x)g(x)\}'=f'(x)g(x)+f(x)g'(x)$$

③ $f(x)$가 미분가능한 함수일 때

$$y=\{f(x)\}^n \text{ (n은 자연수) } \Rightarrow y'=n\{f(x)\}^{n-1}f'(x)$$

$f(x)$가 미분가능한 함수일 때, $f'(a)$는 도함수 $f'(x)$를 구한 다음, $x=a$를 대입한다.

$y=x \Rightarrow y'=1$

$(fgh)'=f'gh+fg'h+fgh'$

code 1 | 평균변화율

01

함수 $f(x)=x(x+1)(x-2)$에서 x의 값이 -2에서 0까지 변할 때의 평균변화율과 x의 값이 0에서 a까지 변할 때의 평균변화율이 서로 같을 때, 양수 a의 값은?

① 1 　　　② 2 　　　③ 3
④ 4 　　　⑤ 5

02

함수 $f(x)=x^3+ax$에서 x의 값이 0에서 2까지 변할 때의 평균변화율이 9일 때, $f'(3)$의 값을 구하시오.

03

함수 $f(x)=x^2-3x$에서 x의 값이 1에서 3까지 변할 때의 평균변화율과 $x=c$에서의 미분계수가 같을 때, c의 값은?

① 1 　　　② 2 　　　③ 3
④ 4 　　　⑤ 5

code 2 | 미분계수

04

함수 $f(x)=1+x^3+x^6+x^9+\cdots+x^{60}$일 때, $f'(1)$의 값은?

① 190 　　　② 210 　　　③ 420
④ 570 　　　⑤ 630

05

함수 $f(x)=(2x+1)(x^3-x+2)$에 대하여 $f'(2)$의 값을 구하시오.

06

함수 $f(x)=3x^2+ax+b$에 대하여 $f(1)=10$, $f'(1)=11$일 때, $a-b$의 값은?

① -1 　　　② 0 　　　③ 1
④ 2 　　　⑤ 3

code 3 | $\displaystyle\lim_{h \to 0}\frac{f(a+h)-f(a)}{h}=f'(a)$

07

함수 $f(x)=x^4+4x^2+1$에 대하여
$\displaystyle\lim_{h \to 0}\frac{f(1+2h)-f(1)}{h}$의 값을 구하시오.

08

함수 $f(x)=x^2-6x+5$에 대하여
$\displaystyle\lim_{h \to 0}\frac{f(a+h)-f(a-h)}{h}=8$일 때, a의 값은?

① 5 　　　② 6 　　　③ 7
④ 8 　　　⑤ 9

09

함수 $f(x)=x^4-x^2+5$에 대하여

$\lim\limits_{h \to 0}\dfrac{f(1-h)+f(1+h^2)-2f(1)}{h}$의 값은?

① -4 ② -2 ③ 0

④ 2 ⑤ 4

10

함수 $f(x)=x+x^3+x^5$, $g(x)=x^2+x^4+x^6$일 때,

$\lim\limits_{h \to 0}\dfrac{f(1+2h)-g(1-h)}{3h}$의 값은?

① 6 ② 7 ③ 8

④ 9 ⑤ 10

11

함수 $f(x)$가

$$f(x+2)-f(2)=x^3+6x^2+14x$$

를 만족시킬 때, $f'(2)$의 값을 구하시오.

code 4 $\boxed{\lim\limits_{x \to a}\dfrac{f(x)-f(a)}{x-a}=f'(a)}$

12

$f(x)$가 다항함수이고 $\lim\limits_{x \to 2}\dfrac{f(x+1)-8}{x^2-4}=5$일 때, $f(3)+f'(3)$의 값을 구하시오.

13

함수 $f(x)=ax^2+bx$이고

$$\lim_{x \to 2}\frac{x-2}{f(x)-f(2)}=\frac{1}{2},\ \lim_{x \to 1}\frac{f(x)-f(1)}{x^2-1}=-1$$

일 때, a, b의 값을 구하시오.

14

$f(x)$는 다항함수이고 $f(1)=1$, $f'(1)=3$일 때,

$\lim\limits_{x \to 1}\dfrac{\sqrt{f(x)}-1}{x-1}$의 값은?

① $\dfrac{1}{4}$ ② $\dfrac{1}{2}$ ③ $\dfrac{3}{4}$

④ 1 ⑤ $\dfrac{3}{2}$

15

$f(x)$는 다항함수이고 $\lim\limits_{x \to 1}\dfrac{f(x)-2}{x-1}=12$이다.

$g(x)=(x^2+1)f(x)$라 할 때, $g'(1)$의 값을 구하시오.

16

함수 $f(x)=-x^3+6x^2-4x$일 때,

$\lim\limits_{x \to 2}\dfrac{x^2f(4)-4f(x^2)}{x-2}$의 값은?

① 128 ② 89 ③ 64

④ 15 ⑤ 0

17

$f(x)$가 다항함수이고 $\lim\limits_{x\to 2}\dfrac{\{f(x)\}^2+f(x)}{x-2}=4$일 때,

$\dfrac{f'(2)}{f(2)}$의 값은? (단, $f(2)\neq 0$)

① -4 ② -2 ③ 2

④ 4 ⑤ 8

---

code 5 | 곱의 미분

18

함수 $f(x)$, $g(x)$가
$$f(x)=2x^2+x+1,\ g(x)=(2x+1)^2$$
일 때, $\lim\limits_{h\to 0}\dfrac{f(2+h)g(2+h)-f(2)g(2)}{h}$의 값은?

① 180 ② 275 ③ 445

④ 455 ⑤ 599

19

$f(x)$, $g(x)$는 다항함수이고
$$\lim_{x\to 0}\frac{f(x)-2}{x}=3,\ \lim_{x\to 0}\frac{g(x)+3}{x}=2$$
일 때, $\lim\limits_{x\to 0}\dfrac{f(x)g(x)+6}{x}$의 값을 구하시오.

20

함수 $f(x)=(x-1)(x-2)(x-3)\times\cdots\times(x-10)$에 대하여 $\dfrac{f'(1)}{f'(4)}$의 값은?

① -80 ② -84 ③ -88

④ -92 ⑤ -96

21

$f(x)$, $g(x)$는 다항함수이고
$$\lim_{x\to 2}\frac{f(x)-3}{x-2}=1,\ \lim_{x\to 2}\frac{g(x)-1}{x-2}=4$$
이다. 함수 $h(x)=\{f(x)\}^2 g(x)$라 할 때, $h'(2)$의 값은?

① 42 ② 45 ③ 49

④ 53 ⑤ 55

---

code 6 | $\dfrac{0}{0}$ 꼴의 극한과 미분계수

22

$\lim\limits_{x\to 1}\dfrac{x^{2n}+x^n-2}{x-1}=30$을 만족시키는 자연수 n의 값을 구하시오.

23

$\lim\limits_{x\to 0}\dfrac{2\left(\dfrac{1}{2}+x\right)^4-2\left(\dfrac{1}{2}\right)^4}{x}$의 값은?

① $\dfrac{1}{2}$ ② $\dfrac{2}{3}$ ③ $\dfrac{3}{4}$

④ 1 ⑤ $\dfrac{3}{2}$

---

code 7 | $(x-a)^2$으로 나눈 몫

24

다항식 $x^{2000}+ax+b$가 $(x-1)^2$으로 나누어떨어질 때, $b-a$의 값은?

① 3995 ② 3997 ③ 3999

④ 4001 ⑤ 4003

25

$|f'(1)-5|+\sqrt{f(1)-3}=0$을 만족시키는 다항함수 $f(x)$를 $(x-1)^2$으로 나눈 나머지를 $R(x)$라 할 때, $R(2)$의 값은?

① 8   ② 10   ③ 12

④ 14   ⑤ 16

---

code 8 　**다항함수 찾기**

26

함수 $f(x)=ax^2+b$는 모든 실수 x에 대하여
$$4f(x)=\{f'(x)\}^2+x^2+4$$
를 만족시킨다. $f(2)$의 값은?

① 3   ② 4   ③ 5

④ 6   ⑤ 7

27

$f(x)$는 최고차항의 계수가 1인 다항함수이다.
$$f(x)f'(x)=2x^3-9x^2+5x+6$$
일 때, $f(-3)$의 값을 구하시오.

28

$f(x)$는 최고차항의 계수가 1인 삼차함수이다.

$f(1)=0$이고 $\lim\limits_{x\to 2}\dfrac{f(x)}{(x-2)\{f'(x)\}^2}=\dfrac{1}{4}$일 때, $f(3)$의 값은?

① 4   ② 6   ③ 8

④ 10   ⑤ 12

---

code 9 　**미분가능성과 연속성**

29

함수 $f(x)=(x-1)|x^2-1|$의 $x=1$과 $x=-1$에서의 연속성과 미분가능성을 조사하시오.

30

함수 $f(x)=\begin{cases} -x^2+ax+2 & (x\geq 2) \\ 2x+b & (x<2) \end{cases}$가 $x=2$에서 미분가능할 때, ab의 값은?

① 30   ② 35   ③ 36

④ 40   ⑤ 42

31

$f(x)$는 미분가능한 함수이고 모든 실수 x, y에 대하여
$$f(x+y)=f(x)+f(y)+xy$$
이다. $f'(1)=5$일 때, 미분계수의 정의를 이용하여 $f'(-1)$의 값을 구하시오.

32

$f(x)$가 미분가능한 함수일 때, 모든 자연수 n에 대하여
$$[\{f(x)\}^n]'=n\{f(x)\}^{n-1}f'(x)$$
가 성립함을 수학적 귀납법으로 증명하시오.

01

구간 $[n, n+1]$에서 함수 $f(x)$의 평균변화율은 $n+1$이다.
구간 $[1, 100]$에서 함수 $f(x)$의 평균변화율을 구하시오.

02

$f(x)$는 미분가능한 함수이다. $f(1)=0$이고
$$\lim_{x \to 1} \frac{\{f(x)\}^2 - 2f(x)}{1-x} = 10$$
일 때, $f'(1)$의 값을 구하시오.

03

함수 $y=f(x)$의 그래프는 y축에 대칭이다.
$f'(2)=-3$, $f'(4)=6$일 때, $\displaystyle\lim_{x \to -2} \frac{f(x^2)-f(4)}{f(x)-f(-2)}$의 값은?

① -8 ② -4 ③ 4
④ 8 ⑤ 12

04

$f(x)$는 다항함수이고 $f(-1)=2$이다.
모든 x에 대하여 $f(-x)=-f(x)$이고
$$\lim_{x \to -1} \frac{f(1)-f(-x)}{x^2-1}=3$$일 때, $\displaystyle\lim_{x \to -1} \frac{\{f(x)\}^2-4}{x+1}$의 값은?

① -24 ② -12 ③ 0
④ 12 ⑤ 24

05

$f(x)$가 다항함수이고 $\displaystyle\lim_{h \to 0} \frac{f(3+2h)-5}{h}=2$일 때,
$$\lim_{x \to 3} \frac{(x^2-2x)f(x)-3f(3)}{x-3}$$의 값은?

① 2 ② 5 ③ 23
④ 46 ⑤ 50

06

$f(x)$와 $g(x)$는 $x=3$에서 미분가능한 함수이고
$$\lim_{x \to 3} \frac{f(x)-2}{x-3}=3, \quad \lim_{x \to 0} \frac{g(2x+3)+1}{x}=8$$
일 때, 함수 $f(x)g(x)$의 $x=3$에서의 미분계수는?

① 1 ② 2 ③ 3
④ 4 ⑤ 5

07

$f(x)$가 다항함수이고
$$3f(x)-6x=(x-2)f'(x)$$
일 때, $f'(2)$의 값은?

① 3 ② 4 ③ 5
④ 6 ⑤ 7

08

$f(x)$는 다항함수이고 $f(1)=1$이다.

$\displaystyle\lim_{x\to 1}\frac{f(x)-x^{10}}{x-1}=-10$일 때, $f'(1)$의 값은?

① -2 ② -1 ③ 0

④ 1 ⑤ 2

09

미분가능한 함수 $f(x)$와 x^2의 계수가 1인 이차함수 $g(x)$가 다음 조건을 모두 만족시킨다.

> (가) $\displaystyle\lim_{h\to 0}\frac{f(1+h)g(1+h)-f(1)g(1)}{h}=10$
>
> (나) $f(1)=4$, $f'(1)=2$

$y=g(x)$의 그래프가 항상 지나는 점의 좌표를 구하시오.

10

$f(x)$는 최고차항의 계수가 1인 삼차함수이다.

$$f(1)=f(3)=f(5)=2$$

일 때, $f'(1)+f'(3)+f'(5)$의 값은?

① 12 ② 20 ③ 21

④ 22 ⑤ 23

11

다항식 x^8을 $x(x-1)^2$으로 나눈 나머지는?

① $6x^2-5x$ ② $6x^2+5x$ ③ $7x^2-5x$

④ $7x^2+6x$ ⑤ $7x^2-6x$

12

최고차항의 계수가 1인 사차함수 $f(x)$가 다음 조건을 모두 만족시킨다.

> (가) $f(x)+2$는 $(x-1)^2$으로 나누어떨어진다.
>
> (나) $f(x)-2$는 $(x+1)^2$으로 나누어떨어진다.

$f(-2)$의 값을 구하시오.

13

$f(x)$는 최고차항의 계수가 양수인 다항함수이다. 모든 실수 x에 대하여

$$f(x)f'(x)+f(x)+f'(x)=18x^3-6x^2-1$$

일 때, $f'(1)$의 값은?

① 1 ② 2 ③ 3

④ 4 ⑤ 5

14

n이 음이 아닌 정수일 때, 함수 $f(x)$는

$$f(x)=\begin{cases} \dfrac{x^n(2-|x|)}{|x|} & (x\neq 0) \\ 0 & (x=0) \end{cases}$$

이다. $f(x)$가 $x=0$에서 미분가능할 때, n의 최솟값과 n이 최소일 때 $f'(0)$의 값의 합을 구하시오.

15

함수 $f(x)=|x-2|$일 때, 극한값이 존재하는 것만을 **보기**에서 있는 대로 고른 것은?

보기

ㄱ. $\displaystyle\lim_{h\to 0}\dfrac{f(2+h)-f(2)}{h}$

ㄴ. $\displaystyle\lim_{h\to 0}\dfrac{f(2+h^2)-f(2)}{h}$

ㄷ. $\displaystyle\lim_{h\to 0}\dfrac{f(2+h)-f(2-h)}{h}$

① ㄱ   ② ㄴ   ③ ㄷ
④ ㄴ, ㄷ   ⑤ ㄱ, ㄴ, ㄷ

16

함수 $f(x)$는 $x=0$에서 연속이지만 미분가능하지 않다. $x=0$에서 미분가능한 함수만을 **보기**에서 있는 대로 고른 것은?

보기

ㄱ. $y=xf(x)$ ㄴ. $y=x^2f(x)$

ㄷ. $y=\dfrac{1}{1+xf(x)}$

① ㄱ   ② ㄴ   ③ ㄷ
④ ㄱ, ㄴ   ⑤ ㄱ, ㄴ, ㄷ

17 개념 통합

함수 $f(x)=[2x](x^2+ax+b)$가 $x=1$에서 미분가능할 때, $f(3)$의 값은? (단, $[x]$는 x보다 크지 않은 최대의 정수이다.)

① 24   ② 25   ③ 26
④ 27   ⑤ 28

18

함수 $f(x)=x^3+3x^2-9x$에 대하여 함수 $g(x)$를

$$g(x)=\begin{cases} f(x) & (x<a) \\ m-f(x) & (a\leq x<b) \\ n+f(x) & (x\geq b) \end{cases}$$

로 정의한다. $g(x)$가 모든 실수 x에서 미분가능할 때, m, n의 값을 구하시오.

19

$f(x)$는 x^3의 계수가 1인 삼차함수이고, 함수 $g(x)$가 다음 조건을 모두 만족시킨다.

(가) $-1\leq x<1$일 때, $g(x)=f(x)$
(나) 모든 실수 x에 대하여 $g(x+2)=g(x)$

$g(x)$가 실수 전체의 집합에서 미분가능할 때, $g'(100)+g'(101)$의 값은?

① -1 ② 0   ③ 1
④ 2   ⑤ 3

20

$f(x)$는 x^3의 계수가 1인 삼차함수이고, 함수 $g(x)$와 $h(x)$를

$$g(x) = \begin{cases} \dfrac{1}{x-4} & (x \neq 4) \\ 2 & (x=4) \end{cases}, \; h(x) = f(x)g(x)$$

라 하자. $h(x)$는 실수 전체의 집합에서 미분가능하고 $h'(4)=6$일 때 $f(0)$의 값을 구하시오.

21

함수 $f(x) = \begin{cases} 1-x & (x<0) \\ x^2-1 & (0 \leq x < 1) \\ \dfrac{2}{3}(x^3-1) & (x \geq 1) \end{cases}$ 일 때, **보기**에서 옳은

것만을 있는 대로 고른 것은?

┌─ 보기 ──────────────────────────┐
ㄱ. $f(x)$는 $x=1$에서 미분가능하다.
ㄴ. $|f(x)|$는 $x=0$에서 미분가능하다.
ㄷ. $x^k f(x)$가 $x=0$에서 미분가능한 자연수 k의 최솟값은 2이다.
└──────────────────────────────┘

① ㄱ   ② ㄴ   ③ ㄱ, ㄷ

④ ㄴ, ㄷ   ⑤ ㄱ, ㄴ, ㄷ

22

함수 $f(x)$가 $x=a$에서 미분가능하기 위한 필요충분조건인 것만을 **보기**에서 있는 대로 고른 것은?

┌─ 보기 ──────────────────────────┐
ㄱ. $\displaystyle\lim_{h \to 0} \dfrac{f(a+h^2)-f(a)}{h^2}$의 값이 존재한다.

ㄴ. $\displaystyle\lim_{h \to 0} \dfrac{f(a+h^3)-f(a)}{h^3}$의 값이 존재한다.

ㄷ. $\displaystyle\lim_{h \to 0} \dfrac{f(a+h)-f(a-h)}{2h}$의 값이 존재한다.
└──────────────────────────────┘

① ㄱ   ② ㄴ   ③ ㄷ

④ ㄱ, ㄷ   ⑤ ㄴ, ㄷ

23

$f(x)$는 실수 전체의 집합에서 연속인 함수이다. 모든 실수 x에 대하여 $|f(x)| \leq x^2$일 때, $f(x)$가 $x=0$에서 미분가능함을 증명하시오.

24 번뜩 **아이디어**

함수 $f(x)$는 $x>0$에서 미분가능하고 $2x \leq f(x) \leq 3x$이다. $f(1)=2$이고 $f(2)=6$일 때, $f'(1)+f'(2)$의 값은?

① 8   ② 7   ③ 6

④ 5   ⑤ 4

25

미분가능한 함수 $f(x)$는 다음 조건을 모두 만족시킨다.

┌──────────────────────────────┐
(가) 모든 실수 x에 대하여 $f(x) \geq x+1$
(나) 모든 실수 x, h에 대하여 $f(x+h) \geq f(x)f(h)$
└──────────────────────────────┘

$f(0)+f'(0)$의 값은?

① -2 ② -1 ③ 0

④ 1   ⑤ 2

01

함수 $f(x)=x^3+ax^2+bx+c$가 서로 다른 세 실수 x_1, x_2, x_3에 대하여

$$f(x_1)=f(x_2)=f(x_3), \quad \frac{f'(x_1)f'(x_3)}{f'(x_2)}=-10$$

을 만족시킬 때, $|x_1-x_3|$의 값은?

① $\sqrt{10}$ ② 5 ③ $2\sqrt{10}$
④ $5+\sqrt{10}$ ⑤ 10

02

$f(x)$는 최고차항의 계수가 1이 아닌 다항함수이고, 다음 조건을 모두 만족시킨다.

(가) $\lim\limits_{x \to \infty} \dfrac{\{f(x)\}^2-f(x^2)}{x^3 f(x)}=4$

(나) $\lim\limits_{x \to 0} \dfrac{f'(x)}{x}=4$

$f'(1)$의 값을 구하시오.

03

$f(x)$, $g(x)$는 다항함수이고 모든 실수 x, y에 대하여

$$(x-1)\{f(x+y)-f(x-y)\}=4y\{f(x)+g(y)\}$$

이다. $f(0)=2$, $g(1)=1$일 때 $f(2)$의 값은?

① 2 ② 5 ③ 7
④ 9 ⑤ 12

04

좌표평면 위에 그림과 같이 내부가 어두운 부분인 도형이 있다. 꼭짓점이 네 점 $(0, 0)$, $(t, 0)$, (t, t), $(0, t)$인 정사각형과 이 도형이 겹치는 부분의 넓이를 $f(t)$라 하자.

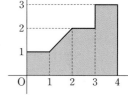

구간 $(0, 4)$에서 함수 $f(t)$가 미분가능하지 않은 t값의 합은?

① 2 ② 3 ③ 4
④ 5 ⑤ 6

05

함수 $f(x)=|x^2+ax+b|(x^2-1)$은 $x=0$에서만 미분가능하지 않다. $f'(1)\neq0$일 때, a, b의 값을 구하시오.

06 신유형

다항함수 $g(x)$는 $\dfrac{1}{4}<g(1)<\dfrac{3}{4}$을 만족시키고, 함수 $f(x)$는

$$f(x)=\begin{cases}x+1 & (x\leq0)\\ g(x) & (0<x<2)\\ k(x-2)+1 & (x\geq2)\end{cases}$$

이다. $f(x)$가 모든 실수 x에서 미분가능하고, $g(x)$의 차수가 가장 낮을 때, 자연수 k의 값을 구하시오.

07

함수 $f(x)$와 $g(x)$는

$$f(x)=\begin{cases}\dfrac{1}{3}x & (x<3)\\ x^2-6x+10 & (x\geq3)\end{cases}, \quad g(x)=f(x-m)+n$$

이다. 함수 $f(x)g(x)$가 모든 실수 x에서 미분가능할 때, m, n의 값을 구하시오. (단, $m<0$)

08

함수 $f(x)=|3x-9|$에 대하여 함수 $g(x)$는

$$g(x)=\begin{cases}\dfrac{3}{2}f(x+k) & (x<0)\\ f(x) & (x\geq0)\end{cases}$$

이다. x^3의 계수가 1인 삼차함수 $h(x)$가 다음 조건을 모두 만족시킬 때, $h(k)$의 값을 모두 구하시오. (단, $k>0$)

> (가) $g(x)h(x)$는 실수 전체의 집합에서 미분가능하다.
> (나) $h'(3)=15$

04. 접선과 그래프

① 접선의 방정식

(1) 함수 $f(x)$가 $x=a$에서 미분가능할 때, 곡선 $y=f(x)$ 위의
점 $(a, f(a))$에서 접선의 방정식은
$$y-f(a)=f'(a)(x-a)$$

(2) 접점이 주어지지 않은 경우 접점을 $(a, f(a))$로 놓고 접선
의 방정식을 구한 다음 필요한 조건을 생각한다.

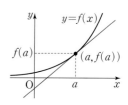

$f'(a)$는 $x=a$에서 곡선 $y=f(x)$의 접선의 기울기이다.

② 평균값 정리

함수 $f(x)$가 닫힌구간 $[a, b]$에서 연속이고 열린구간 (a, b)
에서 미분가능하면 $\dfrac{f(b)-f(a)}{b-a}=f'(c)$인 c가 a와 b 사이에
적어도 하나 존재한다.

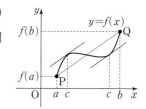

$f(a)=f(b)$이면 $f'(c)=0$인 c가 존재한다. 이를 롤의 정리라 한다.

③ 증가와 감소

(1) 함수 $f(x)$가 어떤 구간에서
$x_1<x_2$일 때, $f(x_1)<f(x_2)$이면 **증가**한다고 하고,
$x_1<x_2$일 때, $f(x_1)>f(x_2)$이면 **감소**한다고 한다.

(2) 함수 $f(x)$가 어떤 구간에서 미분가능하고, 이 구간에서
$f'(x)>0$이면 $f(x)$는 증가하고,
$f'(x)<0$이면 $f(x)$는 감소한다.

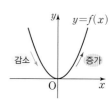

$f(x)$가 미분가능할 때, $f(x)$가 증가하면 $f'(x)\geq0$, $f(x)$가 감소하면 $f'(x)\leq0$

④ 극대와 극소

(1) 함수 $f(x)$가 $x=a$를 포함한 적당한 열린구간에서
$f(x)\leq f(a)$이면 $x=a$에서 **극대**라 하고 $f(a)$를 **극댓값**이라 한
다. 또 $x=b$를 포함한 적당한 열린구간에서 $f(x)\geq f(b)$이면
$x=b$에서 **극소**라 하고 $f(b)$를 **극솟값**이라 한다.

(2) 함수 $f(x)$가 미분가능할 때, $x=a$에서 극대이면
$f'(a)=0$이고, $f'(x)$의 부호가 $+$에서 $-$로 바뀐다.
또 $x=b$에서 극소이면 $f'(b)=0$이고, $f'(x)$의 부호
가 $-$에서 $+$로 바뀐다.

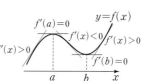

극댓값과 극솟값을 합쳐서 극값이라고 한다.

$x=a$에서 극값을 가지면 $f'(a)=0$이다. 그러나 역은 성립하지 않는다.

⑤ 삼차함수, 사차함수의 그래프

(1) $f'(x)=0$의 해를 찾고,
해의 좌우에서 $f'(x)$의 부호 변화를 조사하여 극댓값, 극솟값을 찾는다.

(2) 삼차함수 $f(x)=ax^3+bx^2+cx+d$ $(a>0)$ 그래프의 개형

서로 다른 두 실근 α, β	중근 α	두 허근

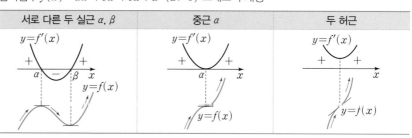

방정식 $f'(x)=0$이 중근 α를 갖는 경우 곡선 $y=f(x)$ 위의 $x=\alpha$인 점에서의 접선은 x축에 평행하다. 또 허근을 갖는 경우 $f'(x)>0$이므로 접선의 기울기는 항상 양수이다

(3) 사차함수 $f(x)=ax^4+bx^3+cx^2+dx+e$ $(a>0)$ 그래프의 개형

서로 다른 세 실근 α, β, γ	실근 α와 중근 β	삼중근 α	실근 α와 두 허근

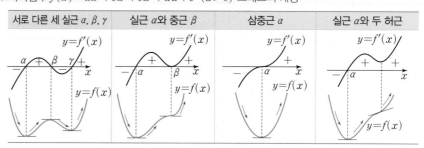

$x=\beta$가 $f'(x)=0$의 중근인 경우 곡선 $y=f(x)$ 위의 $x=\beta$인 점에서의 접선은 x축에 평행하다.

code 1   **접선의 기울기**

01

$f(x)$는 미분가능한 함수이고, 함수 $g(x)=(x-1)^2$이다. $\lim_{x \to 2} \dfrac{f(x)-2}{x-2}=-3$일 때, 곡선 $y=f(x)g(x)$ 위의 $x=2$인 점에서 접선의 기울기는?

① 1   ② 2   ③ 3

④ 4   ⑤ 5

02

$f(x)$는 다항함수이고, 곡선 $y=f(x)$ 위의 점 $(2, 1)$에서 접선의 기울기는 2이다. $g(x)=x^3 f(x)$일 때, $g'(2)$의 값을 구하시오.

03

곡선 $y=x^3-ax+b$ 위의 점 $(1, 1)$에서 접선과 수직인 직선의 기울기가 $-\dfrac{1}{2}$이다. a, b의 값을 구하시오.

04

함수 $f(x)=x(x-3)(x-a)$이고, 곡선 $y=f(x)$ 위의 점 $(0, 0)$에서의 접선과 점 $(3, 0)$에서의 접선이 서로 수직일 때, a값의 합은?

① $\dfrac{3}{2}$ ② 2   ③ $\dfrac{5}{2}$

④ 3   ⑤ $\dfrac{7}{2}$

05

함수 $f(x)=2x^3+3x^2-10x+9$이고, 곡선 $y=f(x)$ 위의 점 (a, b)에서 접선의 기울기가 2일 때, a, b의 값을 구하시오. (단, $a>0$)

code 2   **접점이 주어진 접선의 방정식**

06

곡선 $y=x^2+x+1$ 위의 점 $(1, 3)$에서 접선의 방정식이 $y=ax+b$일 때, $a+b$의 값은?

① 3   ② 4   ③ 5

④ 6   ⑤ 7

07

함수 $f(x)=x^3+ax$이고, 곡선 $y=f(x)$ 위의 점 $(1, f(1))$에서 접선의 방정식이 $y=4x+b$이다. ab의 값은?

① -2 ② -1 ③ 0

④ 1   ⑤ 2

08

곡선 $y=x^3-x^2+a$ 위의 점 $(1, a)$에서의 접선이 점 $(0, 12)$를 지날 때, a의 값을 구하시오.

정답 및 풀이 45쪽

09

곡선 $y=x^3+2x+7$ 위의 점 $P(-1, 4)$에서의 접선이 점 P가 아닌 점 (a, b)에서 곡선과 만난다. a, b의 값을 구하시오.

10

$f(x)$는 x^3의 계수가 1인 삼차함수이다. 곡선 $y=f(x)$ 위의 점 $(2, 4)$에서의 접선이 점 $(-1, 1)$에서 이 곡선과 만날 때, $f'(3)$의 값은?

① 10   ② 11   ③ 12
④ 13   ⑤ 14

code 3 기울기가 주어진 접선의 방정식

11

곡선 $y=x^3+x+2$에 대하여 직선 $y=4x+1$과 평행한 두 접선 사이의 거리를 d라 하자. $17d^2$의 값은?

① 12   ② 13   ③ 14
④ 15   ⑤ 16

12

곡선 $y=x^3-3x^2+x+1$ 위의 서로 다른 두 점 A, B에서의 접선이 평행하다. 점 A의 x좌표가 3일 때, 점 B에서 접선의 y절편은?

① 5   ② 6   ③ 7
④ 8   ⑤ 9

13

곡선 $y=x^3-3x^2+6$ 위의 점에서의 접선 중에서 기울기가 최소인 접선의 y절편은?

① -2 ② -1 ③ 0
④ 7   ⑤ 8

14

곡선 $y=\dfrac{1}{3}x^3+\dfrac{11}{3}$ $(x>0)$ 위를 움직이는 점 P와 직선 $x-y-10=0$ 사이의 거리가 최소일 때, 점 P의 좌표를 구하시오.

code 4 곡선 밖에서의 점에서 그은 접선

15

점 $A(0, 5)$에서 곡선 $y=x^3+2x+3$에 그은 접선의 접점을 P라 할 때, 선분 AP의 길이는?

① $2\sqrt{5}$ ② 5   ③ $\sqrt{26}$
④ $\sqrt{29}$ ⑤ $\sqrt{34}$

16

점 $A(3, -3)$에서 곡선 $y=x^2-4x+4$에 그은 두 접선과 이 곡선의 접점을 각각 B, C라 할 때, 삼각형 ABC의 넓이는?

① 2   ② 7   ③ 11
④ 16   ⑤ 20

code 5 **공통접선**

17

두 곡선 $y=-x^2+4$, $y=2x^2+ax+b$가 점 A(2, 0)에서 만나고, 점 A에서 두 곡선의 접선이 일치할 때, $a+b$의 값은?

① 4   ② 5   ③ 6

④ 7   ⑤ 8

18

그림과 같이 두 곡선
$$y=x^3, \; y=-x^2+5x+k$$
가 제1사분면 위의 점 P에서 만나고 점 P에서 공통접선
$y=ax+b$를 갖는다.
$k^2+a^2+b^2$의 값은?

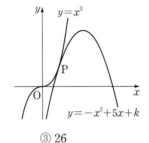

① 22   ② 24   ③ 26

④ 28   ⑤ 30

code 6 **평균값 정리**

19

함수 $f(x)=x^2-2x+3$에 대하여 구간 $[-3, 2]$에서 평균값 정리를 만족시키는 상수 c의 값은?

① $-\dfrac{1}{2}$ ② -1 ③ $-\dfrac{3}{2}$

④ -2 ⑤ $-\dfrac{5}{2}$

20

함수 $f(x)=x^2$이고,
$$f(a+h)=f(a)+hf'(a+\theta h)$$
일 때, θ의 값을 구하시오.

21

$f(x)$는 미분가능한 함수이고, 모든 실수 x에 대하여 $|f'(x)|\leq 1$이다. $f(3)=4$이면 $a\leq f(1)\leq b$일 때, $a+b$의 값은?

① 2   ② 6   ③ 8

④ 12   ⑤ 14

code 7 **증가, 감소와 도함수의 부호**

22

함수 $f(x)=x^3+ax^2+2ax$가 구간 $(-\infty, \infty)$에서 증가할 때, a의 최댓값과 최솟값의 차는?

① 3   ② 4   ③ 5

④ 6   ⑤ 7

23

함수 $f(x)=\dfrac{1}{3}x^3-ax^2+3ax$의 역함수가 존재할 때, a의 최댓값은?

① 3   ② 4   ③ 5

④ 6   ⑤ 7

24

함수 $f(x)=2x^3-3ax^2+6(a-1)x-1$이 $1\leq x\leq 4$에서만 감소할 때, a의 값은?

① 1   ② 2   ③ 3

④ 4   ⑤ 5

25

함수 $f(x)=\dfrac{1}{3}x^3-9x+3$이 구간 $(-a,\,a)$에서 감소할 때, 양수 a의 최댓값은?

① 1   ② 2   ③ 3
④ 4   ⑤ 5

26

함수 $f(x)=x^3-(a+2)x^2+ax$에 대하여 곡선 $y=f(x)$ 위의 점 $(t,\,f(t))$에서 접선의 y절편을 $g(t)$라 하자. 함수 $g(t)$가 구간 $(0,\,5)$에서 증가할 때, a의 최솟값을 구하시오.

27

함수 $f(x)$의 도함수 $y=f'(x)$의 그래프가 그림과 같을 때, **보기**에서 옳은 것만을 있는 대로 고른 것은?

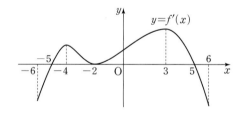

• 보기 •
ㄱ. $f(x)$는 $x=5$에서 극댓값을 갖는다.
ㄴ. 구간 $(-6,\,6)$에서 $f(x)$의 극값의 개수는 3이다.
ㄷ. $f(x)$는 구간 $(-4,\,-2)$에서 증가한다.

① ㄱ   ② ㄴ   ③ ㄱ, ㄴ
④ ㄱ, ㄷ   ⑤ ㄱ, ㄴ, ㄷ

---

code 8 | 극댓값, 극솟값

28

함수 $f(x)=x^3-6x^2+9x+9$는 극솟값 a와 극댓값 b를 갖는다. ab의 값은?

① -91 ② -27 ③ 81
④ 108   ⑤ 117

29

함수 $f(x)=x^3+ax^2+(a^2-4a)x+3$이 극값을 가질 때, 정수 a의 개수는?

① 5   ② 6   ③ 7
④ 8   ⑤ 9

30

함수 $f(x)=x^3+ax^2+3x+2$가 구간 $(0,\,2)$에서 극댓값과 극솟값을 모두 가질 때, a값의 범위는?

① $a<-3$ 또는 $a>3$ ② $-\dfrac{15}{4}<a<-3$

③ $-3<a<3$ ④ $-\dfrac{15}{4}<a<0$

⑤ $-\dfrac{15}{4}<a<3$

31

함수 $f(x)=x^3+ax^2+bx+c$는 $x=0$에서 극솟값 1을 갖고, $x=-2$에서 극댓값을 갖는다. $a+b+c$의 값은?

① -2 ② 0   ③ 2
④ 4   ⑤ 6

32

x^3의 계수가 1인 삼차함수 $f(x)$가 $x=-3$에서 극댓값, $x=1$에서 극솟값을 갖는다. 극댓값과 극솟값의 합이 20일 때, $f(2)$의 값을 구하시오.

33

$f(x)$는 다항함수이고, 함수 $g(x)$는

$$g(x)=(x^3+2)f(x)$$

이다. $g(x)$가 $x=1$에서 극솟값 24를 가질 때, $f(1)-f'(1)$의 값은?

① 2　　　　　② 4　　　　　③ 8

④ 16　　　　⑤ 32

code 9 **삼차함수의 그래프**

34

삼차함수 $y=x^3-3ax^2+4a$의 그래프가 x축에 접할 때, a의 값은? (단, $a>0$)

① $\dfrac{1}{4}$　　　② $\dfrac{1}{3}$　　　③ $\dfrac{1}{2}$

④ 1　　　⑤ $\dfrac{4}{3}$

35

삼차함수 $f(x)$가 다음 조건을 모두 만족시킨다.

(가) $x=-1$에서 극댓값 7을 갖는다.
(나) 곡선 $y=f(x)$ 위의 점 $(0, 0)$에서 접선의 방정식은
　　　$y=-12x$이다.

$f(x)$의 극솟값을 구하시오.

36

직선 $x=a$가 곡선 $f(x)=x^3-ax^2-100x+10$의 극대가 되는 점과 극소가 되는 점 사이를 지날 때, 정수 a의 개수를 구하시오.

code 10 **사차함수의 그래프**

37

사차함수 $f(x)=x^4+2ax^3+(6a-6)x^2$이 극값을 한 개만 가질 때, 정수 a값의 합은?

① 1　　　　　② 3　　　　　③ 6

④ 10　　　　⑤ 15

38

최고차항의 계수가 1인 사차함수 $f(x)$가 다음 조건을 모두 만족시킨다.

(가) $f(0)=0$, $f'(0)=0$
(나) $f(x)$는 오직 한 점에서만 극값을 갖는다.
(다) $x \geq 0$에서 $f(x)$의 최솟값은 -27이다.

$|f(2)|$의 값은?

① 8　　　　　② 12　　　　　③ 16

④ 20　　　　⑤ 24

39

최고차항의 계수가 1이고 다음 조건을 모두 만족시키는 사차함수 $f(x)$ 중 $f(1)$의 최댓값을 구하시오.

(가) 모든 실수 x에 대하여 $f(x)=f(-x)$이다.
(나) $f'(2)=0$
(다) 함수 $y=|f(x)|$는 미분가능하지 않은 점이 2개 존재한다.

01

$f(x)$는 최고차항의 계수가 1이고 $f(0)=2$인 삼차함수이고,

$$\lim_{x \to 1} \frac{f(x)-x^2}{x-1}=-2$$

이다. 곡선 $y=f(x)$ 위의 점 $(3, f(3))$에서 접선의 기울기를 구하시오.

02

다항함수 $f(x)$, $g(x)$가 다음 조건을 모두 만족시킨다.

> (가) $g(x)=x^3 f(x)-7$
>
> (나) $\displaystyle \lim_{x \to 2} \frac{f(x)-g(x)}{x-2}=2$

곡선 $y=g(x)$ 위의 점 $(2, g(2))$에서 접선의 방정식을 구하시오.

03

곡선 $y=x^2$ 위의 점 $P(a, a^2)$에서의 접선을 l, 점 P를 지나고 l과 수직인 직선을 m이라 하고, l, m이 y축과 만나는 점을 각각 A, B라 하자. 삼각형 APB의 넓이가 $\dfrac{17}{?}$일 때, 양수 a의 값은?

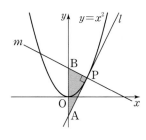

① 1
② $\dfrac{3}{2}$
③ 2

④ $\dfrac{5}{2}$
⑤ 3

04 신유형

$f(x)$는 최고차항의 계수가 2인 삼차함수이다. 그림과 같이 곡선 $y=f(x)$와 직선 $y=x$가 만나는 점을 각각 A, B, C라 하자. $\overline{AB}=2\sqrt{2}$, $\overline{BC}=3\sqrt{2}$일 때, 점 B에서 곡선 $y=f(x)$에 접하는 직선의 기울기는?

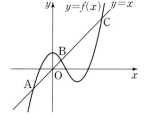

① -5
② -7
③ -9

④ -11
⑤ -13

05

곡선 $y=\dfrac{1}{3}x^3-x$ 위의 점 중에서 제1사분면에 있는 한 점을 $P(a, b)$라 하자. P에서의 접선이 y축과 만나는 점을 Q라 하고, P를 지나고 x축에 평행한 직선이 y축과 만나는 점을 R라 하자. $\overline{OQ}:\overline{OR}=3:1$일 때, ab의 값은? (단, O는 원점이다.)

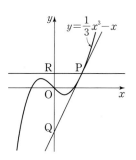

① 9
② 12
③ 15

④ 18
⑤ 21

06

정사각형 ABCD의 꼭짓점 A, C는 y축 위에 있고, 꼭짓점 B, D는 x축 위에 있다. 변 AB와 변 CD가 곡선 $y=x^3-5x$에 접할 때, 사각형 ABCD의 둘레의 길이를 구하시오.

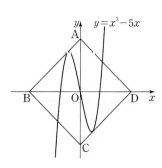

07

함수 $f(x)=-x^3+4x^2-3x$의 그래프 위의 점 $(a, f(a))$에서의 접선을 l, 점 B(3, 0)에서의 접선을 m이라 하자. l의 기울기가 양수일 때, l이 x축과 만나는 점을 A, l과 m의 교점을 C, 점 C에서 x축에 내린 수선의 발을 D라 하자.

$\overline{AD} : \overline{DB}=3 : 1$일 때, a값의 곱을 구하시오.

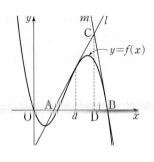

08

함수 $f(x)=x^3+ax$가 있다. 곡선 $y=f(x)$ 위의 점 A$(-1, -1-a)$에서의 접선이 이 곡선과 만나는 다른 한 점을 B라 하자. 또 B에서의 접선이 이 곡선과 만나는 다른 한 점을 C라 하자. 두 점 B, C의 x좌표를 각각 b, c라 할 때, $f(b)+f(c)=-80$이다. a의 값은?

① 8   ② 10   ③ 12
④ 14   ⑤ 16

09

$f(x)$는 최고차항의 계수가 1인 삼차함수이다. 곡선 $y=f(x)$가 y축과 만나는 점을 A, A에서 곡선의 접선을 l, 직선 l이 곡선과 만나는 점 중에서 A가 아닌 점을 B라 하자. 또 B에서의 접선을 m, 직선 m이 곡선 $y=f(x)$와 만나는 점 중에서 B가 아닌 점을 C라 하자. l, m이 서로 수직이고 직선 m의 방정식이 $y=x$일 때, 점 C에서 접선의 기울기를 구하시오. (단, $f(0)>0$)

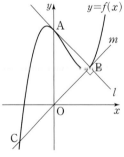

10

함수 $f(x)=x^2-4x+7$이고 포물선 $y=f(x)$ 위에 두 점 A(1, 4), B(6, 19)가 있다. 직선 AB와 평행하고 포물선 $y=f(x)$에 접하는 직선이 두 직선 $x=1$, $x=6$과 만나는 점을 각각 D, C라 할 때, 사각형 ABCD의 넓이는?

① 30   ② $\dfrac{125}{4}$ ③ $\dfrac{65}{2}$

④ $\dfrac{135}{4}$ ⑤ 35

11

곡선 $y=x^3-5x^2+4x+4$ 위에 세 점 A$(-1, -6)$, B(2, 0), C(4, 4)가 있다. 곡선 위에서 점 P는 두 점 A, B 사이를 움직이고, 점 Q는 두 점 B, C 사이를 움직인다. 사각형 AQCP의 넓이가 최대일 때, P, Q의 x좌표의 곱을 구하시오.

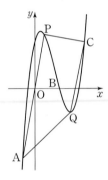

12

다항함수 $f_1(x)$, $f_2(x)$가 다음 조건을 모두 만족시킬 때, k의 값은?

> (가) $f_1(0)=0, f_2(0)=0$
>
> (나) $f_i'(0)=\displaystyle\lim_{x \to 0}\dfrac{f_i(x)+2kx}{f_i(r)+kx}$ (단, $i=1, 2$)
>
> (다) 곡선 $y=f_1(x)$와 $y=f_2(x)$의 원점에서의 접선이 서로 수직이다.

① $\dfrac{1}{2}$ ② $\dfrac{1}{4}$ ③ 0

④ $-\dfrac{1}{4}$ ⑤ $-\dfrac{1}{2}$

13

곡선 $y=x^4-3x^2+6x+1$ 위의 서로 다른 두 점에서 접하는 직선의 방정식은?

① $y=6x-\dfrac{5}{4}$

② $y=3x-\dfrac{5}{2}$

③ $y=6x+\dfrac{5}{4}$

④ $y=3x+\dfrac{5}{4}$

⑤ $y=3x+\dfrac{5}{2}$

14

두 함수

$$y=6x^3-x,\ y=|x-a|$$

의 그래프가 서로 다른 두 점에서 만날 때, 실수 a값의 합은?

① $-\dfrac{11}{18}$

② $-\dfrac{5}{9}$

③ $-\dfrac{1}{2}$

④ $-\dfrac{4}{9}$

⑤ $-\dfrac{7}{18}$

15

곡선 $y=x^3-3x^2+2x$에 기울기가 m인 접선을 두 개 그을 때, 접점을 P, Q라 하자. **보기**에서 옳은 것만을 있는 대로 고른 것은?

┌─ **보기** ─────────────────────────┐

ㄱ. P, Q의 x좌표의 합은 2이다.

ㄴ. $m>-1$

ㄷ. 두 접선 사이의 거리와 선분 PQ의 길이가 같은 실수 m 이 존재한다.

└──────────────────────────────────┘

① ㄱ

② ㄷ

③ ㄱ, ㄴ

④ ㄴ, ㄷ

⑤ ㄱ, ㄴ, ㄷ

16 개념 통합

모든 실수 a에 대하여

$$f(x)\leq f'(a)(x-a)+f(a)$$

가 성립하는 함수 $f(x)$만을 **보기**에서 있는 대로 고른 것은?

┌─ **보기** ─────────────────────────┐

ㄱ. $f(x)=x+5$ ㄴ. $f(x)=x^2-3x+3$

ㄷ. $f(x)=2x-x^2$

└──────────────────────────────────┘

① ㄱ

② ㄱ, ㄴ

③ ㄱ, ㄷ

④ ㄴ, ㄷ

⑤ ㄱ, ㄴ, ㄷ

17

함수 $f(x)=x^3-3x^2+2x$에 대하여 구간 $[0,\ 3k]$에서 평균값 정리를 만족시키는 값이 $2k$일 때, 양수 k의 값은?

① 1

② 2

③ 3

④ 4

⑤ 5

18 신유형

$f(x)$는 실수 전체의 집합에서 미분가능한 함수이다.

$\displaystyle\lim_{x\to\infty}f'(x)=5$일 때, 자연수 n에 대하여

$$\lim_{n}\{f(n+2)-f(n-2)\}$$의 값은?

① 10

② 15

③ 20

④ 25

⑤ 30

19

실수 전체의 집합에서 미분가능하고 도함수가 연속인 함수 $f(x)$가 다음 조건을 모두 만족시킨다.

> (가) $x \le 2$일 때, $f(x) = ax^2 + bx$ (단, a, b는 자연수)
> (나) $2 \le x_1 < x_2$인 모든 x_1, x_2에 대하여
> $$\frac{f(x_2) - f(x_1)}{x_2 - x_1} \le 9$$

$f(3)$의 최댓값은?

① 19　　　　② 20　　　　③ 21

④ 22　　　　⑤ 23

20

함수 $f(x) = x^3 + 6x^2 + 15|x - 2a| + 3$이 실수 전체의 집합에서 증가할 때, a의 최댓값은?

① $-\dfrac{5}{2}$　　　② -2　　　③ $-\dfrac{3}{2}$

④ -1　　　⑤ $-\dfrac{1}{2}$

21

함수 $f(x) = \begin{cases} ax^3 + ax^2 - ax + b & (x \le 0) \\ x^2 - ax + b & (x > 0) \end{cases}$의 극댓값이 $2b$일 때, $\dfrac{b}{a}$의 값은? (단, $a \ne 0$)

① 1　　　　② 2　　　　③ 3

④ 4　　　　⑤ 5

22

k, l, m은 $1 \le k < l < m \le 10$인 자연수이고, 함수 $f(x)$의 도함수는
$$f'(x) = (x+1)kx^l(x-1)^m$$
이다. $f(x)$가 $x = 0$에서 극대일 때, 순서쌍 (k, l, m)의 개수를 구하시오.

23 개념 통합

$f(x)$가 사차함수일 때, $\{f(x)\}^2 - x^2 f(x)$를 $f(x) - x$로 나눈 나머지를 $r(x)$라 하자. 함수 $r(x)$의 극댓값과 극솟값의 합은?

① $\dfrac{3}{8}$　　　② $\dfrac{4}{9}$　　　③ $\dfrac{5}{12}$

④ $\dfrac{3}{16}$　　　⑤ $\dfrac{4}{27}$

24

곡선 $y = x^2$ 위의 점 $\mathrm{P}(a, a^2)$ $\left(0 < a < \dfrac{1}{2}\right)$에서 그은 접선 l이 x축 위의 점 A에서 만난다. l을 x축에 대칭이동시킨 직선을 m이라 하고, m이 y축과 만나는 점을 B라 하자. 또 A를 지나고 l에 수직인 직선을 n이라 할 때, n이 y축과 만나는 점을 C라 하자. 삼각형 ABC의 넓이를 $S(a)$라 할 때, $S(a)$의 극댓값은?

① $\dfrac{\sqrt{3}}{144}$　　　② $\dfrac{1}{48}$　　　③ $\dfrac{\sqrt{3}}{72}$

④ $\dfrac{1}{12}$　　　⑤ $\dfrac{\sqrt{3}}{6}$

25

최고차항의 계수가 1인 삼차함수 $f(x)$가 다음 조건을 모두 만족시킨다. $f(6)$의 최댓값과 최솟값의 합을 구하시오.

(가) $f(2)=f'(2)=0$
(나) 모든 실수 x에 대하여 $f'(x) \geq -3$이다.

26

삼차함수 $f(x)$는 $x=-2$에서 극댓값을 갖고, $f'(-3)=f'(3)$이다. **보기**에서 옳은 것만을 있는 대로 고른 것은?

· 보기 ·
ㄱ. $f'(x)$는 $x=0$에서 최솟값을 갖는다.
ㄴ. $f(x)=f(2)$는 서로 다른 두 실근을 갖는다.
ㄷ. 곡선 $y=f(x)$ 위의 점 $(-1, f(-1))$에서의 접선은 점 $(2, f(2))$를 지난다.

① ㄱ　　　　② ㄷ　　　　③ ㄱ, ㄴ
④ ㄴ, ㄷ　　　⑤ ㄱ, ㄴ, ㄷ

27

최고차항의 계수가 1인 삼차함수 $f(x)$와 $g(x)=|f(x)|$, $h(x)=x^2+3$이 다음 조건을 모두 만족시킨다.

(가) 모든 실수 x에 대하여 $f(-x)=-f(x)$이다.
(나) 함수 $y=g(x)$와 $y=h(x)$의 그래프는 서로 다른 네 점에서 만난다.

$f(x)$가 극댓값을 갖는 x의 값을 구하시오.

28

함수 $f(x)=x^3+ax^2+bx$에 대하여 곡선 $y=f(x)$ 위의 점 $(t, f(t))$에서의 접선이 y축과 만나는 점을 P라 할 때, 원점 O와 점 P 사이의 거리를 $g(t)$라 하자. 이때 $f(x)$와 $g(t)$가 다음 조건을 모두 만족시킨다.

(가) $f(1)=2$
(나) 함수 $g(t)$는 실수 전체의 집합에서 미분가능하다.

$f(3)$의 값은?

① 21　　　　② 24　　　　③ 27
④ 30　　　　⑤ 33

29

사차함수 $f(x)=x^4+ax^3+bx^2+cx+6$이 다음 조건을 모두 만족시킬 때, a, b, c의 값을 구하시오.

(가) 모든 실수 x에 대하여 $f(-x)=f(x)$이다.
(나) $f(x)$는 극솟값 -10을 갖는다.

30 개념 통합

함수 $f(x)=-3x^4+4(a-1)x^3+6ax^2$ $(a>0)$에 대하여 $x<t$에서 $f(x)$의 최댓값을 $g(t)$라 하자. 함수 $g(t)$가 실수 전체의 집합에서 미분가능할 때, a의 최댓값은?

① 1　　　　② 2　　　　③ 3
④ 4　　　　⑤ 5

01

함수 $f(x)=x^2(x-2)^2$이 $0 \le x \le 2$인 모든 x에 대하여

$$f(x) \le f'(t)(x-t)+f(t)$$

를 만족시킬 때, t값의 범위를 구하시오.

03

삼차함수 $y=f(x)$와 일차함수 $y=g(x)$의 그래프가 그림과 같고, $f'(b)=f'(d)=0$이다.

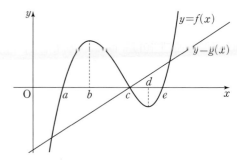

함수 $y=f(x)g(x)$는 $x=p$와 $x=q$에서 극소일 때, 다음 중 옳은 것은? (단, $p<q$)

① $a<p<b$이고 $c<q<d$

② $a<p<b$이고 $d<q<e$

③ $b<p<c$이고 $c<q<d$

④ $b<p<c$이고 $d<q<e$

⑤ $c<p<d$이고 $d<q<e$

02

함수 $f(x)=\dfrac{1}{3}x^3-kx^2+1$ $(k>0)$이다. 곡선 $y=f(x)$ 위의 서로 다른 두 점 A, B에서 기울기가 $3k^2$인 직선 l, m이 각각 접한다. 곡선 $y=f(x)$에 접하고 x축에 평행한 두 직선과 l, m으로 둘러싸인 도형의 넓이가 24일 때, k의 값은?

① $\dfrac{1}{2}$

② 1

③ $\dfrac{3}{2}$

④ 2

⑤ $\dfrac{5}{2}$

04

$f(x)$는 사차함수이고

$$f'(x)=(x+1)(x^2+ax+b)$$

이다. $y=f(x)$가 구간 $(-\infty,\ 0)$에서 감소하고 구간 $(2,\ \infty)$에서 증가할 때, a^2+b^2의 최댓값과 최솟값의 합은?

① $\dfrac{21}{4}$

② $\dfrac{43}{8}$

③ $\dfrac{11}{2}$

④ $\dfrac{45}{8}$

⑤ $\dfrac{23}{4}$

05 신유형

$f(x)$는 최고차항의 계수가 1이고 $f(0)=-3$인 다항함수이다. 모든 양의 실수 x에 대하여

$$6x-6 \le f(x) \le 2x^3-2$$

일 때, $f(3)$의 값은?

① 36   ② 38   ③ 40

④ 42   ⑤ 44

06

사차함수 $f(x)$가 다음 조건을 모두 만족시킨다.

> (가) $f(x)$의 최고차항의 계수는 1이다.
> (나) 곡선 $y=f(x)$가 점 $(2, f(2))$에서 직선 $y=2$에 접한다.
> (다) $f'(0)=0$

$y=f(x)$의 그래프가 항상 지나는 점의 y좌표의 합을 구하시오.

07

실수 t에 대하여 두 함수

$$f(x)=\begin{cases} -x^2+3kx+2 & (x<0) \\ x^2+\dfrac{4}{3k}x-2 & (x \ge 0) \end{cases}, \quad g(x)=2x+t$$

의 그래프가 만나는 점의 개수를 $h(t)$라 하자. 함수 $h(t)$가 $t=\alpha$에서 불연속이 되는 실수 α가 2개일 때, 양수 k의 값을 구하시오.

08

$f(x)$는 최고차항의 계수가 1인 삼차함수이고 $g(x)$는 최고차항의 계수가 2인 이차함수이다. $f(x)$, $g(x)$가 다음 조건을 모두 만족시킨다.

> (가) $f(\alpha)=g(\alpha)$이고 $f'(\alpha)=g'(\alpha)=-16$인 실수 α가 존재한다.
> (나) $f'(\beta)=g'(\beta)=16$인 실수 β가 존재한다.

$g(\beta+1)-f(\beta+1)$의 값을 구하시오.

05. 미분의 활용

최대, 최소를 구하기 위해
그래프를 그릴 때에는
x축과 만나는 점은
생각하지 않아도 된다.

1 함수의 최대, 최소

함수 $f(x)$가 구간 $[a, b]$에서 연속일 때, 최댓값과 최솟값은
다음과 같은 순서로 구한다.

❶ $f'(x)=0$의 해를 찾고, 증감표를 만들거나 그래프를 그려
극댓값과 극솟값을 구한다.

❷ 극값과 구간 양 끝점에서 함숫값을 비교한다.

❸ 구간에서 극값이 하나일 때
극댓값을 가지면 극댓값이 최댓값이고,
극솟값을 가지면 극솟값이 최솟값이다.

(Note) 극댓값과 극솟값이 반드시 최댓값과 최솟값이 되는 것은 아니다.

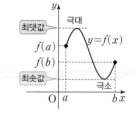

2 방정식에서 활용

(1) 방정식의 실근

실근의 개수를 구할 때에는
그래프를 그려서 푼다.

① 방정식 $f(x)=0$의 실근은 $y=f(x)$의 그래프와 x축이
만나는 점의 x좌표이다.

② 방정식의 실근의 개수는 $y=f(x)$의 그래프를 그리고
x축과 만나는 점의 개수를 조사한다.
이때에는 극값보다 극값의 부호에 주의한다.

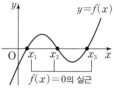

방정식 $f(x)=0$의 실근의 개수는
$g(x)=h(x)$ 꼴로 고쳐서
찾을 수도 있다.

(2) 방정식 $f(x)=g(x)$의 실근의 개수
$y=f(x)$와 $y=g(x)$의 그래프를 그리고 교점의 개수를 찾거나, $y=f(x)-g(x)$의 그
래프를 그리고 x축과 만나는 점의 개수를 찾는다.

사차방정식의 경우도
사차함수에서 극값의 개수와
극값의 부호을 이용하여 나눈다.

(3) 삼차방정식 $f(x)=0$의 서로 다른 실근의 개수에 대한 문제는 다음 $y=f(x)$의 그래프
를 기본으로 푼다.

① 서로 다른 세 실근   ② 한 실근과 중근   ③ 한 실근과 두 허근

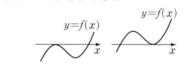
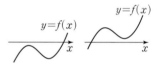

3 부등식에서 활용

$f(x)<0$일 조건을 찾을 때에는
$-f(x)>0$일 조건을 찾거나
$f(x)$의 최댓값이 0보다
작음을 이용한다.

(1) 함수 $f(x)$에 대하여 어떤 구간에서 부등식 $f(x)>0$이 성립함을 보일 때
이 구간에서 ($f(x)$의 최솟값)>0을 보이거나, $y=f(x)$의 그래프가 x축의 위쪽에 있
음을 이용한다.

(2) 어떤 구간에서 부등식 $f(x)>g(x)$가 성립함을 보이거나 성립할 조건을 찾을 때
이 구간에서 $f(x)-g(x)$의 최솟값이 0보다 크다는 것을 보이거나,
$y=f(x)-g(x)$의 그래프가 x축의 위쪽에 있음을 이용한다.

4 속도와 가속도

속도는 위치의 순간변화율,
가속도는 속도의 순간변화율이다.

점 P가 수직선 위를 움직이고 시각 t에서 위치가 $x(t)$일 때

(1) 속도: $v(t)=\dfrac{dx}{dt}=x'(t)$ (2) 가속도: $a(t)=\dfrac{dv}{dt}=v'(t)$

(3) 점 P가 수직선 위를 움직일 때

① $v(t)>0$이면 P는 양의 방향으로 진행한다.

② $v(t)<0$이면 P는 음의 방향으로 진행한다.

③ $v(t)=0$이면 P는 멈춘다.
그리고 시각 t의 좌우에서 $v(t)$의 부호가 바뀌면 P의 운동 방향이 바뀐다.

(4) 속도의 절댓값 $|v(t)|$를 속력이라 한다.

5 길이, 넓이, 부피의 활용

길이 l, 넓이 S, 부피 V가 시각 t에 대한 미분가능한 함수일 때, 변화율은 각각을 t에 대
해 미분한 값이다. 곧,

길이의 변화율 $\Rightarrow \dfrac{dl}{dt}$, 넓이의 변화율 $\Rightarrow \dfrac{dS}{dt}$, 부피의 변화율 $\Rightarrow \dfrac{dV}{dt}$

code 1 최대, 최소

01

구간 $[1, 4]$에서 함수 $f(x) = x^3 - 3x^2 + a$의 최댓값을 M, 최솟값을 m이라 하자. $M + m = 20$일 때, a의 값은?

① 1   ② 2   ③ 3
④ 4   ⑤ 5

02

구간 $[1, 4]$에서 함수 $f(x) = ax^4 - 4ax^3 + b$ $(a > 0)$의 최댓값이 3, 최솟값이 -6일 때, ab의 값은?

① -2 ② -1 ③ 0
④ 1   ⑤ 2

03

함수 $f(x)$, $g(x)$가
$$f(x) = x^3 - 3x + 4, \; g(x) = x^2 - 2x$$
일 때, 함수 $(f \circ g)(x)$의 최솟값은?

① 2   ② 4   ③ 6
④ 8   ⑤ 10

code 2 최대, 최소의 활용

04

A 제품만을 생산하는 어떤 공장에서 이 제품을 하루에 x개 생산하는 데 드는 비용은 $(x^3 - 59x^2 + 1200x + 400)$천 원이고, 생산된 제품은 한 개에 $(1200 - 2x)$천 원의 가격으로 생산된 날 모두 팔린다고 한다. 이 공장의 하루 이윤이 최대일 때, 하루에 생산하는 제품의 개수를 구하시오.
(단, 이윤은 매출 수입에서 생산 비용을 뺀 금액으로 계산한다.)

05

가로의 길이가 12 cm, 세로의 길이가 6 cm인 직사각형 모양의 종이가 있다. 네 귀퉁이에서 합동인 정사각형 모양으로 각각 잘라 낸 후 남은 부분을 접어서 뚜껑이 없는 상자를 만들려고 한다. 이 상자 부피의 최댓값을 구하시오.
(단, 종이의 두께는 무시한다.)

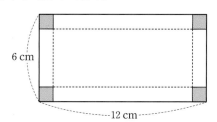

06

좌표평면 위에 점 $A(0, 2)$가 있다. $0 < t < 2$일 때, 원점 O와 직선 $y = 2$ 위의 점 $P(t, 2)$를 잇는 선분 OP의 수직이등분선과 y축의 교점을 B라 하자. 삼각형 ABP의 넓이를 $f(t)$라 할 때, $f(t)$의 최댓값을 구하시오.

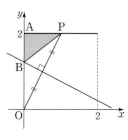

07

그림과 같이 곡선 $y = \frac{1}{2}x^2$, 직선 $y = -x + 10$ 및 x축으로 둘러싸인 부분에 한 변이 x축 위에 있고 두 꼭짓점이 곡선과 직선 위에 각각 있는 직사각형 ABCD가 있다. 이 직사각형의 넓이가 최대일 때, 점 A의 좌표를 구하시오.

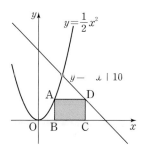

08

곡선 $y=4x-x^2$과 직선 $y=t$ $(0<t<4)$가 만나는 서로 다른 두 점을 각각 A, B라 할 때, 삼각형 AOB 넓이의 최댓값을 구하시오. (단, O는 원점이고 점 B의 x좌표는 점 A의 x좌표보다 크다.)

09

반지름의 길이가 5인 구에 내접하는 원기둥의 부피가 최대일 때, 원기둥의 높이를 구하시오.

code 3 실근의 개수

10

방정식 $x^3-3x^2-9x-k=0$의 서로 다른 실근의 개수가 3일 때, 정수 k의 최댓값은?

① 2　　　　② 4　　　　③ 6
④ 8　　　　⑤ 10

11

방정식 $3x^4-8x^3-6x^2+24x+a=0$이 서로 다른 네 실근을 가질 때, 정수 a의 최댓값은?

① -11　　　② -9　　　③ -7
④ -5　　　⑤ -3

12

x에 대한 방정식 $|x^3-3x+1|=k$가 서로 다른 네 실근을 가질 때, 정수 k의 값은?

① 1　　　　② 2　　　　③ 3
④ 4　　　　⑤ 5

code 4 교점의 개수

13

두 함수 $f(x)=x^4-4x+a$, $g(x)=-x^2+2x-a$의 그래프가 오직 한 점에서 만날 때, a의 값은?

① 1　　　　② 2　　　　③ 3
④ 4　　　　⑤ 5

14

곡선 $y=x^3+2x^2-3x$와 직선 $y=mx+8$이 서로 다른 두 점에서 만날 때, m의 값은?

① $\dfrac{1}{2}$　　　② $\dfrac{2}{3}$　　　③ 1
④ $\dfrac{3}{2}$　　　⑤ 2

code 5 근의 범위

15

x에 대한 방정식 $x^3-3x^2-9x-a=0$이 한 개의 양근과 서로 다른 두 개의 음근을 가질 때, a값의 범위는?

① $a>3$　　　② $a<2$　　　③ $1<a<6$
④ $3<a<7$　　　⑤ $0<a<5$

16

두 함수
$$f(x)=3x^3-x^2-3x,\ g(x)=x^3-4x^2+9x+a$$
에 대하여 방정식 $f(x)=g(x)$가 서로 다른 두 개의 양근과 한 개의 음근을 가질 때, 정수 a의 개수는?

① 6   ② 7   ③ 8
④ 9   ⑤ 10

17

두 함수
$$f(x)=x^5+x^3-3x^2+k,\ g(x)=x^3-5x^2+3$$
에 대하여 구간 $(1,\ 2)$에서 방정식 $f(x)=g(x)$가 적어도 하나의 실근을 가질 때, k값의 범위를 구하시오.

18

삼차방정식 $x^3-12x+22-4k=0$의 양의 실근의 개수를 $f(k)$라 하자. $f(k)=2$인 자연수 k의 개수를 구하시오.

code 6   부등식

19

모든 실수 x에 대하여 부등식 $x^4-4x-a^2+a+9\geq0$이 성립할 때, 정수 a의 개수는?

① 6   ② 7   ③ 8
④ 9   ⑤ 10

20

함수 $f(x)=5x^3-10x^2+k,\ g(x)=5x^2+2$가 있다. $0<x<3$에서 부등식 $f(x)\geq g(x)$가 성립할 때, k의 최솟값을 구하시오.

21

함수 $f(x)=x^3+5x,\ g(x)=4x^2+k$가 있다. $x>2$에서 부등식 $f(x)>g(x)$가 성립할 때, 정수 k의 최댓값은?

① 1   ② 2   ③ 3
④ 4   ⑤ 5

22

함수 $f(x)=x^4-2x^2-4,\ g(x)=-x^2+6x+k$가 있다. 임의의 실수 $x_1,\ x_2$에 대하여 $f(x_1)\geq g(x_2)$일 때, k의 최댓값은?

① -20 ② -14 ③ -4
④ 3   ⑤ 17

code 7   함수를 구하는 문제

23

$f(x)$는 최고차항의 계수가 1인 삼차함수이고, 다음 조건을 모두 만족시킨다. $f(x)$를 구하시오.

> (가) $f(x)$는 $x=0$에서 극댓값 3을 갖는다.
> (나) 방정식 $|f(x)|=1$의 서로 다른 실근의 개수는 5이다.

24

$f(x)$는 최고차항의 계수가 1인 삼차함수이고 모든 실수 x에 대하여 $f(-x)=-f(x)$이다. 방정식 $|f(x)|=2$의 서로 다른 실근의 개수가 4일 때, $f(3)$의 값은?

① 12 　　　　② 14 　　　　③ 16

④ 18 　　　　⑤ 20

code 8 　속도와 가속도

25

점 P는 수직선 위를 움직인다. 시각 t에서 P의 위치 x가

$$x=-t^2+4t$$

이다. $t=a$에서 P의 속도가 0일 때, a의 값은?

① 1 　　　　② 2 　　　　③ 3

④ 4 　　　　⑤ 5

26

점 P는 수직선 위를 움직인다. 시각 t에서 P의 위치 x가

$$x=-\frac{1}{3}t^3+3t^2+k$$

이고, P의 가속도가 0일 때 P의 위치는 40이다. k의 값을 구하시오.

27

지면으로부터 100 m 높이에서 쏘아 올린 어떤 물체의 t초 후의 높이 h m를

$$h=100+40t-5t^2$$

이라 하자. 이 물체가 지면에 떨어지는 순간의 속도는?

① -70 m/s 　　② -60 m/s 　　③ -50 m/s

④ -40 m/s 　　⑤ -30 m/s

28

두 점 P, Q는 수직선 위를 움직인다. 시각 t에서 P, Q의 위치가 각각

$$P(t)=t^3+2t^2-12t+1,\ Q(t)=\frac{9}{2}t^2-6$$

이다. P, Q의 속도가 같아지는 순간 P와 Q 사이의 거리는?

① $\dfrac{47}{2}$ 　　　　② 24 　　　　③ $\dfrac{49}{2}$

④ 25 　　　　⑤ $\dfrac{51}{2}$

29

두 점 P, Q는 수직선 위를 움직인다. 시각 t에서 P, Q의 위치가 각각

$$P(t)=2t^2-2t,\ Q(t)=t^2-8t$$

이다. P와 Q가 서로 반대 방향으로 움직이는 시각 t의 범위를 구하시오.

30

점 P는 수직선 위를 움직인다. 시각 t에서 P의 위치 x가

$$x=t^3+at^2+bt$$

이다. P가 $t=1$에서 운동 방향을 바꾸고, $t=2$에서 가속도는 0이다. a, b의 값을 구하시오.

31

점 P는 수직선 위를 움직인다. 시각 t에서 P의 위치 x가

$$x=t^3-5t^2+at+5$$

이다. 점 P가 움직이는 방향이 바뀌지 않을 때, 자연수 a의 최솟값은?

① 9 　　　　② 10 　　　　③ 11

④ 12 　　　　⑤ 13

01

a가 양수일 때, 구간 $[-a, a]$에서 함수
$f(x)=x^3+ax^2-a^2x+2$의 최댓값은 M, 최솟값은 $\frac{14}{27}$이다. $a+M$의 값은?

① 4　　　　② 6　　　　③ 8
④ 10　　　⑤ 12

02

그림과 같이 두 곡선
$$y=x^3, \quad y=-x^3+2x$$
의 교점 중 제1사분면에 있는 점을 A라 하고, 두 곡선과 직선 $x=k$ $(0<k<1)$의 교점을 각각 B, C라 하자. 사각형 OBAC의 넓이가 최대일 때, k의 값은? (단, O는 원점이다.)

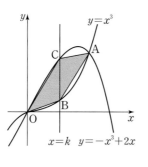

① $\frac{1}{3}$　　　② $\frac{\sqrt{3}}{4}$　　　③ $\frac{\sqrt{2}}{3}$

④ $\frac{1}{2}$　　　⑤ $\frac{\sqrt{3}}{3}$

03

그림과 같이 한 변의 길이가 4인 정사각형 ABCD에서 선분 BC와 선분 CD의 중점을 각각 E, F라 하자. 꼭짓점이 E이고 A, D를 지나는 포물선과 선분 AF가 만나는 점을 G라 하자. 선분 AC 위를 움직이는 점 P를 지나고 직선 AB와 평행한 직선이 포물선과 만나는 점을 Q라 할 때, 삼각형 AQP 넓이의 최댓값은?

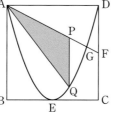

① $\frac{85}{27}$　　　② $\frac{343}{108}$　　　③ $\frac{173}{54}$

④ $\frac{349}{108}$　　　⑤ $\frac{88}{27}$

04

곡선 $y=x^2(3-x)$와 직선 $y=mx$ $(m>0)$가 제1사분면 위의 서로 다른 두 점 P, Q에서 만난다. 꼭짓점이 점 A$(3, 0)$, P, Q인 삼각형 APQ의 넓이가 최대일 때, m의 값을 구하시오.

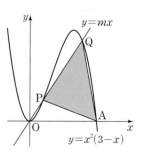

05

t가 실수일 때, 구간 $[t, t+1]$에서 함수
$f(x)=2x^3-9x^2+12x-2$의 최댓값을 $g(t)$라 하자. 함수 $g(t)$가 미분가능하지 않은 t의 값을 구하시오.

06

함수 $f(x)$, $g(x)$는 모든 실수 x에 대하여
$$f(x)=x^3-3x, \quad g(x)=\{f(x)\}^3-3f(x)$$
이다. 방정식 $g(x)=0$의 서로 다른 실근의 개수를 구하시오.

07 개념 통합

방정식 $n(x^3-3x^2)+k=0$ (n은 자연수)의 서로 다른 실근이 3개가 되는 정수 k의 개수를 a_n이라 할 때, $\sum_{n=1}^{10} a_n$의 값은?

① 195   ② 200   ③ 205

④ 210   ⑤ 215

08

방정식
$$|x^3+3x^2-9x+a|=2$$
의 서로 다른 실근이 6개일 때, 정수 a의 개수는?

① 26   ② 27   ③ 28

④ 29   ⑤ 30

09

좌표평면 위에 두 점 A(0, 1), B(3, 4)가 있다. 함수 $f(x)=x^3-2x-k$의 그래프가 선분 AB와 적어도 한 점에서 만날 때, k값의 범위를 구하시오.

10

점 $(0, a)$에서 곡선 $y=x^3-6x^2+11x-5$에 접선을 세 개 그을 수 있을 때, a값의 범위는?

① $-7<a<1$ ② $-6<a<2$

③ $-5<a<3$ ④ $-4<a<4$

⑤ $-3<a<5$

11

방정식 $x^3-x^2-ax-3=0$이 서로 다른 세 실근을 가질 때, 한 자리 자연수 a의 개수는?

① 1   ② 2   ③ 3

④ 4   ⑤ 5

12

함수 $f(x)=x(x-1)(ax+1)$이라 하자. 곡선 $y=f(x)$ 위의 점 P(1, 0)에서의 접선에 수직이고 점 P를 지나는 직선이 곡선 $y=f(x)$와 서로 다른 세 점에서 만날 때, a값의 범위는?

① $-1<a<-\dfrac{1}{3}$ 또는 $0<a<1$

② $-\dfrac{1}{3}<a<0$ 또는 $0<a<1$

③ $-1<a<0$ 또는 $0<a<\dfrac{1}{3}$

④ $-1<a<0$ 또는 $\dfrac{1}{3}<a<1$

⑤ $-2<a<-\dfrac{1}{3}$ 또는 $\dfrac{1}{3}<a<2$

13 신유형

k가 정수이고, 삼차방정식 $x^3-7x+k=0$이 서로 다른 세 정수근 a, b, c ($a<b<c$)를 갖는다. $|a|+|b|+|c|$의 값을 구하시오.

14

함수 $f(x)=x^3+3x^2-9x$가 있다. t가 실수일 때, 함수
$$g(x)=\begin{cases} f(x) & (x<a) \\ t-f(x) & (x\geq a) \end{cases}$$
가 실수 전체의 집합에서 연속이 되는 실수 a의 개수를 $h(t)$라 하자. $h(t)=3$인 정수 t의 개수는?

① 55   ② 57   ③ 59
④ 61   ⑤ 63

15

좌표평면 위의 점 $(0, t)$에서 곡선 $y=x^3-ax^2+9x$에 그은 접선의 개수를 $g(t)$라 하자. 함수 $g(t)$가 $t=0$, $t=1$에서 불연속일 때, 양수 a의 값은?

① 2   ② 3   ③ 4
④ 5   ⑤ 6

16

삼차함수 $f(x)$는 다음 조건을 모두 만족시킨다.

> (가) 함수 $|f(x)|$는 $x=-1$에서만 미분가능하지 않다.
> (나) 방정식 $f(x)=0$은 구간 $[3, 5]$에서 적어도 하나의 실근을 갖는다.

$\dfrac{f'(0)}{f(0)}$의 최댓값과 최솟값의 곱은?

① $\dfrac{1}{15}$ ② $\dfrac{1}{10}$ ③ $\dfrac{2}{15}$
④ $\dfrac{1}{6}$ ⑤ $\dfrac{1}{5}$

17 신유형

함수 $f(x)=x^4-4x^3+a$ ($a>0$)의 그래프 위를 움직이는 점 $P(x, f(x))$와 두 점 $A(1, 0)$, $B(-1, 0)$에 대하여 함수 $g(x)$를
$$g(x)=\begin{cases} f(x) & (\overline{AP}\leq\overline{BP}) \\ -f(x) & (\overline{AP}>\overline{BP}) \end{cases}$$
라 하자. 방정식 $g(x)=k$가 서로 다른 세 실근을 가지는 정수 k가 20개일 때, 정수 a의 값을 구하시오.

18

$f(x)$는 최고차항의 계수가 1이고 $f(0)<f(2)$인 사차함수이다. 모든 실수 x에 대하여
$$f(2+x)-f(2-x)$$
이고, 방정식 $f(|x|)=1$의 서로 다른 실근의 개수가 3일 때, $f(x)$의 극댓값은?

① 11   ② 13   ③ 15
④ 17   ⑤ 19

19

계수가 실수인 삼차함수 $y=f(x)$가 있다. 방정식 $f(x)=0$과 $f'(x)=0$의 근에 대한 설명으로 **보기**에서 옳은 것만을 있는 대로 고른 것은?

• 보기 •
ㄱ. $f'(x)=0$이 서로 같은 실근을 가지면, $f(x)=0$도 반드시 서로 같은 실근을 갖는다.
ㄴ. $f'(x)=0$이 허근을 가지면, $f(x)=0$도 반드시 허근을 갖는다.
ㄷ. $f'(x)=0$이 서로 다른 실근을 가지면, $f(x)=0$도 반드시 서로 다른 두 실근을 갖는다.

① ㄱ ② ㄴ ③ ㄱ, ㄴ
④ ㄱ, ㄷ ⑤ ㄴ, ㄷ

20

α, β가 서로 다른 실수이고 사차방정식 $f(x)=0$의 근일 때, **보기**에서 옳은 것만을 있는 대로 고른 것은?

• 보기 •
ㄱ. $f'(\alpha)=0$이면 다항식 $f(x)$는 $(x-\alpha)^2$으로 나누어떨어진다.
ㄴ. $f'(\alpha)f'(\beta)=0$이면 $f(x)=0$은 허근을 갖지 않는다.
ㄷ. $f'(\alpha)f'(\beta)>0$이면 $f(x)=0$은 서로 다른 네 실근을 갖는다.

① ㄱ ② ㄷ ③ ㄱ, ㄴ
④ ㄴ, ㄷ ⑤ ㄱ, ㄴ, ㄷ

21

모든 실수 x에 대하여 부등식
$$x^4+2ax^2-4(a+1)x+a^2\geq0$$
이 성립할 때, 양수 a의 최솟값은?

① 1 ② 2 ③ 3
④ 4 ⑤ 5

22 신유형

n이 2 이상의 자연수이다. $x\geq0$에서 부등식
$$x^n-nx+k\geq7$$
을 만족시키는 정수 k의 최솟값이 21일 때, n의 값을 구하시오.

23

$x\geq0$인 모든 실수 x에 대하여 부등식
$$x^3-2\geq3k(x^2-2k)$$
가 성립할 때, 양수 k의 값은?

① 1 ② 2 ③ 3
④ 4 ⑤ 5

24

함수 $f(x)=x^3-3x$가 있다. 임의의 양수 a에 대하여 $f(a)\geq f(b)$를 만족시키는 음수 b의 최댓값은?

① -6 ② -5 ③ -4
④ -3 ⑤ -2

25

$f(x)=-3x^4-4x^3+12x^2+a$, $g(x)=x^2+2x+2a$라 하자. 임의의 실수 t에 대하여 두 곡선 $y=f(x)$, $y=g(x-t)$가 만나지 않는 자연수 a의 최솟값은?

① 30 ② 32 ③ 34
④ 36 ⑤ 38

26 [개념][통합]

$f(x)$는 최고차항의 계수가 1인 삼차함수이고, 다음 조건을 모두 만족시킨다.

> (가) 함수 $|f(x)-4x|$는 실수 전체의 집합에서 미분가능하다.
> (나) 모든 실수 x에 대하여 $xf(x)\geq0$이다.

이때 $f(4)$의 값은?

① 0 ② 20 ③ 40
④ 60 ⑤ 80

27

수직선 위를 움직이는 점 P의 시각 t에서 위치 x가
$$x=t^3-12t+k$$
이다. 점 P의 운동 방향이 원점에서 바뀔 때, k의 값은?

① 10 ② 12 ③ 14
④ 16 ⑤ 18

28

직선 궤도를 달리는 어떤 열차는 제동을 걸고 나서 t초 동안 $20t-\dfrac{1}{10}ct^2$(m) $(c>0)$만큼 달린다. 기관사가 200 m 앞에 있는 정지선을 발견하고 열차를 멈추기 위해 제동을 걸었다. 이때 정지선을 넘지 않기 위한 c의 최솟값을 구하시오.

29

점 P는 수직선 위를 움직인다. 시각 t에서 P의 위치를 $x(t)$라 하면 $x(t)=t^3-8t^2+16t$이다. 이때 보기에서 옳은 것만을 있는 대로 고른 것은?

> • 보기 •
> ㄱ. $t=2$일 때의 속도는 -4이다.
> ㄴ. 처음 출발 후 운동 방향을 두 번 바꾼다.
> ㄷ. 처음 출발 후 원점을 다시 지난다.

① ㄱ ② ㄱ, ㄴ ③ ㄱ, ㄷ
④ ㄴ, ㄷ ⑤ ㄱ, ㄴ, ㄷ

30

자동차 A, B가 같은 지점에서 동시에 출발하여 직선 도로를 한 방향으로 달리고 있다. t초 동안 A, B가 움직인 거리는 각각 미분가능한 함수 $f(t)$, $g(t)$로 주어지고, 다음 조건을 모두 만족시킨다.

> (가) $f(20)=g(20)$
> (나) $10\leq t\leq30$에서 $f'(t)<g'(t)$

$10\leq t\leq30$에서 A와 B의 위치에 대한 설명 중 옳은 것은?

① B가 항상 A의 앞에 있다.
② A가 항상 B의 앞에 있다.
③ B가 A를 한 번 추월한다.
④ A가 B를 한 번 추월한다.
⑤ A가 B를 추월한 후 B가 다시 A를 추월한다.

01

t가 실수일 때, $0 \le x \le 1$에서 함수 $f(x) = |4x^3 - 3tx|$의 최 댓값을 $g(t)$라 하자. $t \le 0$에서 함수 $g(t)$의 최솟값을 a, $t \ge 4$에서 함수 $g(t)$의 최솟값을 b라 할 때, ab의 값은?

① 29   ② 30   ③ 31

④ 32   ⑤ 33

03 개념 통합

k가 실수일 때, 함수 $f(x) = x^3 - 3x^2 + 6x + k$의 역함수를 $g(x)$라 하자. 방정식

$$4f'(x) + 12x - 18 = (f' \circ g)(x)$$

가 구간 $[0, 1]$에서 실근을 가질 때, k의 최솟값과 최댓값을 구하시오.

02

삼차함수 $f(x)$가 다음 조건을 모두 만족시킬 때, $f(2)$의 최솟값은?

> (가) $f(x)$의 최고차항의 계수는 1이다.
> (나) $f(0) = f'(0)$
> (다) $x \ge -1$인 모든 실수 x에 대하여 $f(x) \ge f'(x)$이다.

① 28   ② 33   ③ 38

④ 43   ⑤ 48

04

최고차항의 계수가 -1인 삼차함수 $f(x)$와 함수 $g(x) = |f(x) + 2x + k|$가 다음 조건을 모두 만족시킨다.

> (가) $g(x)$는 실수 전체의 집합에서 미분가능하다.
> (나) 모든 실수 x에 대하여 $xf(x) \le f(x)$이다.

$g'(1) = 3$일 때, 실수 k의 값은?

① -5 ② -4 ③ -3

④ -2 ⑤ -1

III. 적분

06. 부정적분과 정적분

■ 부정적분

(1) 부정적분의 정의

① 함수 $F(x)$의 도함수가 $f(x)$일 때, $F(x)$를 $f(x)$의 **부정적분**이라 하고 $\int f(x)dx$로 나타낸다.

$$F(x) \underset{\text{적분}}{\overset{\text{미분}}{\rightleftharpoons}} f(x)$$

② $F(x)$가 $f(x)$의 한 부정적분일 때,

$$\int f(x)dx = F(x) + C$$

이때 C를 **적분상수**라 한다. 또 부정적분을 구하는 것을 적분한다고 한다.

> $f(x)+C = \int f'(x)dx$

(2) 부정적분법

① $\int x^n dx = \dfrac{1}{n+1}x^{n+1} + C$ (단, n은 0 또는 자연수)

② $\int kf(x)dx = k\int f(x)dx$ (단, k는 0이 아닌 실수)

$$\int \{f(x) \pm g(x)\}dx = \int f(x)dx \pm \int g(x)dx$$

> $\int f(x)g(x)dx$
> $\neq \int f(x)dx \int g(x)dx$

■ 정적분

(1) 정적분의 정의

① $f(x)$가 a, b를 포함하는 구간에서 연속이고, $f(x)$의 한 부정적분을 $F(x)$라 할 때, $F(b)-F(a)$를 a에서 b까지 $F(x)$의 **정적분**이라 하고 $\int_a^b f(x)dx$로 나타낸다.

$$\int_a^b f(x)dx = \Big[F(x)\Big]_a^b = F(b) - F(a)$$

② 정적분의 기하적 의미

> 정적분에서 적분상수 C는 쓰지 않아도 된다.

$f(x) \geq 0$, $a < b$일 때, $\int_a^b f(x)dx$는 $y=f(x)$의 그래프와 x축 및 두 직선 $x=a$, $x=b$로 둘러싸인 부분의 넓이이다.

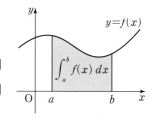

> $f(x) \leq 0$일 때 $\int_a^b f(x)dx$는 넓이에 $-$를 붙인 값이다.

(2) 정적분의 성질

① $\int_a^a f(x)dx = 0$, $\int_b^a f(x)dx = -\int_a^b f(x)dx$

② $\int_a^c f(x)dx + \int_c^b f(x)dx = \int_a^b f(x)dx$

③ $\int_a^b kf(x)dx = k\int_a^b f(x)dx$ (단, k는 실수)

$$\int_a^b \{f(x) \pm g(x)\}dx = \int_a^b f(x)dx \pm \int_a^b g(x)dx$$

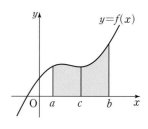

(3) $\int_{-a}^a f(x)dx$ 꼴의 정적분

① $f(-x)=f(x)$이면

$$\int_{-a}^a f(x)dx = 2\int_0^a f(x)dx$$

> $y=f(x)$의 그래프는 $f(-x)=f(x)$이면 y축에 대칭이고, $f(-x)=-f(x)$이면 원점에 대칭이다.

② $f(-x)=-f(x)$이면 $\int_{-a}^a f(x)dx = 0$

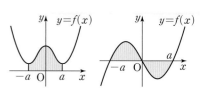

(4) 정적분으로 정의된 함수

① $f(x)$가 연속함수이면 $\int_a^x f(t)dt$는 위끝 x에 대하여 미분가능한 함수이고

$$\frac{d}{dx}\int_a^x f(t)dt = f(x)$$

> $\int_a^x f(t)dt = F(x)-F(a)$ 를 x에 대하여 미분한 결과이다.

② $\int_a^x f(t)dt$ 꼴은 $f(t)$의 부정적분 $F(t)$를 구한 다음, $F(x)-F(a)$를 계산하거나 $\int_a^x f(t)dt$를 x에 대하여 미분하면 $f(x)$라는 것을 이용한다.

code 1 **부정적분**

01

함수 $f(x)$의 도함수가 $f'(x)=6x^2+4$이다. $y=f(x)$의 그래프가 점 $(0, 6)$을 지날 때, $f(1)$의 값을 구하시오.

02

곡선 $y=f(x)$ 위의 임의의 점 (x, y)에서의 접선의 기울기가 $3x^2-12$이다. 함수 $f(x)$의 극솟값이 3일 때, $f(x)$의 극댓값을 구하시오.

03

$f(x)$는 다항함수이고

$$\frac{d}{dx}\int\{f(x)-x^2+4\}dx=\int\frac{d}{dx}\{2f(x)-3x+1\}dx$$

이다. $f(1)=3$일 때, $f(0)$의 값은?

① -2 ② -1 ③ 0

④ 1 ⑤ 2

04

함수 $f(x)$가

$$f(x)=\int\left(\frac{1}{2}x^3+2x+1\right)dx-\int\left(\frac{1}{2}x^3+x\right)dx$$

이고 $f(0)=1$일 때, $f(4)$의 값은?

① $\dfrac{23}{2}$ ② 12 ③ $\dfrac{25}{2}$

④ 13 ⑤ $\dfrac{27}{2}$

05

함수 $f(x)=\displaystyle\int(x-1)(x^2-3x+4)dx$일 때,

$\displaystyle\lim_{h\to 0}\frac{f(3+h)-f(3-h)}{h}$의 값은?

① 8 ② 10 ③ 12

④ 14 ⑤ 16

06

다항함수 $f(x)$의 한 부정적분 $F(x)$에 대하여

$$F(x)=xf(x)+3x^4-2x^2$$

이 성립한다. $f(0)=3$일 때, $f(-1)$의 값은?

① 2 ② 3 ③ 4

④ 5 ⑤ 6

code 2 **정적분의 계산**

07

$\displaystyle\int_0^1(2x+a)dx=4$일 때, 상수 a의 값은?

① 1 ② 2 ③ 3

④ 4 ⑤ 5

08

$\displaystyle\int_0^a(3x^2-4)dx=0$을 만족시키는 양수 a의 값은?

① 2 ② $\dfrac{9}{4}$ ③ $\dfrac{5}{2}$

④ $\dfrac{11}{4}$ ⑤ 3

09

$\int_0^9 \dfrac{x^3}{x+2}dx + \int_0^9 \dfrac{8}{x+2}dx$의 값을 구하시오.

10

$\int_0^2 |x^2-x|\,dx$의 값은?

① $\dfrac{1}{2}$ ② 1   ③ 2

④ $\dfrac{5}{2}$ ⑤ $\dfrac{8}{3}$

11

실수 전체의 집합에서 연속인 함수

$$f(x) = \begin{cases} ax+1 & (x<1) \\ x^2-4x+2a & (x \geq 1) \end{cases}$$

에 대하여 $\int_{-1}^3 f(x)dx$의 값은?

① $\dfrac{31}{3}$ ② $\dfrac{32}{3}$ ③ 11

④ $\dfrac{34}{3}$ ⑤ $\dfrac{35}{3}$

12

함수 $f(x) = \int_x^{x+1} (t^3+1)dt$에 대하여 $\int_0^2 f'(x)dx$의 값은?

① 13   ② 14   ③ 15

④ 16   ⑤ 17

---

code 3 $\int_{-a}^a f(x)dx$ 꼴의 적분

13

$\int_{-1}^1 (x^3+3x^2+5)dx$의 값은?

① 11   ② 12   ③ 13

④ 14   ⑤ 15

14

$\int_{-a}^a (5x^3+3x^2+4x+a)dx = (a+1)^2$을 만족시키는 실수 a값의 합은?

① -1 ② $-\dfrac{1}{2}$ ③ $-\dfrac{1}{3}$

④ $-\dfrac{1}{4}$ ⑤ $-\dfrac{1}{5}$

15

일차함수 $f(x)$에 대하여

$$\int_{-1}^1 xf(x)dx = 2, \quad \int_{-1}^1 x^2 f(x)dx = -4$$

일 때, $f(4)$의 값은?

① 4   ② 6   ③ 8

④ 10   ⑤ 12

16

함수 $f(x) = x+1$이

$$\int_{-1}^1 \{f(x)\}^2 dx = k\left\{ \int_{-1}^1 f(x)dx \right\}^2$$

을 만족시킬 때, 실수 k의 값은?

① $\dfrac{1}{6}$ ② $\dfrac{1}{3}$ ③ $\dfrac{1}{2}$

④ $\dfrac{2}{3}$ ⑤ $\dfrac{5}{6}$

17

이차함수 $f(x)$에 대하여

$$\int_{-1}^{1} f(x)dx = \int_{-1}^{0} f(x)dx = \int_{0}^{1} f(x)dx$$

이다. $f(0) = -1$일 때, $f(2)$의 값을 구하시오.

---

code 4 정적분의 성질

18

$f(x)$는 연속함수이고 모든 실수 x에 대하여
$f(x) = f(6-x)$를 만족시킨다.

$$\int_{3}^{6} f(x)dx = 10, \quad \int_{1}^{5} f(x)dx = 7$$

일 때, $\int_{5}^{6} f(x)dx$의 값을 구하시오.

19

다항함수 $f(x)$가 다음 조건을 모두 만족시킨다.

(가) 모든 실수 x에 대하여 $f'(x) > 0$

(나) $f(3) = 0$, $\int_{0}^{3} |f(x)|dx = 2$, $\int_{3}^{6} |f(x)|dx = 15$

$\int_{0}^{6} f(x)dx$의 값을 구하시오.

20

함수 $y = g(x)$의 그래프가 그림과 같다.

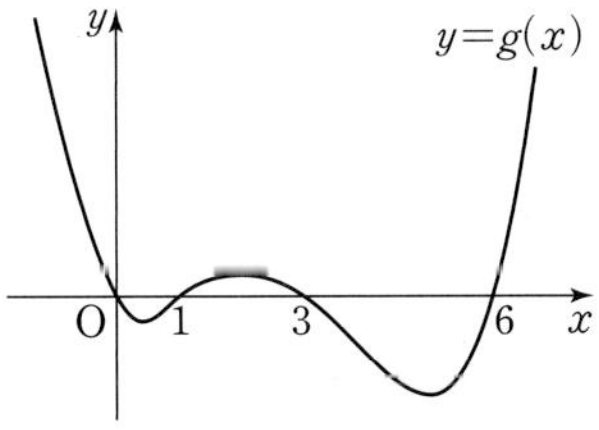

$S(x) = \int_{0}^{x} g(t)dt$일 때, 구간 $[0, 6]$에서 $S(x)$의 최댓값을 M, 최솟값을 m이라 하자.

$$\int_{0}^{1} g(x)dx = -1, \quad \int_{1}^{3} g(x)dx = 2, \quad \int_{3}^{6} g(x)dx = -5$$

일 때, $M - m$의 값은?

① 5   ② 6   ③ 7
④ 8   ⑤ 9

21

함수 $f(x)$는

$$f(x) = \begin{cases} -x^2 + 2x & (0 \le x < 1) \\ -x + 2 & (1 \le x < 2) \end{cases}$$

이고 $f(x) = f(x+2)$이다. $\int_{0}^{17} f(x)dx$의 값을 구하시오.

---

code 5 정적분과 미분계수

22

함수 $f(x) = x(x+3)^2 + 5$일 때,

$\lim\limits_{x \to 2} \dfrac{1}{x-2} \int_{2}^{x} f(t)dt$의 값을 구하시오.

23

함수 $f(x) = x^2 + ax + b$가

$$\lim_{x \to 1} \frac{\int_{1}^{x} f(t)dt}{x-1} = 1, \quad \int_{0}^{1} f(x)dx = 0$$

을 만족시킬 때, ab의 값은?

① $-\dfrac{4}{9}$ ② $-\dfrac{1}{3}$ ③ $-\dfrac{2}{9}$

④ $-\dfrac{1}{9}$ ⑤ 0

---

code 6 $\int_{a}^{x} f(t)dt$ 꼴을 미분하는 문제

24

다항함수 $f(x)$가

$$\int_{1}^{x} f(t)dt = x^3 + ax^2 - 3x + 1$$

을 만족시킬 때, $f(a)$의 값은?

① -2 ② -1 ③ 0
④ 1   ⑤ 2

25

다항함수 $f(x)$가

$$xf(x)=\int_{-1}^{x}\{f(t)+2t^2+t\}dt$$

를 만족시킬 때, $f(3)$의 값은?

① 10   ② 12   ③ 14

④ 16   ⑤ 18

26

다항함수 $f(x)$가

$$\int_{1}^{x}\left\{\frac{d}{dt}f(t)\right\}dt=x^3+ax^2-2$$

를 만족시킬 때, $f'(a)$의 값은?

① 1   ② 2   ③ 3

④ 4   ⑤ 5

27

다항함수 $f(x)$가

$$x^2\int_{1}^{x}f(t)dt-\int_{1}^{x}t^2f(t)dt=x^4+ax^3+bx^2$$

을 만족시킬 때, $f(5)$의 값은?

① 17   ② 19   ③ 21

④ 23   ⑤ 25

code 7 $\int_{a}^{b}f(x)dx=k$ (k는 상수)로 놓는 형태

28

다항함수 $f(x)$가

$$\int_{0}^{x}f(t)dt=x^3-2x^2-2x\int_{0}^{1}f(t)dt$$

를 만족시킬 때, $f(0)$의 값을 구하시오.

29

다항함수 $f(x)$가

$$f(x)=\frac{3}{4}x^2+\left\{\int_{0}^{1}f(x)dx\right\}^2$$

을 만족시킬 때, $\int_{0}^{2}f(x)dx$의 값을 구하시오.

30

두 다항함수 $f(x)$, $g(x)$가

$$f(x)=x^3-3x^2+\int_{0}^{2}g(t)dt, \quad g(x)=3x^2+2+\int_{-1}^{1}f(t)dt$$

를 만족시킬 때, $f(x)+g(x)$는?

① x^3-8 ② x^3-12 ③ $x^3-\dfrac{8}{3}$

④ $x^3-\dfrac{16}{3}$ ⑤ x^3-16

code 8 $\int_{a}^{x}(x-t)f(t)dt$ 꼴을 미분하는 문제

31

$f(x)$는 연속함수이고

$$\int_{1}^{x}(x-t)f(t)dt=x^4+ax^2-10x+6$$

을 만족시킬 때, $f(1)$의 값은?

① 18   ② 21   ③ 24

④ 27   ⑤ 30

32

다항함수 $f(x)$가

$$f(x)+\int_{0}^{x}(x-t)f'(t)dt=x^3+4x^2+2x-1$$

을 만족시킬 때, $f(2)$의 값은?

① 12   ② 15   ③ 18

④ 21   ⑤ 24

01

이차함수 $f(x)$와 함수 $g(x)$가

$$g(x)=\int\{x^2+f(x)\}dx,\ f(x)g(x)=-2x^4+8x^3$$

을 만족시킬 때, $g(1)$의 값은?

① 1　　　　　② 2　　　　　③ 3

④ 4　　　　　⑤ 5

02

두 다항함수 $f(x)$, $g(x)$는 상수함수가 아니고 계수가 모두 정수이다.

$$\frac{d}{dx}\{f(x)+g(x)\}=2x+2$$

$$\frac{d}{dx}\{f(x)g(x)\}=3x^2+4x+4$$

를 만족시키고 $f(0)=3$, $g(0)=1$일 때, $f(1)-g(1)$의 값은?

① 1　　　　　② 2　　　　　③ 3

④ 4　　　　　⑤ 5

03

실수 전체의 집합에서 미분가능한 함수 $f(x)$에 대하여

$$f'(x)=\begin{cases} k & (x\geq 2) \\ x+2 & (x<2) \end{cases}$$

이다. $f(2)=-1$일 때, $f(0)$의 값은?

① -7　　　　② -5　　　　③ -3

④ -1　　　　⑤ 0

04

실수 전체의 집합에서 미분가능한 함수 $f(x)$가 다음 조건을 모두 만족시킨다.

> (가) $f'(1)=2$
> (나) 모든 실수 x, y에 대하여
> $$f(x+y)=f(x)+f(y)+xy(x+y)-3$$

$f(3)$의 값은?

① 9　　　　　② 12　　　　　③ 15

④ 18　　　　　⑤ 21

05

최고차항의 계수가 1인 삼차함수 $f(x)$가 다음 조건을 모두 만족시킨다.

> (가) $f'\left(\dfrac{11}{3}\right)<0$
> (나) $f(x)$는 $x=2$에서 극댓값 35를 갖는다.
> (다) 방정식 $f(x)=f(4)$는 서로 다른 두 실근을 갖는다.

$f(0)$의 값은?

① 12　　　　　② 13　　　　　③ 14

④ 15　　　　　⑤ 16

06

함수 $f(x)$가

$$f(x)=\begin{cases} 2x+2 & (x<0) \\ -x^2+2x+2 & (x\geq 0) \end{cases}$$

이다. a가 양의 실수일 때, $\displaystyle\int_{-a}^{a}f(x)dx$의 최댓값은?

① 5　　　　　② $\dfrac{16}{3}$　　　　③ $\dfrac{17}{3}$

④ 6　　　　　⑤ $\dfrac{19}{3}$

07

두 함수 $f(x)$, $g(x)$가 $f(x)=x^2-2$, $g(x)=x^2-2x+2$일 때,

$\displaystyle\int_0^3 \frac{f(x)+g(x)+|f(x)-g(x)|}{2}dx$의 값을 구하시오.

08

삼차함수 $y=f(x)$의 그래프가 그림과 같을 때,

$\displaystyle\int_0^3 |f'(x)|dx$의 값은?

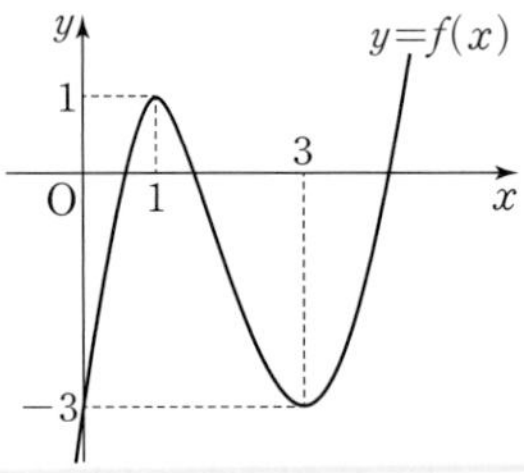

① 4　　　② 6
③ 8　　　④ 10
⑤ 12

09

$x>3$일 때, $\displaystyle\int_0^3 |t-x|dt = \int_0^x |t-3|dt$를 만족시키는 x의 값은?

① 6　　　　　② 7　　　　　③ 8
④ 9　　　　　⑤ 10

10

함수 $f(x)=(x-1)|x-a|$의 극댓값이 1일 때,

$\displaystyle\int_0^4 f(x)dx$의 값은?

① $\dfrac{4}{3}$　　　② $\dfrac{3}{2}$　　　③ $\dfrac{5}{3}$

④ $\dfrac{11}{6}$　　　⑤ 2

11

함수 $f(x)=2x^3-3x^2-36x+3$에 대하여 t가 실수일 때, $t\le x\le t+1$에서 $f(x)$의 최댓값을 $g(t)$라 하자.

$\displaystyle\int_{-3}^1 g(t)dt$의 값은?

① 70　　　　② 85　　　　③ 93

④ $\dfrac{187}{2}$　　　⑤ $\dfrac{217}{2}$

12

함수 $f(x)=x^3-3x-1$이다. 실수 t ($t\ge-1$)에 대하여 $-1\le x\le t$에서 $|f(x)|$의 최댓값을 $g(t)$라 할 때,

$\displaystyle\int_{-1}^1 g(t)dt$의 값을 구하시오.

13

$f(0)=0$인 이차함수 $f(x)$가 다음 조건을 모두 만족시킨다.

(가) $\displaystyle\int_0^2 |f(x)|\,dx = -\int_0^2 f(x)\,dx = 4$

(나) $\displaystyle\int_2^3 |f(x)|\,dx = \int_2^3 f(x)\,dx$

$f(5)$의 값을 구하시오.

14

최고차항의 계수가 1이고 $f(0)=0$인 삼차함수 $f(x)$가 다음 조건을 모두 만족시킨다.

(가) $f(2)=f(5)$
(나) 방정식 $f(x)-p=0$의 서로 다른 실근의 개수가 2인 실수 p의 최댓값은 $f(2)$이다.

$\displaystyle\int_0^2 f(x)\,dx$의 값은?

① 25   ② 28   ③ 31
④ 34   ⑤ 37

15

최고차항의 계수가 1인 삼차함수 $f(x)$가 모든 실수 x에 대하여 $f(x)=-f(-x)$를 만족시킨다.
$\displaystyle\int_{-1}^{1} f(x)\,dx = \int_0^2 f(x)\,dx$일 때, $f(4)$의 값은?

① 48   ② 56   ③ 64
④ 68   ⑤ 72

16 번뜩 아이디어

최고차항의 계수가 1인 사차함수 $f(x)$가 모든 실수 x에 대하여 $f'(-x)=-f'(x)$를 만족시킨다. $f'(1)=0$, $f(1)=2$일 때, 보기에서 옳은 것만을 있는 대로 고른 것은?

• 보기 •

ㄱ. $f'(-1)=0$

ㄴ. 모든 실수 k에 대하여 $\displaystyle\int_{-k}^{0} f(x)\,dx = \int_0^k f(x)\,dx$

ㄷ. $0<t<1$인 실수 t에 대하여 $\displaystyle\int_{-t}^{t} f(x)\,dx < 6t$

① ㄱ   ② ㄷ   ③ ㄱ, ㄴ
④ ㄴ, ㄷ   ⑤ ㄱ, ㄴ, ㄷ

17

두 다항함수 $f(x)$, $g(x)$가 모든 실수 x에 대하여
$$f(-x)=-f(x),\quad g(-x)=g(x)$$
를 만족시킨다. 함수 $h(x)$를 $h(x)=f(x)g(x)$라 하면
$$\int_{-3}^{3} (x+5)h'(x)\,dx = 10$$
일 때, $h(3)$의 값은?

① 1   ② 2   ③ 3
④ 4   ⑤ 5

18

이차 이하의 모든 다항함수 $f(x)$가
$$\int_0^2 f(x)\,dx = af(0)+bf(1)+cf(2)$$
를 만족시킬 때, abc의 값은?

① $\dfrac{4}{27}$ ② $\dfrac{8}{27}$ ③ $\dfrac{8}{9}$
④ 4   ⑤ 8

19

$f(x)$는 $f(0)=0$, $f'(0)=1$인 삼차함수이다. 모든 일차함수 $g(x)$에 대하여 $\int_{-2}^{2} f(x)g(x)dx=0$일 때, $f(1)$의 값은?

① $\dfrac{7}{12}$　　　② $\dfrac{3}{4}$　　　③ $\dfrac{11}{12}$

④ $\dfrac{13}{12}$　　　⑤ $\dfrac{5}{4}$

20

$f(x)$는 연속함수이고 다음 조건을 모두 만족시킨다.

> (가) $f(x)=ax^2$ $(0 \le x < 2)$
> (나) 모든 실수 x에 대하여 $f(x+2)=f(x)+2$이다.

$\int_{1}^{7} f(x)dx$의 값은?

① 20　　　② 21　　　③ 22
④ 23　　　⑤ 24

21

$f(x)$는 실수 전체의 집합에서 연속이고 다음 조건을 모두 만족시킨다.

> (가) 모든 정수 m에 대하여 $\int_{m}^{m+2} f(x)dx=4$이다.
> (나) $0 \le x \le 2$에서 $f(x)=x^3-6x^2+8x$이다.

$4\int_{1}^{10} f(x)dx$의 값을 구하시오.

22

함수 $f(x)$는
$$f(x)=\begin{cases} x & (0 \le x < 1) \\ 1 & (1 \le x < 2) \\ -x+3 & (2 \le x < 3) \end{cases}$$
이고, 모든 실수 x에 대하여 $f(x+3)=f(x)$를 만족시킨다.

$\int_{-a}^{a} f(x)dx=13$일 때, 상수 a의 값은?

① 10　　　② 12　　　③ 14
④ 16　　　⑤ 18

23 번뜩 아이디어

삼차함수 $f(x)$가 다음 조건을 모두 만족시킨다.

> (가) $\displaystyle\lim_{x \to -2} \dfrac{1}{x+2}\int_{-2}^{x} f(t)dt=12$
> (나) $\displaystyle\lim_{x \to \infty} xf\left(\dfrac{1}{x}\right)+\lim_{x \to 0} \dfrac{f(x+1)}{x}=1$

$f(3)$의 값을 구하시오.

24

$f(x)$는 다항함수이고
$$\int_{1}^{x} f(t)dt=xf(x)-3x^4+2x^3+4$$
일 때, $y=f(x)$의 극댓값과 극솟값을 구하시오.

25

함수 $f(x)=x^3-3x+a$에 대하여 함수

$$F(x)=\int_0^x f(t)dt$$

의 극값이 하나일 때, 양수 a의 최솟값을 구하시오.

26

$f(x)$는 x의 계수가 1인 일차함수이고 함수 $g(x)$는

$$g(x)=\int_0^x (t^2-6t+9)f(t)dt$$

이다. $y=|g'(x)|$가 실수 전체의 집합에서 미분가능할 때, $g'(4)$의 값은?

① 1   ② 2   ③ 3
④ 4   ⑤ 5

27

두 다항함수 $f(x)$, $g(x)$가

$$f(x)=2x+\int_0^1 \{f(t)+g(t)\}dt$$

$$g(x)=3x^2+\int_0^1 \{f(t)-g(t)\}dt$$

를 만족시킨다. $f(1)+g(2)$의 값은?

① 7   ② 8   ③ 9
④ 10   ⑤ 11

28

함수 $f(x)=(x-1)^4(x+1)$에 대하여 두 이차함수 $g(x)$, $h(x)$가

$$f(x)=g(x)+\int_0^x (x-t)^2 h(t)dt$$

를 만족시킬 때, $g(2)+h(2)$의 값을 구하시오.

29

함수 $f(x)=\begin{cases} 3x^2+ax+b & (x<1) \\ 2x & (x\geq 1) \end{cases}$에 대하여 함수 $g(t)$를

$g(t)=\int_t^{t+1} f(x)dx$라 하자. $f(x)$는 실수 전체의 집합에서 연속이고 $g(0)+g(1)=\dfrac{7}{2}$일 때, $g(t)$의 최솟값을 구하시오.

30

$f(x)$는 실수 전체의 집합에서 연속이고 $y=f(x)$의 그래프는 그림과 같다.

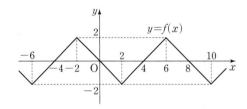

함수 $g(x)$를 $g(x)=\int_x^{x+2} f(t)dt$라 할 때, **보기**에서 옳은 것만을 있는 대로 고른 것은?

┌─ 보기 ──────────────────┐
ㄱ. $g(-1)=0$
ㄴ. $g(x)$는 구간 $(-2, 2)$에서 감소한다.
ㄷ. $-4\leq x\leq 6$에서 방정식 $g(x)=2$의 모든 실근의 합은 4
    이다.
└──────────────────────────┘

① ㄱ   ② ㄴ   ③ ㄱ, ㄴ
④ ㄱ, ㄷ   ⑤ ㄱ, ㄴ, ㄷ

31

구간 $[0, 8]$에서 정의된 함수 $f(x)$는

$$f(x)=\begin{cases} -x(x-4) & (0\leq x<4) \\ x-4 & (4\leq x\leq 8) \end{cases}$$

이다. $0\leq a\leq 4$일 때, $\displaystyle\int_a^{a+4} f(x)dx$의 최솟값을 구하시오.

01

실수 전체의 집합에서 미분가능한 함수 $f(x)$가 다음 조건을 모두 만족시킨다.

> (가) $f(0)=0$, $f'(0)=1$, $f(-1)=k$ (단, $-1<k<0$)
> (나) 모든 실수 x, y에 대하여
> $$f(x+y)=\frac{f(x)+f(y)}{1+f(x)f(y)}$$

$\displaystyle\int_0^1 \{f(x)\}^2 dx$의 값을 k로 나타내면?

① $1-k^2$ 　　　② $1-2k$ 　　　③ $1-k$
④ $1+k$ 　　　⑤ $1+k^2$

02

최고차항의 계수가 양수인 삼차함수 $f(x)$가 다음 조건을 모두 만족시킨다.

> (가) $f(x)$는 $x=0$에서 극댓값, $x=k$에서 극솟값을 갖는다.
> (나) $t>1$일 때 $\displaystyle\int_0^t |f'(x)|dx=f(t)+f(0)$

보기에서 옳은 것만을 있는 대로 고른 것은?

> •보기•
> ㄱ. $\displaystyle\int_0^k f'(x)dx<0$ 　　　ㄴ. $0<k\leq 1$
> ㄷ. $f(x)$의 극솟값은 0이다.

① ㄱ 　　　② ㄷ 　　　③ ㄱ, ㄴ
④ ㄴ, ㄷ 　　　⑤ ㄱ, ㄴ, ㄷ

03 번뜩 아이디어

최고차항의 계수가 1인 삼차함수 $f(x)$와 양수 k에 대하여 함수 $g(x)=\dfrac{f(x)+|f(x)-k|}{2}$가 다음 조건을 모두 만족시킨다.

> (가) $g(x)$는 $x=0$에서만 미분가능하지 않다.
> (나) $g(0)=g(2)$
> (다) $\displaystyle\int_0^2 |f(x)-g(x)|dx=8$

$g(1)+g(-1)$의 값을 구하시오.

04

t가 실수일 때, $-1\leq x\leq 1$에서 함수
$$f(x)=x^2-2|x-t|$$
의 최댓값을 $g(t)$라 하자. $\displaystyle\int_0^{\frac{3}{2}} g(t)dt$의 값을 구하시오.

05

함수 $f(x)=x^4+ax^3+bx^2$과 실수 전체의 집합에서 미분가능한 함수 $g(x)$가 다음 조건을 모두 만족시킨다.

(가) 모든 실수 x에 대하여 $g'(x) \geq 0$이다.
(나) $0 \leq x < 1$인 실수 x에 대하여 $g(x)=f(x)$이다.
(다) $1 \leq x < 2$인 실수 x에 대하여 $g(x)=f(x-1)+k$이다.

$\int_0^3 g(x)dx$의 최솟값을 구하시오.

06

최고차항의 계수가 양수인 삼차함수 $f(x)$가 다음 조건을 모두 만족시킨다.

(가) $f(x)$는 $x=0$에서 극대, $x=1$에서 극소이다.
(나) 모든 실수 t에 대하여
$$\int_0^t |f'(x)+1|dx=f(t)+t$$

$f(x)$의 극솟값의 최솟값을 구하시오.

07 신유형

함수 $f(x)=4x^3-24x^2+36x-8k$ (k는 정수)에 대하여
$$g(x)=\begin{cases} \int_0^x f(t)dt & (x \leq a \text{ 또는 } x \geq b) \\ c & (a < x < b) \end{cases}$$
라 하자. $g(x)$는 실수 전체의 집합에서 연속이고 오직 한 점에서만 미분가능하지 않을 때, k, a, b, c의 쌍을 모두 구하시오.

08

100 이하의 자연수 n과 함수 $f(x)=|x|-1$에 대하여
$$\int_n^t f^{2n}(x)dx \geq 0$$
을 만족시키는 실수 t의 최솟값을 $g(n)$이라 하자. $g(n)$의 값이 정수가 되는 n값의 합을 구하시오.
(단, $f^1=f$, $f^{n+1}=f^n \circ f$, $f^{2n}=f^{2n-1} \circ f$이다.)

07. 정적분의 활용

1 넓이

(1) 정적분과 넓이

① $f(x)$가 연속이고, $f(x) \geq 0$, $t > a$일 때
$y = f(x)$의 그래프와 x축 및 두 직선 $x = a$, $x = t$로
둘러싸인 부분의 넓이를 $S(t)$라 하면 $S'(t) = f(t)$이고, $S(t)$는 $f(t)$의 한 부정적분이므로

$$S(t) = \int_a^t f(x)dx$$

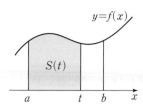

② 구간 $[a, b]$에서 $f(x)$가 연속일 때 $y = f(x)$의 그래프와 x축 및 두 직선 $x = a$, $x = b$로 둘러싸인 부분의 넓이는 $\int_a^b |f(x)| dx$이다.

③ $y = f(x)$의 그래프와 x축으로 둘러싸인 부분의 넓이를 구할 때에는 그림과 같이 $f(x) \geq 0$인 부분과 $f(x) < 0$인 부분을 구한 다음

$f(x) \geq 0$이면 $\int_a^b f(x)dx$,

$f(x) < 0$이면 $-\int_a^b f(x)dx$를 계산한다.

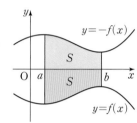

> 넓이를 구하기 위해 $y = f(x)$의 그래프를 그릴 때에는 x축과 교점을 구해야 한다. 극값은 구하지 않아도 된다.

(2) 두 곡선으로 둘러싸인 부분의 넓이

① 곡선 $y = f(x)$, $y = g(x)$와 두 직선 $x = a$, $x = b$ ($a < b$)로 둘러싸인 부분의 넓이는

$$\int_a^b |f(x) - g(x)| dx$$

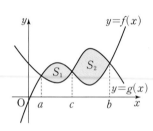

② 그림과 같이 $f(x) - g(x) \geq 0$, $f(x) - g(x) < 0$인 구간을 찾은 다음
$\int_a^c \{f(x) - g(x)\}dx$와 $\int_c^b \{g(x) - f(x)\}dx$를 계산한다.

> $f(x) = g(x)$를 풀어 교점의 x좌표부터 구한다.

(3) 도움이 되는 공식

① $\int_a^b (x-a)(x-b)dx = -\frac{1}{6}(b-a)^3$

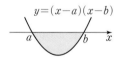

② 모든 실수 x에 대하여
$f(x) = f(x+p)$이면 $\int_a^b f(x)dx = \int_{a+p}^{b+p} f(x)dx$

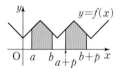

> ①은 이차함수의 그래프와 x축으로 둘러싸인 부분의 넓이를 구할 때 이용하면 편리하다.

2 속도와 거리

점 P가 수직선 위를 움직일 때, 시각 t에서 속도가 $v(t)$이고 t_0에서 위치가 x_0이면

(1) 시각 t에서 점 P의 위치 $x(t)$는 $x(t) = x_0 + \int_{t_0}^t v(t)dt$

(2) $t = a$에서 $t = b$까지 P의 위치의 변화량은 $\int_a^b v(t)dt$

(3) $t = a$에서 $t = b$까지 P가 움직인 거리는 $\int_a^b |v(t)| dt$

> 두 점 P, Q의 속도가 각각 $f(t)$, $g(t)$이면 두 점의 위치 관계는 $f(t)$, $g(t)$의 그래프에서 정적분, 넓이를 생각한다.

Note $v(t)$의 그래프가 주어지면
위치의 변화량 ⇨ 정적분, 움직인 거리 ⇨ 넓이
를 생각한다.

code 1 곡선과 x축으로 둘러싸인 부분의 넓이

01

곡선 $y=6x^2-12x$와 x축으로 둘러싸인 부분의 넓이는?

① 4 ② 6 ③ 8

④ 10 ⑤ 12

02

함수 $y=4x^3-12x^2+8x$의 그래프와 x축으로 둘러싸인 부분의 넓이를 구하시오.

03

함수 $f(x)$의 도함수 $f'(x)$가 $f'(x)=x^2-1$이다.
$f(0)=0$일 때, 곡선 $y=f(x)$와 x축으로 둘러싸인 부분의 넓이는?

① $\dfrac{9}{8}$ ② $\dfrac{5}{4}$ ③ $\dfrac{11}{8}$

④ $\dfrac{3}{2}$ ⑤ $\dfrac{13}{8}$

code 2 곡선과 직선, 곡선과 곡선으로 둘러싸인 부분의 넓이

04

곡선 $y=x^2-4x+3$과 직선 $y=3$으로 둘러싸인 부분의 넓이는?

① 10 ② $\dfrac{31}{3}$ ③ $\dfrac{32}{3}$

④ 11 ⑤ $\dfrac{34}{3}$

05

곡선 $y=-2x^2+3x$와 직선 $y=x$로 둘러싸인 부분의 넓이를 구하시오.

06

두 곡선 $y=x^2$, $y=\dfrac{1}{4}x^2$과 직선 $x=4$로 둘러싸인 부분의 넓이는?

① 14 ② 16 ③ 18

④ 20 ⑤ 22

07

곡선 $y=x^3-3x^2+x$와 직선 $y=x-4$로 둘러싸인 부분의 넓이는?

① $\dfrac{21}{4}$ ② $\dfrac{23}{4}$ ③ $\dfrac{25}{4}$

④ $\dfrac{27}{4}$ ⑤ $\dfrac{29}{4}$

08

두 점 $P(0, 3)$, $Q(1, 1)$에 대하여 선분 PQ와 곡선 $y=x^2$ 및 y축으로 둘러싸인 부분의 넓이는?

① $\dfrac{3}{2}$ ② $\dfrac{19}{12}$ ③ $\dfrac{5}{3}$

④ $\dfrac{7}{4}$ ⑤ $\dfrac{11}{6}$

09

두 곡선 $y=2x^2-4x$, $y=x^2-2x+3$으로 둘러싸인 부분의 넓이를 구하시오.

10

함수 $y=|x(x-1)|$의 그래프와 직선 $y=x+3$으로 둘러싸인 부분의 넓이는?

① $\dfrac{1}{6}$ ② $\dfrac{19}{3}$ ③ $\dfrac{23}{3}$

④ $\dfrac{31}{3}$ ⑤ $\dfrac{32}{3}$

11

a가 양수일 때, 두 곡선 $y=ax^3$, $y=-\dfrac{1}{a}x^3$과 직선 $x=2$로 둘러싸인 부분의 넓이의 최솟값을 구하시오.

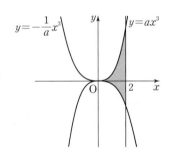

code 3 **곡선과 접선으로 둘러싸인 부분의 넓이**

12

곡선 $y=x^2+1$과 이 곡선 위의 점 $(2, 5)$에서의 접선과 x축 및 y축으로 둘러싸인 부분의 넓이는?

① $\dfrac{29}{24}$ ② $\dfrac{4}{3}$ ③ $\dfrac{17}{12}$

④ $\dfrac{37}{24}$ ⑤ $\dfrac{19}{12}$

13

곡선 $y=x^3+x-3$과 이 곡선 위의 점 $(1, -1)$에서의 접선으로 둘러싸인 부분의 넓이를 구하시오.

code 4 **역함수의 그래프로 둘러싸인 부분의 넓이**

14

함수 $f(x)=x^3+x$ $(x\geq0)$의 역함수를 $g(x)$라 하자. 곡선 $y=g(x)$와 x축 및 직선 $x=10$으로 둘러싸인 부분의 넓이는?

① 10 ② 11 ③ 12

④ 13 ⑤ 14

15

함수 $f(x)=x^3-3x^2+3x$ $(x\geq0)$의 역함수를 $g(x)$라 하자. 두 곡선 $y=f(x)$, $y=g(x)$로 둘러싸인 부분의 넓이를 구하시오.

code 5 **넓이를 나누는 경우**

16

곡선 $y=x^2-4x$와 x축으로 둘러싸인 부분이 직선 $y=-x$에 의하여 나누어진 부분 중 아래쪽과 위쪽의 넓이를 각각 S_1, S_2라 할 때, $3|S_1-S_2|$의 값은?

① 2 ② 4 ③ 5

④ 6 ⑤ 10

17

곡선 $y=x^2-x$와 직선 $y=ax$로 둘러싸인 부분의 넓이가 $\dfrac{27}{6}$일 때, 양수 a의 값을 구하시오.

18

곡선 $y=-x^2+2x$와 x축으로 둘러싸인 부분의 넓이를 직선 $y=mx$ $(m>0)$가 이등분할 때, m의 값은?

① $\sqrt[3]{2}-1$ ② $\sqrt[3]{16}-2$ ③ $\sqrt[3]{2}$

④ $\sqrt[3]{2}+\dfrac{1}{2}$ ⑤ $2-\sqrt[3]{4}$

19

두 곡선
$$y=x^4-x^3,$$
$$y=-x^4+x$$
로 둘러싸인 부분의 넓이를 곡선 $y=ax(1-x)$가 이등분할 때, a의 값은? (단, $0<a<1$)

① $\dfrac{1}{4}$ ② $\dfrac{3}{8}$ ③ $\dfrac{5}{8}$

④ $\dfrac{3}{4}$ ⑤ $\dfrac{7}{8}$

code 6 **정적분의 성질을 이용하는 문제**

20

그림과 같이 곡선 $y=x^2-4x+k$와 x축, y축으로 둘러싸인 두 부분 A, B의 넓이의 비가 $1:2$일 때, $3k$의 값은?

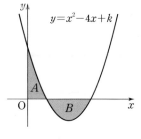

① 5 ② 6
③ 7 ④ 8
⑤ 9

21

함수 $f(x)=-x^2+6x+k$일 때, 그림과 같이 곡선 $y=f(x)$와 x축 및 y축으로 둘러싸인 부분의 넓이를 S, 이 곡선과 x축으로 둘러싸인 부분의 넓이를 T라 하자. $S=T$일 때, k의 값은? (단, $-9<k<0$)

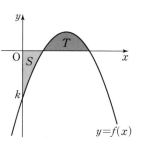

① $-\dfrac{19}{4}$ ② $-\dfrac{21}{4}$ ③ $-\dfrac{23}{4}$

④ $-\dfrac{25}{4}$ ⑤ $-\dfrac{27}{4}$

code 7 **속도와 위치, 거리**

22

수직선 위를 움직이는 점 P의 시각 t에서의 속도가
$$v(t)=-t^2+4t$$
이다. 시각 $t=0$에서 $t=4$까지 점 P가 움직인 거리는?

① 8 ② $\dfrac{32}{3}$ ③ 16

④ $\dfrac{64}{3}$ ⑤ 32

23

점 P는 수직선 위를 움직이고, 시각 t에서의 P의 속도가 $v(t)=4-at$이다. $t=2$에서 P의 운동 방향이 바뀔 때, 시각 $t=0$에서 $t=6$까지 점 P가 움직인 거리를 구하시오.

24

지상 30 m의 높이에서 20 m/s의 속도로 지면과 수직으로 쏘아 올린 물체의 t초 후의 속도를 $v(t)$ m/s라 하면 $v(t)=20-10t$이다. 물체가 지면에 떨어질 때까지 움직인 거리는?

① 55 m ② 60 m ③ 65 m

④ 70 m ⑤ 75 m

25

점 P는 좌표가 2인 점을 출발하여 수직선 위를 움직인다. t초 후 P의 속도는 $v(t)=4t-3t^2$이고 P가 좌표가 2인 점으로 다시 돌아올 때까지 움직인 거리를 $\dfrac{q}{p}$라 할 때, $p+q$의 값은? (단, p, q는 서로수인 자연수이다.)

① 59   ② 69   ③ 75
④ 83   ⑤ 91

26

점 P는 원점을 출발하여 수직선 위를 움직인다. 시각 t초에서 P의 속도 $v(t)$는 그림과 같다. 출발하고 10초 후 P의 위치가 $\dfrac{35}{3}$일 때, 출발하고 10초 동안 점 P가 움직인 거리는?

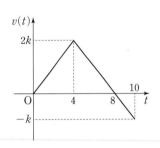

① 15   ② 16   ③ 17
④ 18   ⑤ 19

27

점 P는 원점을 출발하여 수직선 위를 움직인다. 시각 t $(0 \le t \le 7)$에서 P의 속도 $v(t)$가 그림과 같을 때, **보기**에서 옳은 것만을 있는 대로 고른 것은?

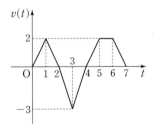

▸ 보기 ◂

ㄱ. 시각 $t=1$에서 P의 위치는 2이다.
ㄴ. P는 출발 후 운동 방향을 2번 바꾼다.
ㄷ. $t=0$에서 $t=3$까지 P가 움직인 거리는 4이다.

① ㄱ   ② ㄴ   ③ ㄱ, ㄴ
④ ㄱ, ㄷ   ⑤ ㄴ, ㄷ

28

30 m의 높이에서 출발하여 수직 방향으로 움직이는 열기구가 있다. 출발한 지 t초 후 열기구의 속도 $v(t)$ m/s가

$$v(t)=\begin{cases} 4t & (0 \le t \le 10) \\ 60-2t & (10 \le t \le 20) \end{cases}$$

이다. $t=20$일 때, 열기구의 높이를 구하시오.

code **8** | 두 점 사이의 거리

29

두 점 P, Q는 원점을 동시에 출발하여 수직선 위를 움직인다. 시각 t에서 P, Q의 속도가 각각

$$v_1(t)=3t^2+t, \ v_2(t)=2t^2+3t$$

이다. P, Q의 속도가 같아지는 순간 두 점 P, Q 사이의 거리를 구하시오. (단, $t>0$)

30

두 점 P, Q는 원점을 동시에 출발하여 수직선 위를 움직인다. 시각 t에서 P, Q의 속도가 각각

$$v_1(t)=3t^2+6t-6, \ v_2(t)=10t-6$$

이다. 두 점 P, Q가 출발한 후 $t=a$에서 다시 만날 때, a의 값은?

① 1   ② $\dfrac{3}{2}$ ③ 2
④ $\dfrac{5}{2}$ ⑤ 3

31

두 점 P, Q는 각각 수직선 위에서 좌표가 3인 점과 좌표가 9인 점에서 동시에 출발하여 움직인다. 시각 t에서 P, Q의 속도를 각각 $v_1(t)$, $v_2(t)$라 하면

$$v_1(t)=-4t+2, \ v_2(t)=2t-6$$

이다. P, Q 사이의 거리가 가장 가까워질 때, 두 점 P, Q 사이의 거리를 구하시오.

01

함수 $f(x)$의 도함수가 $f'(x)=4x^3-4x$이고 $f(x)$의 극댓값이 k일 때, 직선 $y=k$와 곡선 $y=f(x)$로 둘러싸인 부분의 넓이는?

① $\dfrac{8\sqrt{2}}{15}$ ② $\dfrac{2\sqrt{2}}{3}$ ③ $\dfrac{4\sqrt{2}}{5}$

④ $\dfrac{14\sqrt{2}}{15}$ ⑤ $\dfrac{16\sqrt{2}}{15}$

02

점 $A(3, 0)$에서 곡선 $y=x^2$까지의 거리가 최소인 점을 P라 하자. 곡선 $y=x^2$과 x축 및 선분 PA로 둘러싸인 부분의 넓이를 구하시오.

03

양수 m에 대하여 두 직선 $y=mx$, $y=(m+1)x$와 곡선 $y=x^2$으로 둘러싸인 부분의 넓이가 $\dfrac{7}{6}$일 때, m의 값은?

① 1 ② 2 ③ 3
④ 4 ⑤ 5

04

그림과 같이 함수 $y=|x^2-4x|$의 그래프와 직선 $y=x$로 둘러싸인 두 부분의 넓이를 각각 A, B라 할 때, $10(A-B)$의 값을 구하시오.

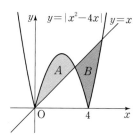

05

점 $P\left(\dfrac{1}{2}, -2\right)$에서 곡선 $y=x^2$에 그은 두 접선과 곡선 $y=x^2$으로 둘러싸인 부분의 넓이는?

① $\dfrac{3}{2}$ ② $\dfrac{7}{4}$ ③ 2

④ $\dfrac{9}{4}$ ⑤ $\dfrac{5}{2}$

06

직선 l이 함수 $f(x)=x^4-2x^2-2x+3$의 그래프와 서로 다른 두 점에서 접할 때, l과 곡선 $y=f(x)$로 둘러싸인 부분의 넓이를 구하시오.

07

$f(x)$는 $f(3)=0$이고, 최고차항의 계수가 1인 이차함수이다.

$$\int_0^{2000} f(x)dx=\int_3^{2000} f(x)dx$$

일 때, 곡선 $y=f(x)$와 x축으로 둘러싸인 부분의 넓이를 구하시오.

08

곡선 $y=x^2$ 위를 움직이는 점 $P(a, a^2)$, $Q(b, b^2)$은 선분 PQ와 곡선 $y=x^2$으로 둘러싸인 도형의 넓이가 36이 되게 움직이고 있다. $\lim\limits_{a \to \infty} \dfrac{\overline{PQ}}{a}$의 값을 구하시오. (단, $a<b$)

09

함수 $f(x)=ax^2+b$ $(x \geq 0)$의 역함수를 $g(x)$라 하자.
$y=f(x)$와 $y=g(x)$의 그래프는 $x=1$과 $x=2$인 점에서 만난다. 그림과 같이 구간 $[0, 1]$에서 두 곡선 $y=f(x), y=g(x)$와 x축 및 y축으로 둘러싸인 부분의 넓이를 A, 구간 $[1, 2]$

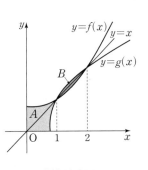

에서 두 곡선 $y=f(x), y=g(x)$로 둘러싸인 부분의 넓이를 B라 할 때, $A-B$의 값은?

① $\dfrac{1}{9}$ ② $\dfrac{2}{9}$ ③ $\dfrac{1}{3}$

④ $\dfrac{4}{9}$ ⑤ $\dfrac{5}{9}$

10

함수 $f(x)=x^3+6x^2+13x+8$의 역함수를 $g(x)$라 하자. 두 곡선 $y=f(x), y=g(x)$와 직선 $y=-x+8$로 둘러싸인 부분의 넓이는?

① 20 ② 24 ③ 36
④ 40 ⑤ 52

11

곡선 $y=x^2-ax$ $(0<a<1)$와 x축으로 둘러싸인 부분의 넓이를 A, 이 곡선과 x축 및 직선 $x=1$로 둘러싸인 부분의 넓이를 B라 하자. $A+B$의 값이 최소일 때, a의 값은?

① $\dfrac{\sqrt{2}}{4}$ ② $\dfrac{\sqrt{3}}{4}$ ③ $\dfrac{1}{2}$

④ $\dfrac{\sqrt{3}}{3}$ ⑤ $\dfrac{\sqrt{2}}{2}$

12

곡선 $y=(x^2-4)(x-a)$ $(-2<a<2)$와 x축으로 둘러싸인 두 부분의 넓이의 합이 최소일 때, 실수 a의 값과 넓이의 최솟값을 구하시오.

13

두 점 $A(2, 0)$, $B(0, 3)$을 지나는 직선과 곡선 $y=ax^2$ $(a>0)$ 및 y축으로 둘러싸인 부분 중에서 제1사분면에 있는 부분의 넓이를 S_1이라 하자. 또 직선 AB와 곡선 $y=ax^2$ 및 x축으로 둘러싸인 부분의 넓이를 S_2라 하자. $S_1 : S_2=13 : 3$일 때, a의 값을 구하시오.

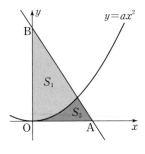

14 번뜩 아이디어

함수 $f(x)=-x(x-4)$에 대하여 곡선 $y=f(x)$를 x축 방향으로 2만큼 평행이동한 곡선을 $y=g(x)$라 하자. 그림과 같이 두 곡선 $y=f(x)$, $y=g(x)$와 x축으로 둘러싸인 세 부분의 넓이를 각각 S_1, S_2, S_3이라 할 때, $\dfrac{S_2}{S_1+S_3}$의 값은?

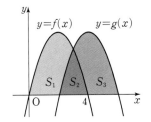

① $\dfrac{3}{22}$　　② $\dfrac{7}{44}$　　③ $\dfrac{2}{11}$

④ $\dfrac{9}{44}$　　⑤ $\dfrac{5}{22}$

15 개념 통합

그림과 같이 꼭짓점이 점 $(0, 0)$, $(1, 0)$, $(1, 1)$, $(0, 1)$인 정사각형의 내부를 두 곡선 $y=\dfrac{1}{2}x^2$, $y=ax^2$으로 나눈 세 부분의 넓이를 각각 S_1, S_2, S_3이라 하자. S_1, S_2, S_3이 이 순서대로 등차수열을 이룰 때, a의 값을 구하시오. $\left(\text{단, } a>\dfrac{1}{2}\right)$

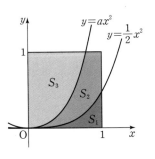

16

그림과 같이 직선 l이 y축과 만나는 점을 A, 직선 $x=6$과 만나는 점을 B라 하자. 사다리꼴 OABC의 넓이가 곡선 $f(x)=x^3-6x^2$과 x축으로 둘러싸인 부분의 넓이와 같을 때, l은 일정한 점 D를 지난다. 삼각형 ODC의 넓이를 구하시오.
(단, O는 원점이고, 점 A의 y좌표는 음수이다.)

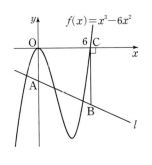

17

실수 전체의 집합에서 증가하는 연속함수 $f(x)$가 다음 조건을 모두 만족시킨다.

> (가) 모든 실수 x에 대하여 $f(x)=f(x-3)+4$이다.
>
> (나) $\displaystyle\int_0^6 f(x)dx=0$

곡선 $y=f(x)$와 x축 및 두 직선 $x=6$, $x=9$로 둘러싸인 부분의 넓이는?

① 9　　② 12　　③ 15

④ 18　　⑤ 21

18

두 점 P, Q는 원점을 동시에 출발하여 수직선 위를 움직인다. 시각 t에서 P, Q의 속도가 각각
$$f(t)=t^2-t, \quad g(t)=-3t^2+6t$$
일 때, 보기에서 옳은 것만을 있는 대로 고른 것은?

> 보기
>
> ㄱ. P는 출발 후 운동 방향을 한 번 바꾼다.
> ㄴ. $t=2$에서 두 점 P, Q의 가속도를 각각 p, q라 하면 $pq<0$이다.
> ㄷ. $t=0$에서 $t=3$까지 Q가 움직인 거리는 8이다.

① ㄱ　　② ㄷ　　③ ㄱ, ㄴ

④ ㄴ, ㄷ　　⑤ ㄱ, ㄴ, ㄷ

19

직선 도로에서 B가 A보다 18 m 앞에서 동시에 출발한다. 출발한 지 t분 후 A의 속도는 a m/min으로 일정하고, B의 속도는 $(3t^2-8t)$ m/min이다. A와 B가 적어도 한 번은 만날 때, a의 최솟값을 구하시오.

20

점 P는 원점을 출발하여 수직선 위를 움직인다. 시각 $t\ (0 \le t \le d)$에서 P의 속도 $v(t)$가 그림과 같고

$$\int_0^a |v(t)|\,dt = \int_a^d |v(t)|\,dt$$

일 때, **보기**에서 옳은 것만을 있는 대로 고른 것은?

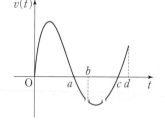

─ 보기 ─

ㄱ. P는 출발하고 나서 원점을 다시 지난다.

ㄴ. $\displaystyle\int_0^c v(t)\,dt = \int_c^d v(t)\,dt$

ㄷ. $\displaystyle\int_0^b v(t)\,dt = \int_b^d |v(t)|\,dt$

① ㄴ　　　　　② ㄷ　　　　　③ ㄱ, ㄴ

④ ㄴ, ㄷ　　　⑤ ㄱ, ㄴ, ㄷ

21

지면에서 지면과 수직으로 동시에 쏘아올린 두 물체 A, B가 있다. 그림은 시각 $t\ (0 \le t \le c)$에서 A, B의 속도 $f(t)$, $g(t)$를 나타낸 것이다.

$\displaystyle\int_0^c f(t)\,dt = \int_0^c g(t)\,dt$일 때, **보기**에서 옳은 것만을 있는 대로 고른 것은?

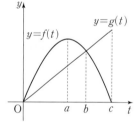

─ 보기 ─

ㄱ. $t=a$일 때, A는 B보다 높은 위치에 있다.

ㄴ. $t=b$일 때, A와 B의 높이의 차가 최대이다.

ㄷ. $t=c$일 때, A와 B는 같은 높이에 있다.

① ㄴ　　　　　② ㄷ　　　　　③ ㄱ, ㄴ

④ ㄱ, ㄷ　　　⑤ ㄱ, ㄴ, ㄷ

22

반지름의 길이가 3 cm인 수도관에 물이 가득 차서 흐르고 있다. 흘러나오는 물의 t초 후의 속도가

$$v(t) = 4t - t^2$$

일 때, 물이 나오는 순간부터 멈출 때까지 흘러나온 물의 양은?

① 90π cm³　　② 96π cm³　　③ 102π cm³

④ 108π cm³　　⑤ 114π cm³

23

어떤 전망대에 설치된 엘리베이터는 1층에서 출발하여 꼭대기층까지 올라가는 동안, 출발 후 처음 2초 동안 가속도는 3 m/s²이고, 2초 후부터 10초까지는 일정한 속도로 올라가며, 10초 후부터는 가속도가 -2 m/s²이다. 이 엘리베이터가 출발하여 멈출 때까지 움직인 거리를 구하시오.

24

어떤 직선 도로 위를 같은 방향으로 달리는 자동차 A, B가 있다. A가 72 km/h의 속도로 달리고 있던 중 P 지점에 이르렀을 때, P 지점에서 100 m 앞에 서 있던 B를 발견하고 제동장치를 작동하여 -5 m/s²의 가속도로 운행하였다. A가 제동장치를 작동하고 4초 후, 정지하고 있던 B는 6 m/s²의 가속도로 출발하였고, 동시에 A는 10 m/s²의 가속도로 계속하여 운행하였다. P 지점에서 A가 B를 추월하는 지점까지 달린 거리를 구하시오.

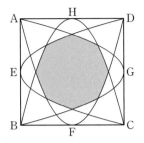 정답 및 풀이 100쪽

step C 최상위 문제

Time Attack **7**분컷

01 신유형

한 변의 길이가 2인 정사각형 ABCD에서 각 변의 중점을 각각 E, F, G, H라 하자. 변 BC를 좌표평면 위의 x축과 평행하게 놓고, 두 점 B, C를 지나고 점 H가 꼭짓점인 이차함수의 그래프와 두 점 A, D를 지나고 점 F가 꼭짓점인 이차함수의 그래프를 그린다. 변 AB를 좌표평면 위의 x축과 평행하게 놓고 위와 같은 방법으로 세 점 A, B, G를 지나는 이차함수와 세 점 C, D, E를 지나는 이차함수의 그래프를 그린다. 그림에서 색칠한 부분의 넓이를 구하시오.

02 번뜩 아이디어

점 $(1, 2)$를 지나고 기울기가 m인 직선과 곡선 $y=x^2$으로 둘러싸인 부분의 넓이를 $S(m)$이라 하자. $S(m)$의 최솟값을 구하시오.

03

실수 전체의 집합에서 정의된 함수 $f(x)$가 다음 조건을 모두 만족시킨다.

> (가) $x \geq 0$일 때, $f(x)=x^2-2x$이다.
> (나) 모든 실수 x에 대하여 $f(-x)+f(x)=0$이다.

구간 $[t, t+1]$에서 $f(x)$의 최솟값을 $g(t)$라 할 때, 두 곡선 $y=f(x)$, $y=g(x)$로 둘러싸인 부분의 넓이를 구하시오.

04

점 P는 수직선 위에서 원점을 출발하여 움직인다. 시각 t $(0 \leq t \leq 5)$에서 P의 속도 $v(t)$가 다음과 같다.

$$v(t) = \begin{cases} 4t & (0 \leq t < 1) \\ -2t+6 & (1 \leq t < 3) \\ t-3 & (3 \leq t \leq 5) \end{cases}$$

$0 < x < 3$일 때 P가
　　시각 $t=0$에서 $t=x$까지 움직인 거리
　　시각 $t=x$에서 $t=x+2$까지 움직인 거리
　　시각 $t=x+2$에서 $t=5$까지 움직인 거리
중에서 최소인 값을 $f(x)$라 하자.
$f(0)=f(3)=0$일 때, $\displaystyle\int_0^3 f(x)dx$의 값을 구하시오.

Memo

절대등급

절대등급으로
수학 내신 1등급에
도전하세요.

절대등급 수학 II

모바일 빠른 정답

QR코드를 찍으면 **정답**을
쉽고 빠르게 확인할 수 있습니다.

Ⅰ. 함수의 극한과 연속

01. 함수의 극한

01 ⑤	**02** ⑤	**03** ③	**04** $\frac{1}{2}$	**05** ③
06 5	**07** ④	**08** ①	**09** ③	**10** ④
11 ④	**12** ⑤	**13** ①	**14** ⑤	
15 $a=6,\ b=10$		**16** $a=-7,\ b=-4$		**17** ④
18 ⑤	**19** ③	**20** -4	**21** ⑤	**22** ④
23 -3	**24** ④	**25** ④	**26** ③	**27** $\sqrt{5}$
28 ④	**29** $\left(0,\ \frac{1}{4}\right)$	**30** $\frac{1}{4}$		

01 ②	**02** ④	**03** ②	**04** ④
05 $n=3$, 극한값 : 5		**06** ④	**07** ①
08 $a=-2,\ b=-1$, 극한값 : $-\frac{3}{2}$		**09** ③	**10** ④
11 ①	**12** 4	**13** ⑤	**14** ①	**15** ④
16 ④	**17** ③	**18** ②	**19** ①	**20** ②
21 ①	**22** ①	**23** ④	**24** ⑤	**25** 4 : 9
26 ②	**27** 2π	**28** $\frac{1}{8}$	**29** 1	**30** $\frac{1}{2}$

01 ⑤	**02** ⑤	**03** ①	**04** ②	**05** ④
06 ④	**07** 12	**08** $p=\frac{97}{4},\ q=-6$		

02. 함수의 연속

01 ①	**02** ①	**03** ④	**04** $a=-3,\ b=2,\ c=3$	
05 ④	**06** ④	**07** ①	**08** $\frac{1}{4}$	**09** ③
10 ③	**11** ①	**12** $a=3,\ b=2$		**13** ③
14 ②	**15** $-7,\ -1,\ 3$		**16** $-1,\ 14$	**17** 32
18 ③	**19** ④	**20** 24	**21** 풀이 참조	
22 ③	**23** $3,\ -\frac{3}{4}$	**24** ③	**25** $-\frac{1}{2},\ \frac{41}{16}$	
26 ①	**27** ①	**28** $-1<k<4$		**29** ⑤
30 ②	**31** ③			

01 ③	**02** ⑤	**03** ⑤	**04** 36	**05** ③
06 ①	**07** ①	**08** ⑤	**09** ⑤	**10** $-\frac{1}{2}$
11 ③	**12** ②	**13** ⑤	**14** ⑤	**15** 6, 7
16 ①	**17** ①	**18** ⑤	**19** $2,\ \frac{10}{3}$	**20** ④
21 7, 8	**22** ③	**23** ③	**24** ⑤	

01 ①	**02** ④	**03** 4	**04** ②	**05** 8
06 $\frac{3}{4}$	**07** ①	**08** 73		

II. 미분

03. 미분계수와 도함수

step A 기본 문제 31~34쪽

01 ③ **02** 32 **03** ② **04** ⑤ **05** 71
06 ⑤ **07** 24 **08** ① **09** ② **10** ⑤
11 14 **12** 28 **13** $a=2,\ b=-6$ **14** ⑤
15 28 **16** ① **17** ④ **18** ③ **19** -5
20 ② **21** ① **22** 10 **23** ④ **24** ③
25 ① **26** ① **27** 16 **28** ④
29 $x=1$에서 연속이고, 미분가능하다. $x=-1$에서 연속이지만 미분가능하지 않다.
30 ③ **31** 3 **32** 풀이 참조

step B 실력 문제 35~38쪽

01 51 **02** 5 **03** ① **04** ① **05** ③
06 ⑤ **07** ① **08** ③ **09** $(3,\ 9)$ **10** ①
11 ⑤ **12** 7 **13** ⑤ **14** 3 **15** ④
16 ⑤ **17** ① **18** $m=54,\ n=64$ **19** ③
20 32 **21** ③ **22** ② **23** 풀이 참조
24 ④ **25** ⑤

step C 최상위 문제 39~40쪽

01 ① **02** 19 **03** ① **04** ③
05 $a=1,\ b=0$ **06** 3 **07** $m=-3,\ n=-10$
08 $-6,\ 70$

04. 접선과 그래프

step A 기본 문제 42~46쪽

01 ① **02** 28 **03** $a=1,\ b=1$ **04** ④
05 $a=1,\ b=4$ **06** ① **07** ① **08** 13
09 $a=2,\ b=19$ **10** ① **11** ⑤ **12** ②
13 ④ **14** $(1,\ 4)$ **15** ③ **16** ④ **17** ①
18 ④ **19** ① **20** $\dfrac{1}{2}$ **21** ③ **22** ④
23 ① **24** ⑤ **25** ③ **26** 13 **27** ④
28 ⑤ **29** ① **30** ② **31** ④ **32** 1
33 ④ **34** ④ **35** -20 **36** 19 **37** ④
38 ③ **39** -7

step B 실력 문제 47~51쪽

01 20 **02** $y=-4x+9$ **03** ③ **04** ④
05 ④ **06** 32 **07** $\dfrac{5}{3}$ **08** ③ **09** 9
10 ② **11** $\dfrac{2}{3}$ **12** ① **13** ① **14** ④
15 ③ **16** ③ **17** ① **18** ③ **19** ⑤
20 ① **21** ① **22** 20 **23** ③ **24** ①
25 128 **26** ⑤ **27** $-\dfrac{\sqrt{15}}{3}$ **28** ④
29 $a=0,\ b=-8,\ c=0$ **30** ①

step C 최상위 문제 52~53쪽

01 $\dfrac{2}{3}\leq t\leq\dfrac{4}{3}$ **02** ③ **03** ② **04** ③
05 ① **06** 13 **07** $\dfrac{2}{3}$ **08** 243

05. 미분의 활용

step A 기본 문제 55~58쪽

01 ④ **02** ④ **03** ① **04** 38
05 $24\sqrt{3}\ \mathrm{cm}^3$ **06** $\dfrac{2\sqrt{3}}{9}$ **07** $\left(\dfrac{5}{2},\ \dfrac{25}{8}\right)$
08 $\dfrac{16\sqrt{3}}{9}$ **09** $\dfrac{10\sqrt{3}}{3}$ **10** ② **11** ② **12** ②
13 ② **14** ③ **15** ⑤ **16** ①
17 $-37<k<0$ **18** 4 **19** ① **20** 22
21 ② **22** ② **23** $f(x)=x^3-3x^2+3$ **24** ④
25 ② **26** 22 **27** ② **28** ③ **29** $\dfrac{1}{2}<t<4$
30 $a=-6,\ b=9$ **31** ①

step B 실력 문제 59~63쪽

01 ⑤ **02** ⑤ **03** ② **04** $\dfrac{3}{2}$ **05** $1+\dfrac{\sqrt{6}}{6}$
06 9 **07** ④ **08** ② **09** $-3\leq k\leq17$
10 ③ **11** ④ **12** ③ **13** 6 **14** ⑤
15 ② **16** ⑤ **17** 3 **18** ④ **19** ②
20 ⑤ **21** ③ **22** 15 **23** ① **24** ④
25 ③ **26** ⑤ **27** ④ **28** 5 **29** ⑤
30 ③

step C 최상위 문제 64쪽

01 ④ **02** ⑤ **03** 최솟값 : -8, 최댓값 : 1
04 ③

III. 적분

06. 부정적분과 정적분

07. 정적분의 활용

I. 함수의 극한과 연속

01. 함수의 극한

01 ⑤	02 ⑤	03 ③	04 $\frac{1}{2}$	05 ③
06 5	07 ④	08 ①	09 ③	10 ④
11 ④	12 ⑤	13 ①	14 ⑤	
15 $a=6$, $b=10$		16 $a=-7$, $b=-4$		17 ④
18 ⑤	19 ③	20 -4	21 ⑤	22 ③
23 -3	24 ④	25 ④	26 ③	27 $\sqrt{5}$
28 ④	29 $\left(0, \frac{1}{4}\right)$	30 $\frac{1}{4}$		

01

$$\lim_{x \to -1-} f(x)=1, \ \lim_{x \to 1+} f(x)=1$$

이므로

$$\lim_{x \to -1-} f(x)+\lim_{x \to 1+} f(x)=2$$

답 ⑤

02

그래프에서 $\lim\limits_{x \to 1+} f(x)=1$

또, $1-x=t$라 하면 $x \to 1+$일 때 $t \to 0-$이므로

$$\lim_{x \to 1+} f(1-x)=\lim_{t \to 0-} f(t)=2$$

$$\therefore \lim_{x \to 1+} f(x)f(1-x)=1 \times 2=2$$

답 ⑤

03

$2<x<3$일 때 $[x]=2$이므로

$$\lim_{x \to 3-} \frac{x}{[x]}=\frac{3}{2}$$

답 ③

04

$$\lim_{x \to 2+} f(x)=\lim_{x \to 2+} 3x=6$$

$$\lim_{x \to 2-} f(x)=\lim_{x \to 2-} (x^2+ax+1)=4+2a+1$$

$\lim\limits_{x \to 2} f(x)$가 존재하면 $\lim\limits_{x \to 2+} f(x)=\lim\limits_{x \to 2-} f(x)$이므로

$$6=4+2a+1 \qquad \therefore a=\frac{1}{2}$$

답 $\frac{1}{2}$

05

ㄱ. $\lim\limits_{x \to 0} \dfrac{16|x|^2}{4|x^2|}=\lim\limits_{x \to 0} \dfrac{16x^2}{4x^2}=4$

ㄴ. $\lim\limits_{x \to 0} \dfrac{(2x^2+2x)^2}{2x^4+2x^2}=\lim\limits_{x \to 0} \dfrac{(2x+2)^2}{2x^2+2}=2$

ㄷ. $\lim\limits_{x \to 0} \dfrac{\left(x+\dfrac{4}{x}\right)^2}{x^2+\dfrac{4}{x^2}}=\lim\limits_{x \to 0} \dfrac{(x^2+4)^2}{x^4+4}=4$

따라서 조건을 만족시키는 것은 ㄱ, ㄷ이다.

답 ③

06

$\lim\limits_{x \to 0+} f(x)=3-$이므로

$$\lim_{x \to 0+} f(f(x))=\lim_{t \to 3-} f(t)=3$$

$\lim\limits_{x \to 2+} f(x)=3$이므로

$$\lim_{x \to 2+} f(f(x))=f(3)=2$$

$$\therefore \lim_{x \to 0+} f(f(x))+\lim_{x \to 2+} f(f(x))=3+2=5$$

답 5

07

$$\begin{aligned} x^3+2x^2-x-2 &=x^2(x+2)-(x+2) \\ &=(x^2-1)(x+2) \\ &=(x+1)(x-1)(x+2) \end{aligned}$$

이므로

$$\begin{aligned} \lim_{x \to 1} \frac{x^3+2x^2-x-2}{x^3-1} &=\lim_{x \to 1} \frac{(x+1)(x-1)(x+2)}{(x-1)(x^2+x+1)} \\ &=\lim_{x \to 1} \frac{(x+1)(x+2)}{x^2+x+1}=\frac{2 \times 3}{3}=2 \end{aligned}$$

답 ①

08

$$\begin{aligned} \lim_{x \to 3} \frac{\sqrt{x+1}-2}{2x-6} &=\lim_{x \to 3} \frac{x+1-4}{2(x-3)(\sqrt{x+1}+2)} \\ &=\lim_{x \to 3} \frac{1}{2(\sqrt{x+1}+2)} \\ &=\frac{1}{2 \times (\sqrt{4}+2)}=\frac{1}{8} \end{aligned}$$

답 ①

09

$$\begin{aligned} \lim_{x \to 0} \frac{\sqrt{1+3x}-\sqrt{1-3x}}{x} &=\lim_{x \to 0} \frac{(1+3x)-(1-3x)}{x(\sqrt{1+3x}+\sqrt{1-3x})} \\ &=\lim_{x \to 0} \frac{6}{\sqrt{1+3x}+\sqrt{1-3x}} \\ &=\frac{6}{\sqrt{1}+\sqrt{1}}=3 \end{aligned}$$

답 ③

10

$\dfrac{1}{(x-2)^2}-1=\dfrac{1-(x-2)^2}{(x-2)^2}=\dfrac{-(x-1)(x-3)}{(x-2)^2}$이므로

$$\lim_{x \to 1} \frac{1}{x-1}\left\{\frac{1}{(x-2)^2}-1\right\}=\lim_{x \to 1} \frac{-(x-3)}{(x-2)^2}=2$$

답 ④

11

$$\begin{aligned} \lim_{x \to \infty} \frac{4x}{\sqrt{x^2+2}+3x} &=\lim_{x \to \infty} \frac{4}{\sqrt{1+\dfrac{2}{x^2}}+3} \\ &=\frac{4}{\sqrt{1}+3}=1 \end{aligned}$$

답 ④

12

$$\lim_{x \to \infty} (\sqrt{x^2+3x}-x) = \lim_{x \to \infty} \frac{(x^2+3x)-x^2}{\sqrt{x^2+3x}+x}$$

$$= \lim_{x \to \infty} \frac{3x}{\sqrt{x^2+3x}+x}$$

$$= \lim_{x \to \infty} \frac{3}{\sqrt{1+\dfrac{3}{x}}+1}$$

$$= \frac{3}{\sqrt{1}+1} = \frac{3}{2}$$

　　답 ⑤

13

$-x=t$라 하면 $x \to -\infty$일 때, $t \to \infty$이므로

$$\lim_{x \to -\infty} \frac{\sqrt{x^2+x}+\sqrt{x^2-x}}{x} = \lim_{t \to \infty} \frac{\sqrt{t^2-t}+\sqrt{t^2+t}}{-t}$$

$$= -\lim_{t \to \infty} \left(\sqrt{1-\frac{1}{t}}+\sqrt{1+\frac{1}{t}} \right)$$

$$= -2$$

　　답 ①

14

$x \to -1$일 때 (분모)$\to 0$이므로 (분자)$\to 0$이다.

$$1-a+b=0 \quad \therefore b=a-1$$

이때

$$x^2+ax+b = x^2+ax+a-1$$
$$= (x+1)(x+a-1)$$

이므로

$$\lim_{x \to -1} \frac{x^2+ax+b}{x+1} = \lim_{x \to -1} (x+a-1) = a-2$$

조건에서 $a-2=3$이므로 $a=5$, $b=4$

$$\therefore a+b=9$$

　　답 ⑤

15

$x \to 2$일 때 (분모)$\to 0$이므로 (분자)$\to 0$이다.

$$4-2a+8=0 \quad \therefore a=6$$

이때

$$\lim_{x \to 2} \frac{x^2-ax+8}{x^2-(2+b)x+2b} = \lim_{x \to 2} \frac{x^2-6x+8}{x^2-(2+b)x+2b}$$

$$= \lim_{x \to 2} \frac{(x-2)(x-4)}{(x-2)(x-b)}$$

$$= \lim_{x \to 2} \frac{x-4}{x-b} = \frac{-2}{2-b}$$

조건에서 $\dfrac{-2}{2-b} = \dfrac{1}{4}$이므로 $b=10$

　　답 $a=6$, $b=10$

16

$$\frac{1}{x-3}\left(\frac{1}{x+a}-\frac{1}{b} \right) = \frac{1}{x-3} \times \frac{b-x-a}{b(x+a)}$$

$$= -\frac{x+a-b}{b(x-3)(x+a)} \quad \cdots ❶$$

$x \to 3$일 때 (분모)$\to 0$이므로 (분자)$\to 0$이다.

$$3+a-b=0 \quad \therefore b=a+3$$

이때 ❶은 $-\dfrac{1}{(a+3)(x+a)}$이므로

$$\lim_{x \to 3} \frac{1}{x-3}\left(\frac{1}{x+a}-\frac{1}{b} \right) = \lim_{x \to 3} \left\{ -\frac{1}{(a+3)(x+a)} \right\}$$

$$= -\frac{1}{(a+3)^2}$$

조건에서 $-\dfrac{1}{(a+3)^2} = -\dfrac{1}{16}$, $(a+3)^2=16$

$a<0$이므로 $a+3=-4$ 　$\therefore a=-7$, $b=-4$

　　답 $a=-7$, $b=-4$

17

$x \to 2$일 때 (분모)$\to 0$이므로 (분자)$\to 0$이다.

$$a\sqrt{2}-3+b=0 \quad \therefore b=3-a\sqrt{2}$$

이때 $a\sqrt{x}-3+b = a(\sqrt{x}-\sqrt{2})$이므로

$$\lim_{x \to 2} \frac{a\sqrt{x}-3+b}{x-2} = \lim_{x \to 2} \frac{a(\sqrt{x}-\sqrt{2})}{x-2}$$

$$= \lim_{x \to 2} \frac{a(x-2)}{(x-2)(\sqrt{x}+\sqrt{2})}$$

$$= \lim_{x \to 2} \frac{a}{\sqrt{x}+\sqrt{2}} = \frac{a}{2\sqrt{2}}$$

조건에서 $\dfrac{a}{2\sqrt{2}}=1$이므로 $a=2\sqrt{2}$, $b=-1$

$$\therefore a^2+b^2=9$$

　　답 ④

18

$a<0$이면 $\lim_{x \to \infty} (\sqrt{2x^2+x}-ax)=\infty$이므로

극한값이 b라는 조건에 모순이다. 　$\therefore a>0$

$$\lim_{x \to \infty} (\sqrt{2x^2+x}-ax) = \lim_{x \to \infty} \frac{2x^2+x-a^2x^2}{\sqrt{2x^2+x}+ax}$$

$$= \lim_{x \to \infty} \frac{(2-a^2)x+1}{\sqrt{2+\dfrac{1}{x}}+a}$$

극한값이 존재하므로 $2-a^2=0$

$a>0$이므로 $a=\sqrt{2}$

조건에서 $\dfrac{1}{\sqrt{2}+a}=b$이므로 $b=\dfrac{1}{2\sqrt{2}}$

$$\therefore ab=\frac{1}{2}$$

　　답 ⑤

19

$\lim_{x \to \infty} \dfrac{f(x)}{x^2-1}=3$이므로 $f(x)$는 x^2의 계수가 3인 이차식이다.

따라서 $f(x)=3x^2+ax+b$라 할 수 있다.

$\lim_{x \to 1} \dfrac{f(x)}{x^2-1}=2$에서 $x \to 1$일 때 (분모)$\to 0$이므로 (분자)$\to 0$

이다. 즉, $f(1)=0$이므로

$$3+a+b=0 \quad \therefore b=-a-3$$

$$\therefore f(x)=3x^2+ax-a-3=(x-1)(3x+a+3)$$

이때 $\lim_{x \to 1} \dfrac{f(x)}{x^2-1} = \lim_{x \to 1} \frac{(x-1)(3x+a+3)}{(x+1)(x-1)}$

$$= \lim_{x \to 1} \frac{3x+a+3}{x+1} = \frac{a+6}{2}$$

조건에서 $\dfrac{a+6}{2}=2$이므로 $a=-2$, $b=-1$

$\therefore f(x)=3x^2-2x-1$, $f(2)=12-4-1=7$ 답 ③

20

$\displaystyle\lim_{x\to\infty}\left\{\dfrac{f(x)}{x^2}+x\right\}=\lim_{x\to\infty}\dfrac{f(x)+x^3}{x^2}=3$이므로

$f(x)+x^3$은 x^2의 계수가 3인 이차식이다.

따라서 $f(x)=-x^3+3x^2+ax+b$라 할 수 있다.

$\displaystyle\lim_{x\to1}\dfrac{f(x)}{x-1}=2$에서 $x\to1$일 때 (분모)$\to0$이므로 (분자)$\to0$

이다. 즉, $f(1)=0$이므로

$-1+3+a+b=0$ $\therefore b=-a-2$

$\therefore f(x)=-x^3+3x^2+ax-a-2$

$=-(x-1)(x^2-2x-a-2)$

$\displaystyle\lim_{x\to1}\dfrac{f(x)}{x-1}=\lim_{x\to1}\{-(x^2-2x-a-2)\}=a+3$

조건에서 $a+3=2$이므로 $a=-1$, $b=-1$

$\therefore f(x)=-x^3+3x^2-x-1$,

$f(3)=-27+27-3-1=-4$ 답 -4

21

$\displaystyle\lim_{x\to0}\dfrac{x+4f(x)}{3x^2+2f(x)}=\lim_{x\to0}\dfrac{\dfrac{x}{f(x)}+4}{\dfrac{3x^2}{f(x)}+2}$에서

$\displaystyle\lim_{x\to0}\dfrac{x^2}{f(x)}=\lim_{x\to0}\left\{\dfrac{x}{f(x)}\times x\right\}=1\times0=0$이므로

$\displaystyle\lim_{x\to0}\dfrac{\dfrac{x}{f(x)}+4}{\dfrac{3x^2}{f(x)}+2}=\dfrac{1+4}{0+2}=\dfrac{5}{2}$ 답 ⑤

22

$\displaystyle\lim_{x\to2}\dfrac{f(x-2)}{x(x-2)}=3$에서 $x-2=t$라 하면 $x\to2$일 때 $t\to0$이므로

$\displaystyle\lim_{t\to0}\dfrac{f(t)}{t(t+2)}=3$

$\therefore \displaystyle\lim_{x\to0}\dfrac{f(x)}{x}=\lim_{x\to0}\left\{\dfrac{f(x)}{x(x+2)}\times(x+2)\right\}$

$=3\times2=6$ 답 ③

23

$4f(x)-3g(x)=h(x)$라 하면

$g(x)=\dfrac{4}{3}f(x)-\dfrac{1}{3}h(x)$이므로

$\displaystyle\lim_{x\to\infty}\dfrac{-2f(x)+6g(x)}{2f(x)-3g(x)}$

$=\displaystyle\lim_{x\to\infty}\dfrac{-2f(x)+8f(x)-2h(x)}{2f(x)-4f(x)+h(x)}$

$=\displaystyle\lim_{x\to\infty}\dfrac{6f(x)-2h(x)}{-2f(x)+h(x)}=\lim_{x\to\infty}\dfrac{6-\dfrac{2h(x)}{f(x)}}{-2+\dfrac{h(x)}{f(x)}}$

$\displaystyle\lim_{x\to\infty}f(x)=\infty$, $\displaystyle\lim_{x\to\infty}h(x)=\dfrac{5}{2}$이므로 $\displaystyle\lim_{x\to\infty}\dfrac{h(x)}{f(x)}=0$

$\therefore \displaystyle\lim_{x\to\infty}\dfrac{6-\dfrac{2h(x)}{f(x)}}{-2+\dfrac{h(x)}{f(x)}}=\dfrac{6}{-2}=-3$ 답 -3

24

$x\to\infty$일 때 극한이므로 $x>0$이라 해도 충분하다.

$4x^2>0$, 즉 $x>0$일 때 주어진 부등식의 각 변을 제곱하면

$4x^2<\{f(x)\}^2<(2x+3)^2$

모든 실수 x에 대하여 $2x^2+3>0$이므로 각 변을 $2x^2+3$으로 나누면

$\dfrac{4x^2}{2x^2+3}<\dfrac{\{f(x)\}^2}{2x^2+3}<\dfrac{(2x+3)^2}{2x^2+3}$

이때 $\displaystyle\lim_{x\to\infty}\dfrac{4x^2}{2x^2+3}=2$,

$\displaystyle\lim_{x\to\infty}\dfrac{(2x+3)^2}{2x^2+3}=\lim_{x\to\infty}\dfrac{4x^2+12x+9}{2x^2+3}=2$

이므로 $\displaystyle\lim_{x\to\infty}\dfrac{\{f(x)\}^2}{2x^2+3}=2$ 답 ④

25

ㄱ. [반례] $f(x)=\begin{cases}x+1 & (x\neq0)\\0 & (x=0)\end{cases}$이면

$\displaystyle\lim_{x\to0}f(x)=1$이지만

$f(0)=0$이다. (거짓)

ㄴ. $\dfrac{1}{x}=t$라 하면 $x\to\infty$일 때 $t\to0$이므로

$\displaystyle\lim_{x\to\infty}f\left(1+\dfrac{1}{x}\right)=\lim_{t\to0}f(1+t)$

$1+t=s$라 하면 $t\to0$일 때 $s\to1$이므로

$\displaystyle\lim_{t\to0}f(1+t)=\lim_{s\to1}f(s)=1$ (참)

ㄷ. $\displaystyle\lim_{x\to0}f(x)\leq\lim_{x\to0}g(x)\leq\lim_{x\to0}h(x)$이므로

$\displaystyle\lim_{x\to0}f(x)=\lim_{x\to0}h(x)=0$이면 $\displaystyle\lim_{x\to0}g(x)=0$ (참)

따라서 옳은 것은 ㄴ, ㄷ이다.   답 ④

Note

ㄴ. $1+\dfrac{1}{x}=t$라 하면 $x\to\infty$일 때 $t\to1$이므로

$\displaystyle\lim_{x\to\infty}f\left(1+\dfrac{1}{x}\right)=\lim_{t\to1}f(t)=1$

26

ㄱ. [반례] $f(x)=x$, $g(x)=\dfrac{1}{x}$이면

$\displaystyle\lim_{x\to0}f(x)=0$이고

$\displaystyle\lim_{x\to0}f(x)g(x)=\lim_{x\to0}\left(x\times\dfrac{1}{x}\right)=1$이지만

$\displaystyle\lim_{x\to0}g(x)$는 발산한다. (거짓)

ㄴ. [반례] $f(x)=x$, $g(x)=\dfrac{1}{x}$이면

$\displaystyle\lim_{x\to 0}f(x)=0$이고 $\displaystyle\lim_{x\to 0}\dfrac{f(x)}{g(x)}=\lim_{x\to 0}x^2=0$이지만

$\displaystyle\lim_{x\to 0}g(x)$는 발산한다. (거짓)

ㄷ. $f(x)=g(x)\times\dfrac{f(x)}{g(x)}$이고

$\displaystyle\lim_{x\to a}g(x)$, $\displaystyle\lim_{x\to a}\dfrac{f(x)}{g(x)}$가 각각 수렴하므로

$\displaystyle\lim_{x\to a}f(x)$도 수렴한다. (참)

따라서 옳은 것은 ㄷ이다.　　　　　　　　답 ③

27

점 P를 지나고 $y=\dfrac{1}{2}(x+1)$에 수직

인 직선의 방정식은

$y=-2(x-t)+\dfrac{t+1}{2}$

$x=0$일 때 $y=\dfrac{5t+1}{2}$이므로

$Q\left(0,\dfrac{5t+1}{2}\right)$

$\overline{AQ}=\sqrt{1+\left(\dfrac{5t+1}{2}\right)^2}=\dfrac{1}{2}\sqrt{25t^2+10t+5}$

$\overline{AP}=\sqrt{(t+1)^2+\left(\dfrac{t+1}{2}\right)^2}=\dfrac{1}{2}\sqrt{5t^2+10t+5}$

$\therefore \displaystyle\lim_{t\to\infty}\dfrac{\overline{AQ}}{\overline{AP}}=\lim_{t\to\infty}\dfrac{\sqrt{25t^2+10t+5}}{\sqrt{5t^2+10t+5}}=\sqrt{5}$　　답 $\sqrt{5}$

28

$P(t, t^2)$이라 하면 $t>0$이므로

$\overline{OP}=\sqrt{t^2+t^4}=t\sqrt{1+t^2}$

$\overline{OP}=\overline{OQ}$이므로 $Q(t\sqrt{1+t^2}, 0)$

따라서 직선 PQ의 방정식은

$y-t^2=\dfrac{-t^2}{t\sqrt{1+t^2}-t}(x-t)$

$y=-\dfrac{t}{\sqrt{1+t^2}-1}(x-t)+t^2$

$x=0$을 대입하면

$y=t^2+\dfrac{t^2}{\sqrt{1+t^2}-1}=t^2+\dfrac{t^2(\sqrt{1+t^2}+1)}{t^2}$

$=t^2+\sqrt{1+t^2}+1$

$R(0, t^2+\sqrt{1+t^2}+1)$이므로 $t\to 0$일 때 R는 점 $(0, 2)$에 가까워진다.　　　　　　　　답 ④

29

원의 반지름의 길이를 r라 하면 $Q(0, r)$, $\overline{PQ}=r$

$P(t, 2t^2)$이라 하면 $\overline{PQ}^2=r^2$

$t^2+(2t^2-r)^2=r^2$, $t^2+4t^4-4t^2r=0$

$\therefore r=\dfrac{1}{4}+t^2$

$\therefore \displaystyle\lim_{t\to 0}r=\lim_{t\to 0}\left(\dfrac{1}{4}+t^2\right)=\dfrac{1}{4}$

따라서 Q가 한없이 가까워지는 점의 좌표는 $\left(0, \dfrac{1}{4}\right)$이다.

답 $\left(0, \dfrac{1}{4}\right)$

30

$P(t, \sqrt{1-t^2})$, $Q(t, \sqrt{t+1})$이므로

$S(t)=\dfrac{1}{2}\times t\times\overline{PQ}=\dfrac{t(\sqrt{t+1}-\sqrt{1-t^2})}{2}$

$\therefore \displaystyle\lim_{t\to 0+}\dfrac{S(t)}{t^2}=\lim_{t\to 0+}\dfrac{\sqrt{t+1}-\sqrt{1-t^2}}{2t}$

$=\displaystyle\lim_{t\to 0+}\dfrac{(t+1)-(1-t^2)}{2t(\sqrt{t+1}+\sqrt{1-t^2})}$

$=\displaystyle\lim_{t\to 0+}\dfrac{t+1}{2(\sqrt{t+1}+\sqrt{1-t^2})}=\dfrac{1}{4}$　　답 $\dfrac{1}{4}$

step B 실력 문제　　　　11~15쪽

01 ②	**02** ④	**03** ②	**04** ④
05 $n=3$, 극한값 : 5		**06** ④	**07** ①
08 $a=-2$, $b=-1$, 극한값 : $-\dfrac{3}{2}$		**09** ③	**10** ④
11 ①	**12** 4	**13** ⑤	**14** ①	**15** ④
16 ④	**17** ③	**18** ②	**19** ①	**20** ②
21 ①	**22** ①	**23** ④	**24** ⑤	**25** 4 : 9
26 ②	**27** 2π	**28** $\dfrac{1}{8}$	**29** 1	**30** $\dfrac{1}{2}$

01

[전략] 세제곱근이 있으므로 다음 공식을 이용하여 분모를 유리화한다.

$a^3+b^3=(a+b)(a^2-ab+b^2)$
$a^3-b^3=(a-b)(a^2+ab+b^2)$

$\displaystyle\lim_{x\to 8}\dfrac{x-8}{\sqrt[3]{x}-2}=\lim_{x\to 8}\dfrac{(x-8)(\sqrt[3]{x^2}+\sqrt[3]{x}\times 2+4)}{x-2^3}$

$=\displaystyle\lim_{x\to 8}(\sqrt[3]{x^2}+\sqrt[3]{x}\times 2+4)=12$

$\displaystyle\lim_{x\to 0}\dfrac{1}{x}\left(1-\dfrac{1}{\sqrt{x+1}}\right)=\lim_{x\to 0}\dfrac{1}{x}\left(\dfrac{\sqrt{x+1}-1}{\sqrt{x+1}}\right)$

$=\displaystyle\lim_{x\to 0}\dfrac{x+1-1}{x\sqrt{x+1}(\sqrt{x+1}+1)}$

$=\displaystyle\lim_{x\to 0}\dfrac{1}{\sqrt{x+1}(\sqrt{x+1}+1)}=\dfrac{1}{2}$

$\therefore a=12$, $b=\dfrac{1}{2}$, $ab=6$　　　　　　답 ②

02

[전략] $x\to 1$일 때 $x-a$의 부호를 조사하고 절댓값 기호를 없앤다.

$a>1$이므로 $x\to 1$일 때 $|x-a|=-(x-a)$

$\displaystyle\lim_{x\to 1}\dfrac{-(x-a)-(a-1)}{x-1}=\lim_{x\to 1}\dfrac{-x+1}{x-1}=-1$　　답 ④

03

[전략] $\dfrac{0}{0}$ 꼴의 극한이다.

$x^{n+1}-1=(x-1)(x^n+x^{n-1}+\cdots+x+1)$을 이용한다.

$x\to1$일 때 (분모)$\to0$, (분자)$\to0$이다.

$$x^{n+1}-1=(x-1)(x^n+x^{n-1}+\cdots+x+1)$$

$$x^{2n-1}+x-2$$

$$=x^{2n-1}-1+x-1$$

$$=(x-1)(x^{2n-2}+x^{2n-3}+\cdots+x+1)+x-1$$

이므로

$$\lim_{x\to1}\frac{x^{2n-1}+x-2}{x^{n+1}-1}$$

$$=\lim_{x\to1}\frac{(x^{2n-2}+x^{2n-3}+\cdots+x+1)+1}{x^n+x^{n-1}+\cdots+x+1}$$

$$=\frac{(2n-1)+1}{n+1}=\frac{3}{2}$$

$$4n=3n+3 \qquad \therefore n=3 \qquad\qquad\text{답 ②}$$

04

[전략] $x\to4+$이므로 $x=4+\alpha$로 놓고 $\alpha\to0+$일 때 극한을 생각한다.

$x\to4+$이므로 $x=4+\alpha$로 놓고 생각하면 충분하다.

$$x^2-3x-4=(4+\alpha)^2-3(4+\alpha)-4=\alpha^2+5\alpha$$

$x\to4+$일 때 $\alpha\to0+$이고 $f(x)=\alpha$이므로

$$\lim_{x\to4+}\frac{f(x)}{x^2-3x-4}=\lim_{\alpha\to0+}\frac{\alpha}{\alpha^2+5\alpha}$$

$$=\lim_{\alpha\to0+}\frac{1}{\alpha+5}=\frac{1}{5} \qquad\qquad\text{답 ④}$$

05

[전략] $x\to n+$일 때 $[x]=n$, $x\to n-$일 때 $[x]=n-1$임을 이용한다.

$n<x<n+1$일 때 $[x]=n$이므로

$$\lim_{x\to n+}\frac{[x]^2+2x}{[x]}=\lim_{x\to n+}\frac{n^2+2x}{n}=\frac{n^2+2n}{n}=n+2$$

$n-1<x<n$일 때 $[x]=n-1$이므로

$$\lim_{x\to n-}\frac{[x]^2+2x}{[x]}=\lim_{x\to n-}\frac{(n-1)^2+2x}{n-1}$$

$$=\frac{(n-1)^2+2n}{n-1}=\frac{n^2+1}{n-1}$$

극한값이 존재하므로 $n+2=\dfrac{n^2+1}{n-1}$

$$(n+2)(n-1)=n^2+1 \qquad \therefore n=3$$

이때 극한값은 $n+2=5$이다. $\qquad$ 답 $n=3$, 극한값 : 5

06

[전략] $\dfrac{\infty-\infty}{\infty-\infty}$ 꼴이므로 분자, 분모에

$\sqrt{x+\alpha^2}+\sqrt{x+\beta^2}$과 $\sqrt{4x+\alpha}+\sqrt{4x+\beta}$를 곱하고 식을 정리한다.

$$\frac{\sqrt{x+\alpha^2}-\sqrt{x+\beta^2}}{\sqrt{4x+\alpha}-\sqrt{4x+\beta}}$$

$$=\frac{(x+\alpha^2)-(x+\beta^2)}{(\sqrt{4x+\alpha}-\sqrt{4x+\beta})(\sqrt{x+\alpha^2}+\sqrt{x+\beta^2})}$$

$$=\frac{(\alpha^2-\beta^2)(\sqrt{4x+\alpha}+\sqrt{4x+\beta})}{\{(4x+\alpha)-(4x+\beta)\}(\sqrt{x+\alpha^2}+\sqrt{x+\beta^2})}$$

$$=\frac{(\alpha+\beta)(\sqrt{4x+\alpha}+\sqrt{4x+\beta})}{\sqrt{x+\alpha^2}+\sqrt{x+\beta^2}}$$

$\alpha+\beta=1$이므로

$$\lim_{x\to\infty}\frac{\sqrt{x+\alpha^2}-\sqrt{x+\beta^2}}{\sqrt{4x+\alpha}-\sqrt{4x+\beta}}$$

$$=\lim_{x\to\infty}\frac{1\times(\sqrt{4x+\alpha}+\sqrt{4x+\beta})}{\sqrt{x+\alpha^2}+\sqrt{x+\beta^2}}$$

$$=\lim_{x\to\infty}\frac{\sqrt{4+\dfrac{\alpha}{x}}+\sqrt{4+\dfrac{\beta}{x}}}{\sqrt{1+\dfrac{\alpha^2}{x}}+\sqrt{1+\dfrac{\beta^2}{x}}}=\frac{2+2}{1+1}=2 \qquad\text{답 ④}$$

07

[전략] $x\to0$일 때 (분모)$\to0$이므로 (분자)$\to0$이다.

분자, 분모에 $\sqrt{(1+x)^3}+(a+bx)$를 곱하고 식을 정리한다.

$x\to0$일 때 (분모)$\to0$이므로 (분자)$\to0$이다.

$$1-a=0 \qquad \therefore a=1$$

이때

$$\lim_{x\to0}\frac{\sqrt{(1+x)^3}-(1+bx)}{x^2}$$

$$=\lim_{x\to0}\frac{(1+x)^3-(1+bx)^2}{x^2\{\sqrt{(1+x)^3}+(1+bx)\}}$$

$$=\lim_{x\to0}\frac{x^3+(3-b^2)x^2+(3-2b)x}{x^2\{\sqrt{(1+x)^3}+(1+bx)\}}$$

$$=\lim_{x\to0}\frac{x^2+(3-b^2)x+(3-2b)}{x\{\sqrt{(1+x)^3}+(1+bx)\}} \qquad \cdots ❶$$

또, ❶에서 $x\to0$일 때 (분모)$\to0$이므로 (분자)$\to0$이다.

$$3-2b=0 \qquad \therefore b=\frac{3}{2}$$

이때 ❶은 $\displaystyle\lim_{x\to0}\frac{x+\dfrac{3}{4}}{\sqrt{(1+x)^3}+1+\dfrac{3}{2}x}=\frac{\dfrac{3}{4}}{2}=\frac{3}{8} \qquad \therefore c=\frac{3}{8}$

$$\therefore a+b+c=1+\frac{3}{2}+\frac{3}{8}=\frac{23}{8} \qquad\qquad\text{답 ①}$$

08

[전략] 극한값이 존재하고 $\displaystyle\lim_{x\to\infty}x=\infty$이므로

$$\lim_{x\to\infty}(\sqrt{4x^2+4x-5}+ax+b)=0\text{이다.}$$

$\displaystyle\lim_{x\to\infty}(\sqrt{4x^2+4x-5}+ax+b)=0$이므로

$$\lim_{x\to\infty}x\left(\sqrt{4+\frac{4}{x}-\frac{5}{x^2}}+a+\frac{b}{x}\right)=0$$

또, $\displaystyle\lim_{x\to\infty}\left(\sqrt{4+\frac{4}{x}-\frac{5}{x^2}}+a+\frac{b}{x}\right)=0$이므로

$$\sqrt{4}+a=0 \qquad \therefore a=-2$$

이때

$$\lim_{x\to\infty}x(\sqrt{4x^2+4x-5}-2x+b)$$

$$=\lim_{x\to\infty}\frac{x\{4x^2+4x-5-(2x-b)^2\}}{\sqrt{4x^2+4x-5}+2x-b}$$

$$= \lim_{x \to \infty} \frac{x\{(4+4b)x-5-b^2\}}{\sqrt{4x^2+4x-5}+2x-b}$$

$$= \lim_{x \to \infty} \frac{(4+4b)x-5-b^2}{\sqrt{4+\dfrac{4}{x}-\dfrac{5}{x^2}}+2-\dfrac{b}{x}}$$

$x \to \infty$일 때 (분모)$\to 4$이므로 분자도 수렴한다.

$$4+4b=0 \qquad \therefore b=-1$$

이때 극한값은 $\dfrac{-5-b^2}{4}=-\dfrac{3}{2}$

🖺 $a=-2,\ b=-1$, 극한값 : $-\dfrac{3}{2}$

09

[전략] $\dfrac{t-1}{t+1}=x,\ \dfrac{4t-1}{t+1}=y$로 놓고 $t \to \infty$일 때 $x,\ y$의 극한부터 구한다.

$\dfrac{t-1}{t+1}=x$라 하면 $\dfrac{t-1}{t+1}=\dfrac{t+1-2}{t+1}=1-\dfrac{2}{t+1}$이므로

$t \to \infty$일 때 $x \to 1-$

$$\lim_{t \to \infty} f\left(\frac{t-1}{t+1}\right)=\lim_{x \to 1-} f(x)=2$$

$\dfrac{4t-1}{t+1}=y$라 하면 $\dfrac{4t-1}{t+1}=\dfrac{4(t+1)-5}{t+1}=4-\dfrac{5}{t+1}$이므로

$t \to -\infty$일 때 $y \to 4+$

$$\lim_{t \to -\infty} f\left(\frac{4t-1}{t+1}\right)=\lim_{y \to 4+} f(y)=3$$

$$\therefore \lim_{t \to \infty} f\left(\frac{t-1}{t+1}\right)+\lim_{t \to -\infty} f\left(\frac{4t-1}{t+1}\right)=5$$

🖺 ③

10

[전략] [　] 기호를 포함한 경우 좌극한($x \to n-$)과 우극한($x \to n+$)을 나누어 생각한다. (단, n은 정수)

ㄱ. $0<x<1$일 때 $[x]=0$이므로 $\displaystyle\lim_{x \to 0+} g(x)=0$

　$-1<x<0$일 때 $[x]=-1$이므로 $\displaystyle\lim_{x \to 0-} g(x)=-1$

　따라서 $\displaystyle\lim_{x \to 0} g(x)$의 값은 존재하지 않는다. (거짓)

ㄴ. $f(x)=(x-1)^2$이므로 $y=f(x)$의 그래프는 그림과 같다.

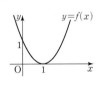

　$x \to 1$일 때 $f(x) \to 0+$이므로

　$\displaystyle\lim_{x \to 1} g(f(x))=\lim_{t \to 0+} g(t)=0$ (참)

ㄷ. $\displaystyle\lim_{x \to 0+} f(g(x))=f(0)=1$ (참)

따라서 옳은 것은 ㄴ, ㄷ이다.

🖺 ④

11

[전략] $y=f(x)$와 $y=f^{-1}(x)$의 그래프가 직선 $y=x$에 대칭임을 이용하여 $y=f^{-1}(x)$의 그래프를 그리고 극한을 생각한다.

$y=f(x)$와 $y=f^{-1}(x)$의 그래프는 직선 $y=x$에 대칭이므로 $y=f^{-1}(x)$의 그래프는 그림과 같다.

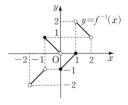

ㄱ. $\displaystyle\lim_{x \to 1+} f(x)=2$ (참)

ㄴ. $f^{-1}(x)=t$라 하면

　$x \to 0+$일 때 $t \to -1+$

　$$\lim_{x \to 0+} f^{-1}(f^{-1}(x))=\lim_{t \to -1+} f^{-1}(t)=1 \text{ (거짓)}$$

ㄷ. $a=0$이면

　$$\lim_{x \to a-} f^{-1}(x)+\lim_{x \to a+} f^{-1}(x)=0+(-1)=-1$$

　$a=\dfrac{1}{2}$이면

　$$\lim_{x \to a-} f^{-1}(x)+\lim_{x \to a+} f^{-1}(x)=-\frac{1}{2}-\frac{1}{2}=-1$$

이므로 실수 a는 2개이다. (거짓)

따라서 옳은 것은 ㄱ이다.

🖺 ①

12

[전략] $\dfrac{\{f(x)\}^2+f(x)-6}{f(x)-2}$을 정리한 다음, 부등호를 이용하여 나타낸다.

$$\frac{\{f(x)\}^2+f(x)-6}{f(x)-2}=\frac{\{f(x)-2\}\{f(x)+3\}}{f(x)-2}$$
$$=f(x)+3$$

이므로

$$2x \le \frac{\{f(x)\}^2+f(x)-6}{f(x)-2} \le (x-1)^2+3$$

$\displaystyle\lim_{x \to 2} 2x=4,\ \lim_{x \to 2}\{(x-1)^2+3\}=4$이므로

$$\lim_{x \to 2} \frac{\{f(x)\}^2+f(x)-6}{f(x)-2}=4$$

🖺 4

13

[전략] $\dfrac{f(x)+2g(x)}{\{g(x)\}^2}=h(x)$라 하고 $f(x)$를 $g(x),\ h(x)$로 나타낸 다음, $\displaystyle\lim_{x \to \infty} g(x)=0,\ \lim_{x \to \infty} h(x)=3$임을 이용한다.

$\dfrac{f(x)+2g(x)}{\{g(x)\}^2}=h(x)$라 하면

$$f(x)=\{g(x)\}^2 h(x)-2g(x)$$

이므로

$$\lim_{x \to \infty} \frac{3f(x)+g(x)}{f(x)-g(x)}$$
$$=\lim_{x \to \infty} \frac{3\{g(x)\}^2 h(x)-6g(x)+g(x)}{\{g(x)\}^2 h(x)-2g(x)-g(x)}$$
$$=\lim_{x \to \infty} \frac{3g(x)h(x)-5}{g(x)h(x)-3}$$

$\displaystyle\lim_{x \to \infty} g(x)=0,\ \lim_{x \to \infty} h(x)=3$이므로

$$\lim_{x \to \infty} \frac{3g(x)h(x)-5}{g(x)h(x)-3}=\frac{5}{3}$$

🖺 ⑤

14

[전략] $f(x)$가 삼차함수이고, $f(1)=0$이므로 $f(x)=(x-1)g(x)$ ($g(x)$는 이차식)로 나타낸다.

$\displaystyle\lim_{x \to 1} \dfrac{f(x)}{x-1}=0$에서 $x \to 1$일 때 (분모)$\to 0$이므로 (분자)$\to 0$이다.

$$\therefore f(1)=0$$

따라서 $f(x)=(x-1)g(x)$ ($g(x)$는 이차식)라 하면

$$\lim_{x\to 1}\frac{f(x)}{x-1}=\lim_{x\to 1}g(x)=g(1)=0$$

따라서 $g(x)=(x-1)(ax+b)$라 할 수 있다.

$f(x)=(x-1)^2(ax+b)$이고,

$\lim_{x\to 3}\dfrac{f(x)+4}{x-3}=4$에서 $x\to 3$일 때 (분모)$\to 0$이므로

(분자)$\to 0$이다.

$f(3)+4=0$에서

$$4(3a+b)+4=0 \qquad \therefore b=-3a-1$$

이때

$$\begin{aligned}
f(x)+4&=(x-1)^2(ax-3a-1)+4\\
&=(x-1)^2\times a(x-3)-(x-1)^2+4\\
&=a(x-1)^2(x-3)-(x-3)(x+1)\\
&=(x-3)\{a(x-1)^2-x-1\}
\end{aligned}$$

이므로

$$\begin{aligned}
\lim_{x\to 3}\frac{f(x)+4}{x-3}&=\lim_{x\to 3}\{a(x-1)^2-x-1\}\\
&=4a-4
\end{aligned}$$

조건에서 $4a-4=4$이므로 $a=2$, $b=-7$

$$\therefore f(x)=(x-1)^2(2x-7), f(2)=-3 \qquad \text{답 ①}$$

15

[전략] $x\to 2$일 때 극한값이 존재하면 $x\to 2+$일 때와 $x\to 2-$일 때의 극한값이 같음을 이용한다.

$f(x)=x^2+ax+b$라 하자.

$x\to 2$일 때 (분모)$\to 0$이므로 (분자)$\to 0$이다.

$$\therefore f(2)=0 \qquad \cdots ❶$$

$$4+2a+b=0 \qquad \therefore b=-2a-4$$

$$\therefore f(x)=x^2+ax-2a-4=(x-2)(x+a+2)$$

이때

$$\begin{aligned}
\lim_{x\to 2+}\frac{f(x)}{|x-2|}&=\lim_{x\to 2+}\frac{(x-2)(x+a+2)}{x-2}\\
&=\lim_{x\to 2+}(x+a+2)=4+a
\end{aligned}$$

$$\begin{aligned}
\lim_{x\to 2-}\frac{f(x)}{|x-2|}&=\lim_{x\to 2-}\frac{(x-2)(x+a+2)}{-(x-2)}\\
&=\lim_{x\to 2-}\{-(x+a+2)\}=-4-a
\end{aligned}$$

극한값이 존재하므로 $4+a=-4-a$ $\quad\therefore a=-4$

$$\therefore f(x)=(x-2)^2, f(4)=4 \qquad \text{답 ④}$$

Note

❶에서 $f(x)$는 $x-2$로 나누어떨어진다.
$f(x)$는 x^2의 계수가 1인 이차식이므로
$f(x)=(x-2)(x-p)$로 놓고 풀어도 된다.

16

[전략] $|x|$를 포함하므로 $x\to 0+$와 $x\to 0-$로 나누어 푼다.

$\lim\limits_{x\to\infty}f\left(\dfrac{1}{x}\right)=3$에서 $\lim\limits_{t\to 0+}f(t)=3$, $f(0)=3$

따라서 $f(x)=x^2+ax+3$이라 할 수 있다.

$\dfrac{1}{x}=t$라 하면 $x\to 0+$일 때 $t\to\infty$, $|x|=x=\dfrac{1}{t}$이므로

$$\begin{aligned}
&\lim_{x\to 0+}|x|\left\{f\left(\frac{1}{x}\right)-f\left(-\frac{1}{x}\right)\right\}\\
&=\lim_{t\to\infty}\frac{f(t)-f(-t)}{t}=\lim_{t\to\infty}\frac{2at}{t}=2a
\end{aligned}$$

$\dfrac{1}{x}=t$라 하면 $x\to 0-$일 때 $t\to-\infty$, $|x|=-x=-\dfrac{1}{t}$이므로

$$\begin{aligned}
&\lim_{x\to 0-}|x|\left\{f\left(\frac{1}{x}\right)-f\left(-\frac{1}{x}\right)\right\}\\
&=\lim_{t\to-\infty}\frac{f(t)-f(-t)}{-t}=\lim_{t\to-\infty}\frac{2at}{-t}=-2a
\end{aligned}$$

$\lim\limits_{x\to 0}|x|\left\{f\left(\dfrac{1}{x}\right)-f\left(-\dfrac{1}{x}\right)\right\}$의 값이 존재하므로

$$2a=-2a \qquad \therefore a=0$$

$$\therefore f(x)=x^2+3, f(2)=7 \qquad \text{답 ④}$$

17

[전략] A를 B로 나눈 몫이 Q, 나머지가 R이면 $A=BQ+R$이다. 이 식을 이용하여 $f(x)$, $g(x)$를 정리한다.

(가)에서 $f(x)=(x-2)^2g(x)+ax+b$라 할 수 있다. $\quad\cdots ❶$

(나)에서 $g(x)=(x-3)Q(x)+6$ ($Q(x)$는 다항식)이므로

$$\begin{aligned}
f(x)-g(x)&=(x-3)(x^2-4x+3)Q(x)\\
&\quad+6(x^2-4x+3)+ax+b
\end{aligned}$$

(다)에서 $x\to 3$일 때 (분모)$\to 0$이므로 (분자)$\to 0$이다.

$f(3)-g(3)=0$이므로

$$3a+b=0 \qquad \therefore b=-3a$$

이때

$$\begin{aligned}
f(x)-g(x)&=(x-3)(x^2-4x+3)Q(x)\\
&\quad+6(x-1)(x-3)+a(x-3)
\end{aligned}$$

이므로

$$\begin{aligned}
&\lim_{x\to 3}\frac{f(x)-g(x)}{x-3}\\
&=\lim_{x\to 3}\{(x^2-4x+3)Q(x)+6(x-1)+a\}\\
&=12+a=4
\end{aligned}$$

$$\therefore a=-8, b=24$$

❶에서 $f(x)=(x-2)^2g(x)-8x+24$이므로

$$f(2)=8 \qquad \text{답 ③}$$

18

[전략] $\lim\limits_{x\to 0}\dfrac{x^2f(x)-4f(x)}{x^3-3x^2-4x}$에서 $x\to 0$일 때 (분모)$\to 0$이므로 (분자)$\to 0$이다. 따라서 $x^2f(x)-4f(x)=xQ(x)$ 꼴로 정리한다.

$\lim\limits_{x\to-3}\dfrac{f(x+3)}{(x+3)(x+1)(x-1)}=3$에서 $x\to-3$일 때

(분모)$\to 0$이므로 (분자)$\to 0$이다.

$$\therefore f(0)=0$$

즉, $f(x)=xg(x)$ 꼴로 나타낼 수 있다.

$f(x+3)=(x+3)g(x+3)$이므로

$$\begin{aligned}
\lim_{x\to-3}\frac{f(x+3)}{(x+3)(x+1)(x-1)}&=\lim_{x\to-3}\frac{g(x+3)}{(x+1)(x-1)}\\
&=\frac{g(0)}{8}=3
\end{aligned}$$

$$\therefore g(0)=24$$

이때
$$x^2f(x)-4f(x)=x^3g(x)-4xg(x)$$
$$=x\{x^2g(x)-4g(x)\}$$
이므로
$$\lim_{x\to0}\frac{x^2f(x)-4f(x)}{x^3-3x^2-4x}=\lim_{x\to0}\frac{x^2g(x)-4g(x)}{x^2-3x-4}$$
$$=\frac{-4g(0)}{-4}=24$$ 답 ②

19
[전략] $x\to a$일 때 (분자)$\to\{f(a)\}^2$, (분모)$\to\{f(a)\}^2$이므로
$f(a)\ne0$일 때와 $f(a)=0$일 때로 나누어 생각한다.

$x\to a$일 때 (분자)$\to\{f(a)\}^2$, (분모)$\to\{f(a)\}^2$이다.

(i) $f(a)\ne0$일 때
$$\lim_{x\to a}\frac{\{f(x)\}^2+(x-a)^2}{\{f(x)\}^2-(x-a)^2}=\frac{\{f(a)\}^2}{\{f(a)\}^2}=1$$
이므로 조건에 모순이다.

(ii) $f(a)=0$일 때
$f(x)=(x-a)(x-b)$라 할 수 있다.
$\{f(x)\}^2=(x-a)^2(x-b)^2$이므로
$$\frac{\{f(x)\}^2+(x-a)^2}{\{f(x)\}^2-(x-a)^2}=\frac{(x-b)^2+1}{(x-b)^2-1}$$
$$\therefore\lim_{x\to a}\frac{\{f(x)\}^2+(x-a)^2}{\{f(x)\}^2-(x-a)^2}=\lim_{x\to a}\frac{(x-b)^2+1}{(x-b)^2-1}$$
$$=\frac{(a-b)^2+1}{(a-b)^2-1}=\frac{25}{24}$$
$$24(a-b)^2+24=25(a-b)^2-25$$
$$(a-b)^2=49\quad\therefore a-b=\pm7$$
그런데 $f(x+a)=x(x+a-b)$이므로
$f(x+a)=0$의 두 근은 $x=0$ 또는 $x=-a+b$
$$\therefore|\alpha|+|\beta|=0+|a-b|=7$$ 답 ①

다른 풀이
$$\lim_{x\to a}\frac{\left\{\frac{f(x)}{x-a}\right\}^2+1}{\left\{\frac{f(x)}{x-a}\right\}^2-1}=\frac{25}{24}$$에서
$$\lim_{x\to a}\left\{\frac{f(x)}{x-a}\right\}^2=t$$라 하면
$$\frac{t+1}{t-1}=\frac{25}{24},\ 25t-25=24t+24\quad\therefore t=49$$
$$\therefore\lim_{x\to a}\frac{f(x)}{x-a}=\pm7$$
$f(a)=0$이므로 $f(x)=(x-a)(x-b)$라 할 수 있다.
$$\therefore\lim_{x\to a}\frac{f(x)}{x-a}=\lim_{x\to a}(x-b)=a-b=\pm7$$

20
[전략] (가)에서 $f(x)$의 차수부터 구한다.

$f(x)=ax^n+\cdots\ (a\ne0)$이라 하자.
$\{f(x)\}^2$의 최고차항은 a^2x^{2n}, $f(x^2)$의 최고차항은 ax^{2n}이고
$a\ne1$이므로 $\{f(x)\}^2-f(x^2)$의 최고차항은 $(a^2-a)x^{2n}$이다.
또, $x^2f(x)$의 최고차항은 ax^{n+2}이다.

따라서 (가)에서 $2n=n+2$, 즉 $n=2$이고
$$\lim_{x\to\infty}\frac{\{f(x)\}^2-f(x^2)}{x^2f(x)}=\frac{a^2-a}{a}=a-1=4$$
$$\therefore a=5,\ f(x)=5x^2+bx+c$$
(나)에서 $x\to2$일 때 (분모)$\to0$이므로 (분자)$\to0$이다.
$f(2)-3=0$이므로
$$20+2b+c-3=0\quad\therefore c=-2b-17$$
$$\therefore f(x)-3=5x^2+bx-2b-20=(x-2)(5x+b+10)$$
이때
$$\lim_{x\to2}\frac{f(x)-3}{x-2}=\lim_{x\to2}\frac{(x-2)(5x+b+10)}{x-2}$$
$$=\lim_{x\to2}(5x+b+10)=20+b=6$$
$$\therefore b=-14,\ f(x)=5x^2-14x+11$$
따라서 $f(1)=5-14+11=2$ 답 ②

Note

$f(x)$, $g(x)$가 다항식일 때 $\lim_{x\to\infty}\dfrac{f(x)}{g(x)}=a$ (a는 0이 아닌 상수)이면
$f(x)$와 $g(x)$는 차수가 같고, 극한값 a는 $f(x)$와 $g(x)$의 최고차항의 계수의
비이다. 따라서 (가)에서 $2n=n+2$이고 극한값은 $\dfrac{a^2-a}{a}$이다.

21
[전략] $\lim_{x\to1}\dfrac{f(x)g(x)}{x^2-1}$는 $x\to1$일 때 (분모)$\to0$이므로 (분자)$\to0$이다.
따라서 $f(x)g(x)=(x-1)Q(x)$ 꼴로 정리한다.
$$f(x)=(x-1)g(x)-(x-1)=(x-1)\{g(x)-1\}$$
$$f(x)g(x)=(x-1)\{g(x)-1\}g(x)$$
이므로
$$\lim_{x\to1}\frac{f(x)g(x)}{x^2-1}=\lim_{x\to1}\frac{\{g(x)-1\}g(x)}{x+1}\quad\cdots❶$$
$$\lim_{x\to1}\frac{g(x)-2x}{x-1}$$의 값이 존재하고
$x\to1$일 때 (분모)$\to0$이므로 (분자)$\to0$이다.
$$g(1)-2=0\quad\therefore g(1)=2$$
따라서 ❶의 극한값은 $\dfrac{(2-1)\times2}{2}=1$ 답 ①

22
[전략] $\lim_{x\to1}\dfrac{f(f(x))}{f(x)}$를 이용할 수 있는지부터 확인한다.

$$\lim_{x\to1}\frac{x-1}{f(x)}=4$$에서 $x\to1$일 때 $f(x)\to0$
$$\lim_{x\to0}\frac{x}{f(x)}=2$$에서 $x\to0$일 때 $f(x)\to0$
$f(x)=t$라 하면 $x\to1$일 때 $t\to0$이므로
$$\lim_{x\to1}\frac{f(f(x))}{f(x)}=\lim_{t\to0}\frac{f(t)}{t}=\frac{1}{2}$$
$$\therefore\lim_{x\to1}\frac{f(f(x))}{3x^2-x-2}=\lim_{x\to1}\left\{\frac{f(f(x))}{f(x)}\times\frac{f(x)}{x-1}\times\frac{1}{3x+2}\right\}$$
$$=\frac{1}{2}\times\frac{1}{4}\times\frac{1}{5}=\frac{1}{40}$$ 답 ①

다른 풀이
$$\lim_{x\to0}\frac{x}{f(x)}=2$$에서 $f(0)=0$

따라서 $f(x)=xg(x)$ ($g(x)$는 다항식)라 하면

$$\lim_{x \to 0} \frac{x}{f(x)} = \lim_{x \to 0} \frac{1}{g(x)} = \frac{1}{g(0)} = 2 \qquad \therefore g(0) = \frac{1}{2}$$

$\lim\limits_{x \to 1} \dfrac{x-1}{f(x)} = 4$에서 $f(1) = 0$

즉, $g(1) = 0$이므로

$g(x) = (x-1)h(x)$ ($h(x)$는 다항식)라 하면

$$f(x) = x(x-1)h(x)$$

$$\therefore \lim_{x \to 1} \frac{x-1}{f(x)} = \lim_{x \to 1} \frac{1}{xh(x)} = \frac{1}{h(1)} = 4$$

$$\therefore h(1) = \frac{1}{4}$$

또, $g(0) = \dfrac{1}{2}$이므로 $-h(0) = \dfrac{1}{2}$ $\qquad \therefore h(0) = -\dfrac{1}{2}$

$$f(f(x)) = f(x)\{f(x)-1\}h(f(x))$$
$$= x(x-1)h(x)\{f(x)-1\}h(f(x))$$

이므로

$$\lim_{x \to 1} \frac{f(f(x))}{3x^2 - x - 2} = \lim_{x \to 1} \frac{f(f(x))}{(x-1)(3x+2)}$$
$$= \lim_{x \to 1} \frac{xh(x)\{f(x)-1\}h(f(x))}{3x+2}$$
$$= \frac{h(1)\{f(1)-1\}h(f(1))}{5}$$
$$= \frac{\frac{1}{4} \times (0-1) \times h(0)}{5} = \frac{1}{40}$$

23

[전략] $a > 0$이므로 그래프가 두 점 B, O를 지날 때를 기준으로 하여 $f(a)$의 값을 조사한다.

점 B를 지날 때

$$3 = \frac{1}{3-a} + a, \ (3-a)^2 = 1 \qquad \therefore a = 2 \ \text{또는} \ a = 4$$

점 O를 지날 때

$$0 = \frac{1}{0-a} + a, \ a^2 = 1 \qquad \therefore a = 1 \ (\because a > 0)$$

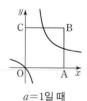 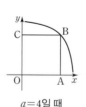

| $a=1$일 때 | $a=2$일 때 | $a=4$일 때 |

따라서 위의 그림에서

$0 < a < 1$일 때 $f(a) = 2$

$a = 1$일 때 $f(a) = 3$

$1 < a < 2$일 때 $f(a) = 4$

$a = 2$일 때 $f(a) = 3$

$2 < a < 4$일 때 $f(a) = 2$

$a = 4$일 때 $f(a) = 1$

$a > 4$일 때 $f(a) = 0$

$$\therefore \lim_{a \to 1+} f(a) + \lim_{a \to 2+} f(a) + \lim_{a \to 4-} f(a) = 4 + 2 + 2 = 8$$

답 ④

24

[전략] $|x| + |y| = t$의 그래프를 그리면 정사각형이다.
$t = \sqrt{2}$일 때와 $t = 1$일 때, 정사각형과 원의 위치 관계부터 조사한다.

(i) $|x| + |y| = t$에서

$x \geq 0, \ y \geq 0$일 때 $x + y = t$

$x \geq 0, \ y < 0$일 때 $x - y = t$

$x < 0, \ y \geq 0$일 때 $-x + y = t$

$x < 0, \ y < 0$일 때 $-x - y = t$

따라서 $|x| + |y| = t$의 그래프는
그림과 같다.

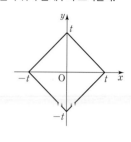

(ii) $t = 1$일 때 도형 $|x| + |y| = t$는
원 $x^2 + y^2 = 1$에 내접한다.
직선 $x + y = \sqrt{2}$는 원 $x^2 + y^2 = 1$
에 접하므로
$t = \sqrt{2}$일 때 도형 $|x| + |y| = t$는
원 $x^2 + y^2 = 1$에 외접한다.
따라서 $0 < t < 1$일 때 $f(t) = 0$, $t = 1$일 때 $f(t) = 4$
$1 < t < \sqrt{2}$일 때 $f(t) = 8$, $t = \sqrt{2}$일 때 $f(t) = 4$
$t > \sqrt{2}$일 때 $f(t) = 0$

$$\therefore \lim_{t \to \sqrt{2}-} f(t) + \lim_{t \to 1+} f(t) = 8 + 8 = 16$$

답 ⑤

25

[전략] 닮은 삼각형이므로 길이의 비를 구해도 된다.

직선 AC'의 기울기가 $\dfrac{1}{t^2 - 1}$이므로 점 $\text{C}'(t^2, 1)$

직선 BO'의 기울기가 $\dfrac{1}{1 - t^3}$이므로 점 $\text{O}'(t^3, 0)$

또, 조건을 만족시키도록 기울기가 변하면 $t \to 1$이다.

$\triangle\text{C}'\text{BD}$와 $\triangle\text{AO}'\text{D}$가 닮음인 삼각형이고

$$\lim_{t \to 1} \frac{\overline{\text{BC}'}}{\overline{\text{AO}'}} = \lim_{t \to 1} \frac{1 - t^2}{1 - t^3} = \lim_{t \to 1} \frac{1 + t}{1 + t + t^2} = \frac{2}{3}$$

이므로 두 삼각형의 닮음비가 $2 : 3$이다.

따라서 넓이의 비는 $4 : 9$이다.

답 $4 : 9$

26

[전략] $\text{P}(t, t^2)$으로 놓고 삼각형 POQ, 삼각형 PRO가 이등변삼각형임을 이용하여 Q, R의 좌표를 구한다.

$\text{P}(t, t^2)$이고 삼각형 POQ가 이등변
삼각형이므로 $\text{Q}(2t, 0)$

$$\therefore S(t) = \frac{1}{2} \times 2t \times t^2 = t^3$$

삼각형 PRO가 이등변삼각형이므로
R는 선분 OP의 수직이등분선 위의 점이다.

선분 OP의 중점을 M이라 하면 $\text{M}\left(\dfrac{t}{2}, \dfrac{t^2}{2}\right)$, 직선 OP의 기울기
는 t이므로 직선 MR의 방정식은

$$y - \frac{t^2}{2} = -\frac{1}{t}\left(x - \frac{t}{2}\right), \ y = -\frac{1}{t}x + \frac{t^2}{2} + \frac{1}{2}$$

$$\therefore \mathrm{R}\left(0,\ \frac{t^2}{2}+\frac{1}{2}\right)$$

$$\therefore T(t)=\frac{1}{2}\times\left(\frac{t^2}{2}+\frac{1}{2}\right)\times l-\frac{1}{4}(l^3+t)$$

$$\therefore \lim_{t\to0+}\frac{T(t)-S(t)}{t}=\lim_{t\to0+}\frac{\frac{1}{4}(t^3+t)-t^3}{t}$$
$$=\lim_{t\to0+}\left(-\frac{3}{4}t^2+\frac{1}{4}\right)=\frac{1}{4} \qquad \text{달 ②}$$

27

[전략] 삼각형 POA가 이등변삼각형임을 이용하여 내접원의 반지름의 길이를 구한다.

$y=-x^2+2tx=-x(x-2t)$에서
$\mathrm{O}(0,\ 0)$, $\mathrm{A}(2t,\ 0)$이다.
또, $\mathrm{P}(t,\ t^2)$이다.

삼각형 POA가 이등변삼각형이므로 선분 OA의 중점을 H, 선분 PO와 내접원의 교점을 B, 내접원의 반지름의 길이를 r, 내심을 I라 하면 삼각형 PHO와 삼각형 PBI는 닮음이므로

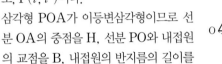

$$\overline{\mathrm{PO}}:\overline{\mathrm{OH}}=\overline{\mathrm{PI}}:\overline{\mathrm{IB}}$$
$\overline{\mathrm{PO}}=\sqrt{t^2+t^4}=t\sqrt{1+t^2}$이므로
$$t\sqrt{1+t^2}:t=(t^2-r):r,\ t^2-r=r\sqrt{1+t^2}$$
$$\therefore r=\frac{t^2}{\sqrt{1+t^2}+1},\ f(t)=\frac{2\pi t^2}{\sqrt{1+t^2}+1}$$
$$\lim_{t\to\infty}\frac{f(t)}{t}=\lim_{t\to\infty}\frac{2\pi t}{\sqrt{1+t^2}+1}=\lim_{t\to\infty}\frac{2\pi}{\sqrt{\frac{1}{t^2}+1}+\frac{1}{t}}=2\pi$$

달 2π

28

[전략] 직각삼각형 ABC의 내접원 I의 반지름의 길이를 r라 하면
$$\triangle\mathrm{ABC}=\frac{1}{2}ra+\frac{1}{2}rb+\frac{1}{2}rc$$

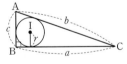

l의 기울기를 m이라 하면 점 $(2a,\ 4a^2)$을 지나므로
$$y=m(x-2a)+4a^2 \qquad \cdots \text{❶}$$
$y=x^2$과 접하므로
$$x^2=m(x-2a)+4a^2,\ x^2-mx+2ma-4a^2=0$$
에서
$$D=m^2-4(2ma-4a^2)=0,\ (m-4a)^2=0$$
$$\therefore m=4a$$
❶에서 $y=4ax-4a^2$
$y=0$을 대입하면 $x=a$이므로 $\mathrm{A}(a,\ 0)$
A를 지나고 l에 수직인 직선은
$$y=-\frac{1}{4a}(x-a),\ y=-\frac{1}{4a}x+\frac{1}{4}$$
$x=0$을 대입하면 $y=\frac{1}{4}$이므로 $\mathrm{B}\left(0,\ \frac{1}{4}\right)$
$$\overline{\mathrm{OA}}=a,\ \overline{\mathrm{OB}}=\frac{1}{4},\ \overline{\mathrm{AB}}=\sqrt{a^2+\frac{1}{16}}$$
이므로 삼각형 OAB의 넓이에서

$$\frac{1}{2}\times\frac{1}{4}\times a=\frac{1}{2}ar(a)+\frac{1}{2}\times\frac{1}{4}r(a)+\frac{1}{2}\sqrt{a^2+\frac{1}{16}}\times r(a)$$
$$r(a)=\frac{\frac{1}{4}a}{a+\frac{1}{4}+\sqrt{a^2+\frac{1}{16}}}$$
$$\therefore \lim_{a\to\infty}r(a)=\lim_{a\to\infty}\frac{\frac{1}{4}}{1+\frac{1}{4a}+\sqrt{1+\frac{1}{16a^2}}}=\frac{1}{8} \qquad \text{달}\ \frac{1}{8}$$

29

[전략] 직선 OP, AP의 방정식을 구한 다음 Q, R의 좌표를 t로 나타낸다.

직선 OP의 방정식은 $y=\dfrac{\sqrt{1-t^2}}{t}x$

직선 AP의 방정식은 $y=\dfrac{\sqrt{1-t^2}-1}{t}x+1$

따라서 두 점 Q, R의 y좌표는 각각 $x=1$을 대입하면
$$\frac{\sqrt{1-t^2}}{t},\ \frac{\sqrt{1-t^2}-1}{t}+1$$이다.

$$\therefore \lim_{t\to1-}\frac{\overline{\mathrm{RB}}}{\overline{\mathrm{QB}}}=\lim_{t\to1-}\frac{\dfrac{\sqrt{1-t^2}-1}{t}+1}{\dfrac{\sqrt{1-t^2}}{t}}$$
$$=\lim_{t\to1-}\frac{\sqrt{1-t^2}-(1-t)}{\sqrt{1-t^2}} \qquad \cdots \text{❶}$$
$$=\lim_{t\to1-}\frac{\sqrt{1+t}-\sqrt{1-t}}{\sqrt{1+t}}=\frac{\sqrt{2}}{\sqrt{2}}=1 \qquad \text{달}\ 1$$

Note

❶에서 분자, 분모를 $\sqrt{1-t}$로 약분하였다.
❶의 분자, 분모에 $\sqrt{1-t^2}$을 곱하면
$$\frac{1-t^2-(1-t)\sqrt{1-t^2}}{1-t^2}=\frac{1+t-\sqrt{1-t^2}}{1+t}$$
이므로 이 식의 극한을 조사해도 된다.

30

[전략] 점 P의 x좌표를 t라 하고 $\dfrac{S(m)}{m}$을 t로 나타낸다.

점 P의 x좌표를 t라 하면 $\mathrm{P}(t,\ mt)$이므로
$$S(m)=\frac{1}{2}mt^2,\ \frac{S(m)}{m}=\frac{1}{2}t^2$$

또, P는 곡선과 직선의 교점이므로
$$mt=\frac{t+1}{t-1},\ mt^2-(m+1)t-1=0$$

$t>1$, $m>0$이므로
$$t=\frac{m+1+\sqrt{(m+1)^2+4m}}{2m}=\frac{m+1+\sqrt{m^2+6m+1}}{2m}$$
$$\lim_{m\to\infty}t=\lim_{m\to\infty}\frac{1+\frac{1}{m}+\sqrt{1+\frac{6}{m}+\frac{1}{m^2}}}{2}=1$$
$$\therefore \lim_{m\to\infty}\frac{S(m)}{m}=\lim_{m\to\infty}\frac{1}{2}t^2=\frac{1}{2} \qquad \text{달}\ \frac{1}{2}$$

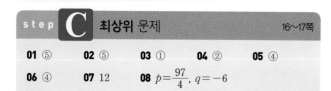

01

[전략] $n=1, 2, 3, 4$일 때 극한을 구하고, $g(1)=0$에서부터 조건을 차례로 찾는다.

$n=1$일 때 $\displaystyle\lim_{x\to1}\dfrac{f(x)}{g(x)}=0$ ⋯ ❶

$n=2$일 때 $\displaystyle\lim_{x\to2}\dfrac{f(x)}{g(x)}=0$ ⋯ ❷

$n=3$일 때 $\displaystyle\lim_{x\to3}\dfrac{f(x)}{g(x)}=2$ ⋯ ❸

$n=4$일 때 $\displaystyle\lim_{x\to4}\dfrac{f(x)}{g(x)}=6$ ⋯ ❹

$g(1)=0$, x^3의 계수가 1이므로

$g(x)=(x-1)(x^2+ax+b)$로 놓을 수 있다.

❶에서 $f(1)=0$이고, x^3의 계수가 1이므로

$f(x)=(x-1)h(x)$로 놓을 수 있다.

이때 ❶은 $\displaystyle\lim_{x\to1}\dfrac{h(x)}{x^2+ax+b}=0$이므로 $h(1)=0$

따라서 $f(x)=(x-1)^2(x+c)$로 놓을 수 있다.

❷에서 $f(2)=0$이므로

$\qquad c=-2$, $f(x)=(x-1)^2(x-2)$

이때 $\dfrac{f(x)}{g(x)}=\dfrac{(x-1)(x-2)}{x^2+ax+b}$

❸에서 $\dfrac{f(3)}{g(3)}=\dfrac{2}{9+3a+b}=2$이므로 $3a+b+8=0$

❹에서 $\dfrac{f(4)}{g(4)}=\dfrac{6}{16+4a+b}=6$이므로 $4a+b+15=0$

연립하여 풀면 $a=-7$, $b=13$

$\qquad\therefore g(x)=(x-1)(x^2-7x+13)$, $g(5)=12$ 답 ⑤

02

[전략] (분모)$\to0$인 경우와 (분모)$\to0$이 아닌 경우로 나누어야 하므로 a 또는 b가 1일 때와 1이 아닐 때로 나누어 생각한다.

(i) $a=1$일 때

$\qquad\displaystyle\lim_{x\to1}\dfrac{2x^2-3x+1}{(x-1)(x-b)}=\lim_{x\to1}\dfrac{2x-1}{x-b}=\dfrac{1}{1-b}=c$

$\qquad(b-1)c=-1$

따라서 $b-1=-1$, $c=1$ $\qquad\therefore b=0$, $c=1$

(ii) $b=1$일 때

$\quad x\to1$이면 (분자)$\to0$이므로 $2-3+a=0$, $a=1$

이때 $\displaystyle\lim_{x\to1}\dfrac{2x^2-3x+1}{(x-1)^2}=\lim_{x\to1}\dfrac{2x-1}{x-1}$이므로 가능하지 않다.

(iii) $a\neq1$, $b\neq1$일 때

$\qquad\displaystyle\lim_{x\to1}\dfrac{2x^2-3x+a}{(x-a)(x-b)}=\dfrac{-1+a}{(1-a)(1-b)}=\dfrac{1}{b-1}=c$

$\qquad(b-1)c=1$

따라서 $b-1=1$, $c=1$ $\qquad\therefore b=2$, $c=1$

이때 $a=0, 2, 3, 4, 5$이다.

따라서 $a+b+c$의 최댓값은 $5+2+1=8$,

최솟값은 $1+0+1=2$이므로 곱은 $8\times2=16$이다.   답 ⑤

03

[전략] $\displaystyle\lim_{x\to n+}f(x)=\lim_{x\to n-}f(x)$일 조건을 찾는다.

$x\to n+$이면 $n<x<n+1$, $x\to n-$이면 $n-1<x<n$이라 생각해도 된다.

$n<x<n+1$이면 $[x]=n$이므로

$\qquad f(x)=n^2+(ax+b)n$

$\qquad\displaystyle\lim_{x\to n+}f(x)=\lim_{x\to n+}\{n^2+(ax+b)n\}$

$\qquad\qquad=n^2+(an+b)n$

$\qquad\qquad=(a+1)n^2+bn$

$n-1<x<n$이면 $[x]=n-1$이므로

$\qquad f(x)=(n-1)^2+(ax+b)(n-1)$

$\qquad\displaystyle\lim_{x\to n-}f(x)=\lim_{x\to n-}\{(n-1)^2+(ax+b)(n-1)\}$

$\qquad\qquad=(n-1)^2+(an+b)(n-1)$

$\qquad\qquad=(a+1)n^2+(-a+b-2)n-b+1$

모든 정수 n에 대하여

$\qquad(a+1)n^2+bn=(a+1)n^2+(-a+b-2)n-b+1$

이므로

$\qquad b=-a+b-2$, $-b+1=0$

$\qquad\therefore a=-2$, $b=1$

따라서 $a-b=-3$ 답 ①

04

[전략] $nf(a)-1\geq0$일 때와 $nf(a)-1<0$일 때로 나누어 절댓값 기호를 없애고 생각한다.

(i) $nf(a)\geq1$일 때

$\qquad\displaystyle\lim_{n\to\infty}\dfrac{|nf(a)-1|-nf(a)}{2n+3}$

$\qquad=\displaystyle\lim_{n\to\infty}\dfrac{\{nf(a)-1\}-nf(a)}{2n+3}$

$\qquad=\displaystyle\lim_{n\to\infty}\dfrac{-1}{2n+3}=0$

이므로 모순이다.

(ii) $nf(a)<1$일 때

$\qquad\displaystyle\lim_{n\to\infty}\dfrac{|nf(a)-1|-nf(a)}{2n+3}$

$\qquad=\displaystyle\lim_{n\to\infty}\dfrac{-\{nf(a)-1\}-nf(a)}{2n+3}$

$\qquad=\displaystyle\lim_{n\to\infty}\dfrac{-2nf(a)+1}{2n+3}$

$\qquad=\displaystyle\lim_{n\to\infty}\dfrac{-2f(a)+\dfrac{1}{n}}{2+\dfrac{3}{n}}=-f(a)$

조건에서 $f(a)=-1$이다.

따라서 주어진 그림에서

$f(a)=-1$을 만족시키는 a는 2개 이다.

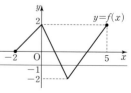

답 ②

05

[전략] 작은 원의 반지름의 길이를 t로 나타낸다.

P는 원 위를 움직이고 x좌표가 t이므로 $t^2+y^2=1$

$y>0$이므로 $y=\sqrt{1-t^2}$

작은 원의 지름의 길이는 $1-\sqrt{1-t^2}$이므로

$$S(t)=\frac{(1-\sqrt{1-t^2})^2}{4}\pi=\frac{2-t^2-2\sqrt{1-t^2}}{4}\pi$$

$$\therefore \lim_{t\to0+}\frac{S(t)}{t^n}=\lim_{t\to0+}\frac{2-t^2-2\sqrt{1-t^2}}{4t^n}\pi$$

$$=\lim_{t\to0+}\frac{(2-t^2)^2-4(1-t^2)}{4t^n(2-t^2+2\sqrt{1-t^2})}\pi$$

$$=\lim_{t\to0+}\frac{t^4}{4t^n(2-t^2+2\sqrt{1-t^2})}\pi$$

$t\to0+$일 때 $(2-t^2+2\sqrt{1-t^2})\to4$이고 n은 자연수이므로

$n\leq3$일 때 $\displaystyle\lim_{t\to0+}\frac{t^4}{4t^n(2-t^2+2\sqrt{1-t^2})}\pi=0$

$n=4$일 때 $\displaystyle\lim_{t\to0+}\frac{t^4}{4t^n(2-t^2+2\sqrt{1-t^2})}\pi=\frac{1}{16}\pi$

$n\geq5$일 때 $\displaystyle\lim_{t\to0+}\frac{t^4}{4t^n(2-t^2+2\sqrt{1-t^2})}\pi=\infty$

따라서 자연수 n의 최댓값은 4이다.   답 ④

06

[전략] 두 선분 PQ와 OA가 서로 수직으로 만난다.
두 선분의 교점을 T라 하고 피타고라스 정리를 이용하여 선분 PT의 길이를 r로 나타낸다.

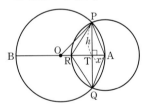

두 선분 PQ와 AB가 서로 수직으로 만난다.

두 선분의 교점을 T, $\overline{AT}=x$, $\overline{PT}=h$라 하자.

$\overline{AP}=r$, $\overline{OP}=1$, $\overline{OT}=1-x$이므로 피타고라스 정리에서

$$\overline{PT}^2=\overline{AP}^2-\overline{AT}^2=\overline{OP}^2-\overline{OT}^2$$

$$h^2=r^2-x^2=1^2-(1-x)^2 \qquad \therefore x=\frac{r^2}{2}$$

$$h^2=r^2-\frac{r^4}{4} \qquad \therefore h=r\sqrt{1-\frac{r^2}{4}}$$

$$\therefore S(r)=2\times\frac{1}{2}\times\overline{AR}\times\overline{PT}=r^2\sqrt{1-\frac{r^2}{4}}$$

$$\therefore \lim_{r\to2-}\frac{S(r)}{\sqrt{2-r}}=\lim_{r\to2-}\frac{r^2\sqrt{1-\frac{r^2}{4}}}{\sqrt{2-r}}$$

$$=\lim_{r\to2-}\frac{r^2\sqrt{(2-r)(2+r)}}{2\sqrt{2-r}}$$

$$=\lim_{r\to2-}\frac{r^2\sqrt{2+r}}{2}=4$$

답 ④

다른 풀이

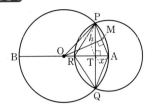

$\triangle OAP=\dfrac{1}{2}\times\overline{OA}\times\overline{PT}=\dfrac{1}{2}\times\overline{AP}\times\overline{OM}$이므로

$$\frac{1}{2}\times1\times h=\frac{1}{2}\times r\times\sqrt{1-\left(\frac{r}{2}\right)^2},\ h=r\sqrt{1-\left(\frac{r}{2}\right)^2}$$

$$\therefore S(r)=2\times\frac{1}{2}\times\overline{AR}\times\overline{PT}=r^2\sqrt{1-\left(\frac{r}{2}\right)^2}$$

$$\therefore \lim_{r\to2-}\frac{S(r)}{\sqrt{2-r}}=\lim_{r\to2-}\frac{r^2\sqrt{1-\left(\frac{r}{2}\right)^2}}{\sqrt{2-r}}$$

$$=\lim_{r\to2-}\frac{r^2\sqrt{(2-r)(2+r)}}{2\sqrt{2-r}}$$

$$=\lim_{r\to2-}\frac{r^2\sqrt{2+r}}{2}=4$$

07

[전략] 내접원의 반지름의 길이를 이용하여 두 삼각형의 닮음비를 x로 나타낸다.

직각삼각형 ABC의 내접원의 반지름의 길이를 r라 하면

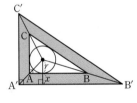

$$\frac{1}{2}\times3\times4$$

$$=\frac{1}{2}\times3r+\frac{1}{2}\times4r+\frac{1}{2}\times5r$$

$$\therefore r=1$$

직각삼각형 $A'B'C'$의 내접원의 반지름의 길이는 $1+x$이므로

직각삼각형 ABC와 직각삼각형 $A'B'C'$의 닮음비는 $1:1+x$

이고, 넓이의 비는 $1:(1+x)^2$이다.

그런데 직각삼각형 ABC의 넓이가 6이므로 직각삼각형 $A'B'C'$

의 넓이는 $6(1+x)^2$이고

$$f(x)=6(1+x)^2-6=6x^2+12x$$

$$\therefore \lim_{x\to0}\frac{f(x)}{x}=\lim_{x\to0}6(x+2)=12$$ 답 12

08

[전략]

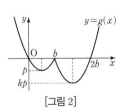

[그림 1]   [그림 2]

$y=f(x)$, $y=f(x-b)$의 그래프가 [그림 1]과 같으므로 포물선

$y=f(x)$의 꼭짓점의 y좌표를 p라 하면 $y=g(x)$의 그래프는 [그림 2]

와 같다.

(i) $k=1$일 때 방정식 $|g(x)|=b$의 서로 다른 실근의 개수는

그림과 같이 2, 4, 6이므로 (나)에 모순이다.

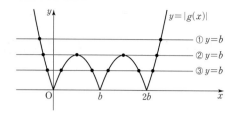

(ii) $k>1$일 때 방정식 $|g(x)|=b$의 서로 다른 실근이 5개이면 직선 $y=b$가 $x<b$에서 $y=|g(x)|$의 그래프에 접하나

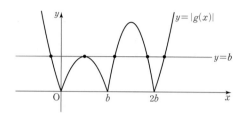

$\left|g\left(\dfrac{b}{2}\right)\right|=b$이므로 $-f\left(\dfrac{b}{2}\right)=b$, $ab=4$

a, b는 자연수이므로 (a, b)는 $(1, 4)$, $(2, 2)$, $(4, 1)$

$b \leq 4$이므로 (가)에서
$$g(6)=kf(6-b)=ka(6-b)(6-2b)=-8$$
$$ka(6-b)(3-b)=-4$$

$k>0$, $a>0$, $6-b>0$이므로 $3-b<0$이다.

따라서 $b=4$이고, $a=1$이다.

이때 $k=2$이므로
$$g(x)=\begin{cases} x(x-4) & (x<4) \\ 2(x-4)(x-8) & (x \geq 4) \end{cases}$$

(iii) $0<k<1$일 때 방정식 $|g(x)|=b$의 서로 다른 실근이 5개이면 직선 $y=b$가 $x>b$에서 $y=|g(x)|$의 그래프에 접한다.

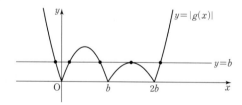

$\left|g\left(\dfrac{3}{2}b\right)\right|=b$이므로

$$-kf\left(\dfrac{3b}{2}-b\right)=b, \quad kab=4 \qquad \cdots ❶$$

조건 (가)에서

(ㄱ) $b>6$일 때
$$g(6)=f(6)=6a(6-b)=-8$$
$$\therefore 3a(b-6)=4$$

좌변은 3의 배수이지만 우변은 3의 배수가 아니므로 자연수 a, b는 없다.

(ㄴ) $b \leq 6$일 때
$$g(6)=kf(6-b)=ka(6-b)(6-2b)=-8$$
$$ka(6-b)(3-b)=-4 \qquad \cdots ❷$$

그런데 $k>0$, $a>0$, $6-b \geq 0$이므로 $3-b<0$이다.

따라서 자연수 b는 4 또는 5이다.

$b=4$를 ❷에 대입하면 $ka=2$이고 이는 ❶에 모순이다.

$b=5$를 ❷에 대입하면 $ka=2$이므로 역시 모순이다.

따라서 $0<k<1$인 경우는 없다.

그러므로 (i), (ii), (iii)에서
$$g(x)=\begin{cases} x(x-4) & (x<4) \\ 2(x-4)(x-8) & (x \geq 4) \end{cases}$$

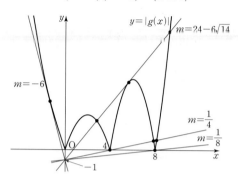

직선 $y=mx-1$이

점 $(8, 0)$을 지날 때 $m=\dfrac{1}{8}$

점 $(4, 0)$을 지날 때 $m=\dfrac{1}{4}$

$y=-2(x-4)(x-8)$의 그래프에 접할 때
$$-2(x-4)(x-8)=mx-1$$
$$2x^2+(m-24)x+63=0$$
$$D=(m-24)^2-8 \times 63=0, \quad m-24=\pm 6\sqrt{14}$$
$$\therefore m=24-6\sqrt{14}$$

$y=x(x-4)$의 그래프에 접할 때
$$x(x-4)=mx-1, \quad x^2-(m+4)x+1=0$$
$$D=(m+4)^2-4=0, \quad m+4=\pm 2$$
$$\therefore m=-6$$

따라서 $y=h(m)$의 그래프는 그림과 같다.

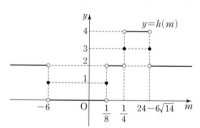

그래프에서 $\displaystyle\lim_{m \to t-} h(m)+\lim_{m \to t+} h(m)=6$이면

$t=\dfrac{1}{4}$ 또는 $t=24-6\sqrt{14}$이므로 t값의 합은 $\dfrac{97}{4}-6\sqrt{14}$

$$\therefore p=\dfrac{97}{4}, \ q=-6 \qquad \qquad \text{답}\ p=\dfrac{97}{4}, \ q=-6$$

02. 함수의 연속

01 ①	**02** ①	**03** ④	**04** $a=-3$, $b=2$, $c=3$	
05 ④	**06** ④	**07** ①	**08** $\dfrac{1}{4}$	**09** ③
10 ③	**11** ①	**12** $a=3$, $b=2$	**13** ③	
14 ②	**15** -7, -1, 3		**16** -1, 14	**17** 32
18 ③	**19** ④	**20** 24	**21** 풀이 참조	
22 ③	**23** 3, $-\dfrac{3}{4}$	**24** ③	**25** $-\dfrac{1}{2}$, $\dfrac{41}{16}$	
26 ①	**27** ①	**28** $-1 < k < 4$		**29** ⑤
30 ②	**31** ③			

01

$f(x)$가 연속이므로

$$\lim_{x \to 2} \frac{(x^3-8)f(x)}{x^2-4} = \lim_{x \to 2} \frac{(x-2)(x^2+2x+4)f(x)}{(x+2)(x-2)}$$
$$= \lim_{x \to 2} \frac{(x^2+2x+4)f(x)}{x+2}$$
$$= 3f(2)$$

$\therefore 3f(2)=6$, $f(2)=2$ 답 ①

02

$x=2$에서 연속이면

$\displaystyle\lim_{x \to 2} f(x) = f(2)$이므로 $\displaystyle\lim_{x \to 2} \frac{\sqrt{x+7}-a}{x-2} = b$

$x \to 2$일 때 (분모)$\to 0$이므로 (분자)$\to 0$이다.

$\sqrt{9}-a=0$ $\therefore a=3$

또,

$$b = \lim_{x \to 2} \frac{\sqrt{x+7}-3}{x-2} = \lim_{x \to 2} \frac{x-2}{(x-2)(\sqrt{x+7}+3)}$$
$$= \lim_{x \to 2} \frac{1}{\sqrt{x+7}+3} = \frac{1}{6}$$

$\therefore ab = \dfrac{1}{2}$ 답 ①

03

$f(x)$는 $x \neq a$에서 연속이므로 $x=a$에서 연속이면 된다.

$\displaystyle\lim_{x \to a} f(x) = f(a)$이므로 $\displaystyle\lim_{x \to a} \frac{x^2-2x-8}{x-a} = 6$

$x \to a$일 때 (분모)$\to 0$이므로 (분자)$\to 0$이다.

$a^2-2a-8=0$ $\therefore a=-2$ 또는 $a=4$

(i) $a=-2$일 때

$$\lim_{x \to -2} \frac{x^2-2x-8}{x+2} = \lim_{x \to -2} \frac{(x+2)(x-4)}{x+2}$$
$$= \lim_{x \to -2}(x-4) = -6$$

따라서 모순이다.

(ii) $a=4$일 때

$$\lim_{x \to 4} \frac{x^2-2x-8}{x-4} = \lim_{x \to 4} \frac{(x+2)(x-4)}{x-4}$$
$$= \lim_{x \to 4}(x+2)$$

(i), (ii)에서 $a=4$이므로

$x \neq 4$일 때 $f(x) = \dfrac{x^2-2x-8}{x-4} = x+2$

$\therefore f(0) = 2$ 답 ④

04

$x=1$에서 연속이면

$\displaystyle\lim_{x \to 1} f(x) = f(1)$이므로 $\displaystyle\lim_{x \to 1} \frac{x^3+ax+b}{(x-1)^2} = c$ ··· ❶

$x \to 1$일 때 (분모)$\to 0$이므로 (분자)$\to 0$이다.

$1+a+b=0$ $\therefore b=-a-1$

이때 $x^3+ax-a-1 = x^3-1+a(x-1)$
$= (x-1)(x^2+x+a+1)$

이므로 ❶에서

$$\lim_{x \to 1} \frac{x^2+x+a+1}{x-1} = c$$ ··· ❷

$x \to 1$일 때 (분모)$\to 0$이므로 (분자)$\to 0$이다.

$1+1+a+1=0$ $\therefore a=-3$, $b=-(-3)-1=2$

이때 $x^2+x+a+1 = x^2+x-2 = (x-1)(x+2)$

이므로 ❷에서

$$\lim_{x \to 1}(x+2) = c$$ $\therefore c=3$ 답 $a=-3$, $b=2$, $c=3$

05

$x \neq 0$일 때 $\sqrt{9+x}-\sqrt{9-x} \neq 0$이므로

$$f(x) = \frac{x^2+3x}{\sqrt{9+x}-\sqrt{9-x}}$$

$f(x)$는 $x \neq 0$일 때 연속이므로 $x=0$에서 연속이면 된다.

$$f(0) = \lim_{x \to 0} \frac{x^2+3x}{\sqrt{9+x}-\sqrt{9-x}}$$
$$= \lim_{x \to 0} \frac{(x^2+3x)(\sqrt{9+x}+\sqrt{9-x})}{(9+x)-(9-x)}$$
$$= \lim_{x \to 0} \frac{(x+3)(\sqrt{9+x}+\sqrt{9-x})}{2}$$
$$= \frac{3 \times (3+3)}{2} = 9$$ 답 ④

06

$x \neq \pm 1$일 때 $f(x) = \dfrac{x^4+ax+b}{x^2-1}$

$x=1$에서 연속이므로 $f(1) = \displaystyle\lim_{x \to 1} \frac{x^4+ax+b}{x^2-1}$

$x \to 1$일 때 (분모)$\to 0$이므로 $1+a+b=0$ ··· ❶

$x=-1$에서 연속이므로 $f(-1) = \displaystyle\lim_{x \to -1} \frac{x^4+ax+b}{x^2-1}$

$x \to -1$일 때 (분모)$\to 0$이므로 $1-a+b=0$ ··· ❷

❶, ❷를 연립하여 풀면 $a=0$, $b=-1$

$$f(1) = \lim_{x \to 1} \frac{x^4-1}{x^2-1} = \lim_{x \to 1}(x^2+1) = 2$$
$$f(-1) = \lim_{x \to -1} \frac{x^4-1}{x^2-1} = \lim_{x \to -1}(x^2+1) = 2$$

$\therefore f(1)+f(-1) = 4$ 답 ④

07

$f(x)$는 $|x|>1$, $|x|\le 1$일 때 연속이다.

$f_1(x)=x(x-1)$, $f_2(x)=-x^2+ax+b$라 하자.

$x=1$에서 연속일 때

$f_1(1)=f_2(1)$이므로 $0=-1+a+b$ $\cdots$ ❶

$x=-1$에서 연속일 때

$f_1(-1)=f_2(-1)$이므로 $2=-1-a+b$ $\cdots$ ❷

❶, ❷를 연립하여 풀면 $a=-1$, $b=2$

$\therefore a-b=-3$ **답** ①

08

$g(x)=f(x)-f(x+1)$이라 하자.

$g(x)$가 $x=1$에서 연속이면 $g(1)=\lim\limits_{x\to 1+}g(x)=\lim\limits_{x\to 1-}g(x)$

$g(1)=f(1)-f(2)=1-4a$

$\lim\limits_{x\to 1+}g(x)=\lim\limits_{x\to 1+}\{f(x)-f(x+1)\}$

$=\lim\limits_{x\to 1+}f(x)-\lim\limits_{x\to 1+}f(x+1)$

$=1-\lim\limits_{t\to 2+}f(t)$

$=1-4a$

$\lim\limits_{x\to 1-}g(x)=\lim\limits_{x\to 1-}\{f(x)-f(x+1)\}$

$=\lim\limits_{x\to 1-}f(x)-\lim\limits_{x\to 1-}f(x+1)$

$=1-\lim\limits_{t\to 2-}f(t)$

$=1-1=0$

이므로 $1-4a=0$ $\therefore a=\dfrac{1}{4}$ **답** $\dfrac{1}{4}$

09

$f_1(x)=ax+1$, $f_2(x)=3x^2+2ax+b$라 하자.

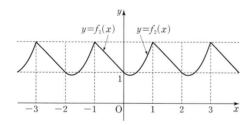

$f(x)$는 $-1\le x<1$에서의 함수가 반복되므로 그림과 같이 $x=-1$, $x=0$에서 연속이면 모든 실수 x에서 연속이다.

$x=0$에서 연속이면 $\lim\limits_{x\to 0+}f(x)=\lim\limits_{x\to 0-}f(x)$이므로

$f_2(0)=f_1(0)$ $\therefore b=1$

$x=-1$에서 연속이면 $\lim\limits_{x\to -1+}f(x)=\lim\limits_{x\to -1-}f(x)$

그런데 $f(x+2)=f(x)$이므로

$\lim\limits_{x\to -1-}f(x)=\lim\limits_{x\to 1-}f(x)=f_2(1)$

$\therefore f_2(1)=f_1(-1)$, $3+2a+b=-a+1$

$b=1$을 대입하면 $a=-1$

$\therefore a+b=0$ **답** ③

Note

위 그림에서 $x=0$, $x=1$에서 연속일 조건을 생각해도 된다.

10

$x=3$에서 연속이면

$f(3)=\lim\limits_{x\to 3+}f(x)=\lim\limits_{x\to 3-}f(x)$

$f(3)=9a-9+2=9a-7$

$3<x<4$일 때 $[x]=3$이므로

$f(x)=9a-7$

$\therefore \lim\limits_{x\to 3+}f(x)=\lim\limits_{x\to 3+}(9a-7)=9a-7$

$2<x<3$일 때 $[x]=2$이므로

$f(x)=4a-6+2=4a-4$

$\therefore \lim\limits_{x\to 3-}f(x)=\lim\limits_{x\to 3-}(4a-4)=4a-4$

$9a-7=4a-4$이므로 $a=\dfrac{3}{5}$ **답** ③

11

$x=2$에서 연속이면 $g(2)=\lim\limits_{x\to 2+}g(x)=\lim\limits_{x\to 2-}g(x)$

$g(2)=|f(2)-a|=|-7-a|$

$\lim\limits_{x\to 2+}g(x)=\lim\limits_{x\to 2+}|x^2-4x-3-a|=|-7-a|$

$\lim\limits_{x\to 2-}g(x)=\lim\limits_{x\to 2-}|x+1-a|=|3-a|$

$|-7-a|=|3-a|$이므로

$-7-a=3-a$ 또는 $-7-a=-(3-a)$

$\therefore a=-2$ **답** ①

12

$|f(x)|$는 $x<-1$, $-1\le x\le 1$, $x>1$일 때 연속이다.

$x=-1$에서 연속이므로

$|f(-1)|=\lim\limits_{x\to -1+}|f(x)|=\lim\limits_{x\to -1-}|f(x)|$

$|f(-1)|=5$

$\lim\limits_{x\to -1+}|f(x)|=\lim\limits_{x\to -1+}|3x-2|=5$

$\lim\limits_{x\to -1-}|f(x)|=\lim\limits_{x\to -1-}|-2x+a|=|2+a|$

$\therefore |a+2|=5$, $a=3$ $(\because a>0)$

$x=1$에서 연속이므로

$|f(1)|=\lim\limits_{x\to 1+}|f(x)|=\lim\limits_{x\to 1-}|f(x)|$

$|f(1)|=1$

$\lim\limits_{x\to 1+}|f(x)|=\lim\limits_{x\to 1+}|-x+b|=|-1+b|$

$\lim\limits_{x\to 1-}|f(x)|=\lim\limits_{x\to 1-}|3x-2|=1$

$\therefore |b-1|=1$, $b=2$ $(\because b>0)$ **답** $a=3$, $b=2$

13

함수 $f(x)g(x)$가 $x=1$에서 연속이면

$f(1)g(1)=\lim\limits_{x\to 1+}f(x)g(x)=\lim\limits_{x\to 1-}f(x)g(x)$

$f(1)g(1)=4(a-8)$

$\lim\limits_{x\to 1+}f(x)g(x)=\lim\limits_{x\to 1+}f(x)\times\lim\limits_{x\to 1+}g(x)=4(a-8)$

$\lim\limits_{x\to 1-}f(x)g(x)=\lim\limits_{x\to 1-}f(x)\times\lim\limits_{x\to 1-}g(x)=a-8$

이므로 $4(a-8)=a-8$ $\therefore a=8$ **답** ③

14

함수 $f(x)g(x)$가 $x=2$에서 연속이면

$$f(2)g(2)=\lim_{x\to 2+}f(x)g(x)=\lim_{x\to 2-}f(x)g(x)$$

$$f(2)g(2)=(-4+a)\times(-2)=8-2a$$

$$\lim_{x\to 2+}f(x)g(x)=\lim_{x\to 2+}\left\{(x^2-4)\times\frac{1}{x-2}\right\}$$
$$=\lim_{x\to 2+}(x+2)=4$$

$$\lim_{x\to 2-}f(x)g(x)=\lim_{x\to 2-}\{(-x^2+a)\times(x-4)\}$$
$$=(-4+a)\times(-2)=8-2a$$

이므로 $8-2a=4$ $\quad\therefore a=2$ 〔답〕②

15

$f(x)$는 $x\neq a$에서 연속이고 $g(x)$는 모든 실수 x에서 연속이므로 $f(x)g(x)$가 $x=a$에서 연속이면 된다.

$$\therefore f(a)g(a)=\lim_{x\to a+}f(x)g(x)=\lim_{x\to a-}f(x)g(x)$$

$$f(a)g(a)=(a+3)\times(-a-7)=-(a+3)(a+7)$$

$$\lim_{x\to a+}f(x)g(x)=\lim_{x\to a+}(x^2-x)\{x-(2a+7)\}$$
$$=-(a^2-a)(a+7)$$

$$\lim_{x\to a-}f(x)g(x)=\lim_{x\to a-}(x+3)\{x-(2a+7)\}$$
$$=-(a+3)(a+7)$$

이므로

$$-(a^2-a)(a+7)=-(a+3)(a+7)$$
$$(a+7)(a^2-a-a-3)=0$$
$$(a+7)(a+1)(a-3)=0$$
$$\therefore a=-7 \text{ 또는 } a=-1 \text{ 또는 } a=3$$ 〔답〕 $-7,\ -1,\ 3$

16

함수 $f(x)f(x-a)$가 $x=a$에서 연속이면

$$f(a)f(0)=\lim_{x\to a+}f(x)f(x-a)=\lim_{x\to a-}f(x)f(x-a)$$

$x-a=t$라 하면

$$\lim_{x\to a+}f(x-a)=\lim_{t\to 0+}f(t)=7$$
$$\lim_{x\to a-}f(x-a)=\lim_{t\to 0-}f(t)=1$$

(i) $a=0$일 때

$$f(0)f(0)=1\times 1=1$$
$$\lim_{x\to 0+}f(x)f(x-a)=7\times 7=49$$
$$\lim_{x\to 0-}f(x)f(x-a)=1\times 1=1$$

따라서 $x=a$에서 연속이 아니다.

(ii) $a\neq 0$일 때

$$f(a)f(0)=f(a)$$
$$\lim_{x\to a+}f(x)f(x-a)=f(a)\times 7=7f(a)$$
$$\lim_{x\to a-}f(x)f(x-a)=f(a)\times 1=f(a)$$

따라서 $x=a$에서 연속이면

$$f(a)=7f(a) \quad\therefore f(a)=0$$

$a<0$일 때 $a+1=0$ $\quad\therefore a=-1$

$a>0$일 때 $-\dfrac{1}{2}a+7=0$ $\quad\therefore a=14$ 〔답〕 $-1,\ 14$

17

$f(x)$가 $x\neq 2$에서 연속이고 $g(x)$는 모든 실수 x에서 연속이므로 $f(x)g(x)$가 $x=2$에서 연속이면 된다.

$$\therefore \lim_{x\to 2}f(x)g(x)=f(2)g(2) \quad \cdots ❶$$

$$\lim_{x\to 2}f(x)g(x)=\lim_{x\to 2}\frac{2g(x)}{x-2}$$의 값이 존재하고

$x\to 2$일 때 (분모)$\to 0$이므로 $g(2)=0$

이때 ❶은

$$\lim_{x\to 2}f(x)g(x)=0$$

또, $g(x)=a(x-2)(x-p)(a\neq 0)$라 하면

$$\lim_{x\to 2}f(x)g(x)=\lim_{x\to 2}2a(x-p)$$
$$=2a(2-p)=0$$

$$\therefore p=2,\ g(x)=a(x-2)^2$$

$g(0)=8$이므로 $a\times 4=8,\ a=2$

$g(x)=2(x-2)^2$이므로 $g(6)=32$ 〔답〕32

18

분모가 0일 때 $f(x)$가 정의되지 않으므로 연속이 아니다.

따라서 $x=3$일 때 불연속이다.

또, $x-\dfrac{4}{x-3}=0$에서 $x^2-3x-4=0$

따라서 $x=-1$ 또는 $x=4$일 때에도 불연속이다.

그러므로 불연속이 되는 실수 x는 $-1,\ 3,\ 4$의 3개이다. 〔답〕③

19

$f(x)=(x-1)^2+2>0$이므로 $\dfrac{f(x)}{g(x)}$가 모든 실수 x에서 연속이면 $g(x)\neq 0$이다.

$$D=a^2-16a<0 \quad\therefore 0<a<16$$

a는 정수이므로 15개이다. 〔답〕④

20

$x=a$에서 $\dfrac{x}{f(x)}$가 불연속이면 $f(a)=0$이므로

$x=1,\ x=2$는 방정식 $f(x)=0$의 해이다.

$f(x)$는 이차식이므로 $f(x)=a(x-1)(x-2)$

이때

$$\lim_{x\to 2}\frac{f(x)}{x-2}=\lim_{x\to 2}a(x-1)=a=4$$

$$\therefore f(x)=4(x-1)(x-2)$$

따라서 $f(4)=4\times 3\times 2=24$ 〔답〕24

21

[반례] $f(x)-(x-1)^2$, $g(x)-\begin{cases} \dfrac{1}{x-1} & (x\neq 1) \\ 1 & (x=1) \end{cases}$ 이면

$f(x)$, $f(x)g(x)$는 $x=1$에서 연속이지만 $g(x)$는 $x=1$에서 불연속이다.

위와 같이 $g(x)=\dfrac{f(x)g(x)}{f(x)}$로 놓으면 $f(x)g(x)$와 $f(x)$가 $x=1$에서 연속이고 $f(1)-0$ 꼴이면 $g(x)$가 연속이 아닐 수 있다. **답** 풀이 참조

22

함수 $g(f(x))$가 $x=1$에서 연속이면
$$g(f(1))=\lim_{x\to 1+}g(f(x))=\lim_{x\to 1-}g(f(x))$$
$$g(f(1))=g(1)=1+a$$
$x\to 1+$일 때 $f(x)\to 2+$이므로
$$\lim_{x\to 1+}g(f(x))=\lim_{t\to 2+}g(t)=g(2)=4+2a$$
$x\to 1-$일 때 $f(x)\to 1+$이므로
$$\lim_{x\to 1-}g(f(x))=\lim_{t\to 1+}g(t)=g(1)=1+a$$
이므로 $1+a=4+2a$, $a=-3$ **답** ③

23

$f(x)$는 $x\neq 1$에서 연속이고 $g(x)$는 모든 실수 x에서 연속이므로 $(g\circ f)(x)$가 $x=1$에서 연속이면 된다.
$$(g\circ f)(1)=\lim_{x\to 1+}(g\circ f)(x)=\lim_{x\to 1-}(g\circ f)(x)$$
$$g(f(1))=g(2a)=6a^2+3$$
$\lim_{x\to 1+}f(x)=1^2-1+2a=2a$이므로
$$\lim_{x\to 1+}(g\circ f)(x)=\lim_{t\to 2a}g(t)=g(2a)=6a^2+3$$
$\lim_{x\to 1-}f(x)=3+a$이므로
$$\lim_{x\to 1-}(g\circ f)(x)=\lim_{t\to 3+a}g(t)=g(3+a)=2a^2+9a+12$$
이므로 $6a^2+3=2a^2+9a+12$, $(a-3)(4a+3)=0$
$$\therefore a=3 \text{ 또는 } a=-\frac{3}{4}$$ **답** 3, $-\dfrac{3}{4}$

24

ㄱ. $\lim_{x\to -1-}f(f(x))=f(1)=-1$
$\quad\lim_{x\to -1+}f(f(x))=f(1)=-1$ (참)

ㄴ. $\lim_{x\to -1+}f(f(x))=\lim_{t\to 0-}f(t)=-1$
$\quad\lim_{x\to -1-}f(f(x))=\lim_{t\to 0+}f(t)=1$ (거짓)

ㄷ. $\lim_{x\to -1-}f(f(x))=\lim_{x\to -1+}f(f(x))=-1$이고
$\quad f(f(-1))=f(0)=-1$
이므로 $(f\circ f)(x)$는 $x=-1$에서 연속이다. (참)
따라서 옳은 것은 ㄱ, ㄷ이다. **답** ③

25

$$f(x)=\begin{cases} -(x-1)(x+2) & (x<1) \\ (x-1)(x+2) & (x\geq 1) \end{cases}$$

이므로 $y=f(x)$의 그래프는 그림과 같다.

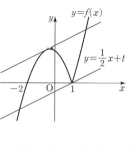

직선 $y=\dfrac{1}{2}x+t$가 점 $(1,0)$을 지날 때
$$0=\frac{1}{2}+t \qquad \therefore t=-\frac{1}{2}$$
$y=f(x)$의 그래프와 직선 $y=\dfrac{1}{2}x+t$가 접할 때
$$-(x-1)(x+2)=\frac{1}{2}x+t$$
$$x^2+\frac{3}{2}x+t-2=0$$
$D=\dfrac{9}{4}-4t+8=0$이므로 $t=\dfrac{41}{16}$
위 그림에서

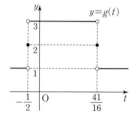

$t<-\dfrac{1}{2}$, $t>\dfrac{41}{16}$일 때 $g(t)=1$

$-\dfrac{1}{2}<t<\dfrac{41}{16}$일 때 $g(t)=3$

$t=-\dfrac{1}{2}$, $t=\dfrac{41}{16}$일 때 $g(t)=2$

따라서 $g(t)$는 $t=-\dfrac{1}{2}$, $t=\dfrac{41}{16}$에서 불연속이다.

$$\therefore a=-\frac{1}{2},\ a=\frac{41}{16}$$ **답** $-\dfrac{1}{2}$, $\dfrac{41}{16}$

26

$y=|x-3|$과 $y=||x-3|-2|$의 그래프는 그림과 같다.

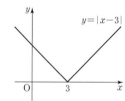 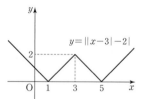

따라서 $y=f(t)$의 그래프는 오른쪽 그림과 같다.

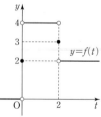

$f(t)$는 $t\neq 0$, $t\neq 2$에서 연속이고 $g(t)$는 연속이므로 함수 $f(t)g(t)$가 $t=0$, $t=2$에서 연속이면 된다.

$t=0$에서 연속이면
$$f(0)g(0)=\lim_{t\to 0+}f(t)g(t)=\lim_{t\to 0-}f(t)g(t)$$
에서
$$f(0)g(0)=2g(0)$$
$$\lim_{t\to 0+}f(t)g(t)=4g(0)$$
$$\lim_{t\to 0-}f(t)g(t)=0\times g(0)=0$$
이므로 $g(0)=0$

$t=2$에서 연속이면
$$f(2)g(2)=\lim_{t\to 2+}f(t)g(t)=\lim_{t\to 2-}f(t)g(t)$$에서

$$f(2)g(2)=3g(2)$$
$$\lim_{t\to 2+}f(t)g(t)=2g(2)$$
$$\lim_{t\to 2-}f(t)g(t)=4g(2)$$

이므로 $3g(2)=2g(2)=4g(2)$ $\therefore g(2)=0$

$g(t)$는 t^2의 계수가 1인 이차함수이므로

$$g(t)=t(t-2)$$
$$\therefore \lim_{t\to 2-}f(t)+g(3)=4+3=7 \qquad \boxed{\text{답}} ①$$

27

원이 변 AC에 접할 때,
$\overline{AC}=5$이므로 삼각형
ABC의 넓이에서

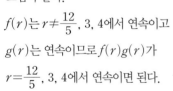

$$\frac{1}{2}\times 3\times 4=\frac{1}{2}\times 5\times r$$
$$\therefore r=\frac{12}{5}$$

원이 A를 지날 때 $r=3$
원이 C를 지날 때 $r=4$
따라서 $y=f(r)$의 그래프는 오른쪽
그림과 같다.

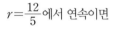

$f(r)$는 $r\neq\frac{12}{5}$, 3, 4에서 연속이고
$g(r)$는 연속이므로 $f(r)g(r)$가
$r=\frac{12}{5}$, 3, 4에서 연속이면 된다.

$r=\frac{12}{5}$에서 연속이면

$$f\left(\frac{12}{5}\right)g\left(\frac{12}{5}\right)=\lim_{r\to\frac{12}{5}+}f(r)g(r)=\lim_{r\to\frac{12}{5}-}f(r)g(r)$$

에서

$$3g\left(\frac{12}{5}\right)=4g\left(\frac{12}{5}\right)=2g\left(\frac{12}{5}\right) \qquad \therefore g\left(\frac{12}{5}\right)=0$$

같은 이유로 $g(3)=0$, $g(4)=0$
$g(r)$는 r^3의 계수가 1인 삼차함수이므로

$$g(r)=\left(r-\frac{12}{5}\right)(r-3)(r-4)$$
$$\therefore g(8)=\frac{28}{5}\times 5\times 4=112 \qquad \boxed{\text{답}} ①$$

28

$g(x)=f(x)-1$이라 하자.
$$g(0)=f(0)-1=k+1, g(1)=f(1)-1=k-4$$
따라서 $g(0)g(1)<0$이면 구간 $(0, 1)$에서 적어도 하나의 실근을 갖는다.
$$(k+1)(k-4)<0 \qquad \therefore -1<k<4 \qquad \boxed{\text{답}} -1<k<4$$

29

$f(x)=a^x+x-4$라 하면
$$f(0)=1+0-4<0$$
따라서 $f(2)>0$이면 구간 $(0, 2)$에서 적어도 하나의 실근을 갖는다.

$$f(2)=a^2-2>0$$
$a>0$이므로 $a>\sqrt{2}$ \qquad \boxed{\text{답}} ⑤

Note
$y=a^x$과 $y=-x+4$의 그래프를 그리면 그림과 같다.

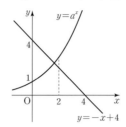

30

$f(x)=\cos x-x+1$로 놓으면 $f(x)$는 모든 실수 x에서 연속이다. 따라서 구간 (a, b)에서 오직 하나의 실근을 가지면
$f(a)f(b)<0$이다.

$$f\left(\frac{\pi}{3}\right)=\frac{1}{2}-\frac{\pi}{3}+1>0, f\left(\frac{\pi}{2}\right)=0-\frac{\pi}{2}+1<0$$

이므로 답은 ②이다. \qquad \boxed{\text{답}} ②

31

ㄱ. $-f(-1)+3=-2+3>0$, $2f(2)+3=-6+3<0$
이므로 실근을 갖는다. (참)

ㄴ. $f(-1)-2\times(-1)^2=2-2=0$, $f(2)-8=-3-8<0$

ㄷ. $-4f(-1)=(-4)\times 2<0$, $-1\times f(2)=(-1)\times(-3)>0$
이므로 실근을 갖는다. (참)

따라서 실근을 갖는 방정식은 ㄱ, ㄷ이다. \qquad \boxed{\text{답}} ③

---

step B 실력 문제 23~26쪽

01 ③	**02** ⑤	**03** ⑤	**04** 36	**05** ③
06 ①	**07** ①	**08** ⑤	**09** ⑤	**10** $-\frac{1}{2}$
11 ③	**12** ②	**13** ⑤	**14** ⑤	**15** 6, 7
16 ①	**17** ③	**18** ②	**19** 2, $\frac{10}{3}$	**20** ④
21 7, 8	**22** ③	**23** ③	**24** ⑤	

01

[전략] $y=[x]$는 x가 정수인 경우 불연속임을 이용한다.

$g(x)=x^2-2x+2$라 하면
$g(x)=(x-1)^2+1$이므로
$-1<x<3$에서 $1\le g(x)<5$
$y=f(x)$의 그래프는 그림과 같고
$g(x)=2, 3, 4$일 때 $f(x)$가 불연속
이므로 불연속이 되는 x값의 개수는
6이다.

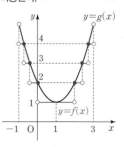

\boxed{\text{답}} ③

02

[전략] $(a-b)(a^2+ab+b^2)=a^3-b^3$을 이용하여 $x\neq0$일 때 $f(x)$를 정리하고 $\lim\limits_{x\to0}f(x)$의 값을 구한다.

$x=0$에서 연속이므로 $\lim\limits_{x\to0}f(x)=f(0)$

$$\frac{\sqrt[3]{1+2x}-\sqrt[3]{1-2x}}{x}$$

$$=\frac{(1+2x)-(1-2x)}{x\{\sqrt[3]{(1+2x)^2}+\sqrt[3]{1-4x^2}+\sqrt[3]{(1-2x)^2}\}}$$

$$=\frac{4}{\sqrt[3]{(1+2x)^2}+\sqrt[3]{1-4x^2}+\sqrt[3]{(1-2x)^2}}$$

에서

$$\lim_{x\to0}f(x)=\frac{4}{1+1+1}=\frac{4}{3}$$

이므로 $a=\dfrac{4}{3}$

답 ⑤

03

[전략] $x>0$일 때와 $x<0$일 때로 나누어 $g(x)$를 $f(x)$로 나타낸 다음, $f(x)$가 연속임을 이용하여 $\lim\limits_{x\to0-}g(x)$, $\lim\limits_{x\to0+}g(x)$를 구한다.

$x<0$일 때, $g(x)=-f(x)+x^2+4$

$x>0$일 때, $g(x)=f(x)-x^2-2x-8$

$f(x)$가 $x=0$에서 연속이므로

$$\lim_{x\to0-}g(x)=\lim_{x\to0-}\{-f(x)+x^2+4\}$$
$$=-f(0)+4$$
$$\lim_{x\to0+}g(x)=\lim_{x\to0+}\{f(x)-x^2-2x-8\}$$
$$=f(0)-8$$

$\lim\limits_{x\to0-}g(x)-\lim\limits_{x\to0+}g(x)=6$에서

$$\{-f(0)+4\}-\{f(0)-8\}=6$$
$$\therefore f(0)=3$$

답 ⑤

04

[전략] $\lim\limits_{x\to0}f(x)=4$, $\lim\limits_{x\to1}f(x)=10$임을 이용하여 $g(x)$에 대한 조건부터 찾는다.

$f(x)$가 $x=0$에서 연속이므로

$\lim\limits_{x\to0}f(x)=4$에서 $\lim\limits_{x\to0}\dfrac{g(x)}{x(x-1)}=4$ … ❶

따라서 $g(0)=0$이다.

$f(x)$가 $x=1$에서 연속이므로

$\lim\limits_{x\to1}f(x)=10$에서 $\lim\limits_{x\to1}\dfrac{g(x)}{x(x-1)}=10$ … ❷

따라서 $g(1)=0$이다.

$g(x)$는 x^4의 계수가 1인 사차함수이므로

$g(x)=x(x-1)(x^2+ax+b)$라 하자.

❶에 대입하면

$$\lim_{x\to0}(x^2+ax+b)=4 \qquad \therefore b=4$$

❷에 대입하면

$$\lim_{x\to1}(x^2+ax+b)=10, \ 1+a+b=10 \qquad \therefore a=5$$
$$\therefore g(x)=x(x-1)(x^2+5x+4), \ g(2)=36$$

답 36

05

[전략] 함수 $f(x)g(x)$가 $x=1$에서 연속이므로

$$f(1)g(1)=\lim_{x\to1+}f(x)g(x)=\lim_{x\to1-}f(x)g(x)$$인지 조사한다.

$0<x\le1$일 때, $f(x)=\dfrac{1-x}{x}$

$1<x<2$일 때, $f(x)=\dfrac{2-x}{x-1}$

ㄱ. $\lim\limits_{x\to1+}f(x)g(x)=\lim\limits_{x\to1+}(2-x)(x-1)=0$

$\lim\limits_{x\to1-}f(x)g(x)=\lim\limits_{x\to1-}\dfrac{-(x-1)^3}{x}=0$

$f(1)g(1)=0\times0=0$이므로

$$f(1)g(1)=\lim_{x\to1+}f(x)g(x)=\lim_{x\to1-}f(x)g(x)$$

따라서 $x=1$에서 연속이다.

ㄴ. $\lim\limits_{x\to1+}f(x)g(x)=\lim\limits_{x\to1+}\dfrac{2-x}{x-1}\{(x-1)^3+1\}=\infty$

$\lim\limits_{x\to1-}f(x)g(x)=\lim\limits_{x\to1-}\dfrac{1-x}{x}\{(x-1)^3+1\}=0$

따라서 $\lim\limits_{x\to1}f(x)g(x)$의 값이 존재하지 않으므로 $x=1$에서 연속이 아니다.

ㄷ. $\lim\limits_{x\to1+}f(x)g(x)=\lim\limits_{x\to1+}(2-x)(x-1)^2=0$

$\lim\limits_{x\to1-}f(x)g(x)=\lim\limits_{x\to1-}\dfrac{1-x}{x}(x^2+1)=0$

$f(1)g(1)=0\times2=0$이므로

$$f(1)g(1)=\lim_{x\to1+}f(x)g(x)=\lim_{x\to1-}f(x)g(x)$$

따라서 $x=1$에서 연속이다.

그러므로 연속인 것은 ㄱ, ㄷ이다.

답 ③

06

[전략] 먼저 $y=f(x)$, $y=g(x)$의 그래프를 그려 본다.

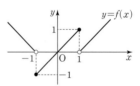 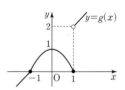

ㄱ. $\lim\limits_{x\to-1-}f(x)=0$, $\lim\limits_{x\to-1-}g(x)=0$이므로

$$\lim_{x\to-1-}\{f(x)+g(x)\}=0+0=0 \text{ (참)}$$

ㄴ. $\lim\limits_{x\to-1+}\dfrac{g(x)}{f(x)}=\lim\limits_{x\to-1}\dfrac{-x^2+1}{x}=0$

$\lim\limits_{x\to-1-}\dfrac{g(x)}{f(x)}=\lim\limits_{x\to-1}\dfrac{x+1}{-x-1}=-1$

따라서 $\lim\limits_{x\to-1}\dfrac{g(x)}{f(x)}$의 값이 존재하지 않으므로 $x=-1$에서 연속이 아니다. (거짓)

ㄷ. $f(x)$는 $x\neq\pm1$에서 연속, $g(x)$는 $x\neq1$에서 연속이므로 $f(x)g(x)$는 $x\neq\pm1$에서 연속이다.

$x=-1$에서 $f(-1)g(-1)=-1\times0=0$

$$\lim_{x\to-1+}f(x)g(x)=(-1)\times0=0$$
$$\lim_{x\to-1-}f(x)g(x)=0\times0=0$$

따라서 $x=-1$에서 연속이다.

$x=1$에서 $f(1)g(1)=1\times0=0$
$$\lim_{x\to1+}f(x)g(x)=0\times2=0$$
$$\lim_{x\to1-}f(x)g(x)=1\times0=0$$
따라서 $x=1$에서 연속이다.

$f(x)g(x)$는 모든 실수 x에서 연속이다. (거짓)

따라서 옳은 것은 ㄱ이다.   답 ①

07

[전략] $f(x)$는 $x=0$, $f(x-b)$는 $x=b$에서 불연속이므로 $f(x)\{f(x-b)+2\}$가 $x=0$, $x=b$에서 연속일 조건을 찾는다.

$g(x)=f(x)\{f(x-b)+2\}$라 하자.

$f(x)$는 $x=0$, $f(x-b)$는 $x=b$에서 불연속이므로 $g(x)$가 $x=0$, $x=b$에서 연속일 조건을 찾는다.

(i) $x=0$에서 연속이면
$$g(0)=\lim_{x\to0+}g(x)=\lim_{x\to0-}g(x)$$
$$g(0)=f(0)\{f(-b)+2\}=2(-b+4)\ (\because b>0)$$
$$\lim_{x\to0+}g(x)=\lim_{x\to0+}f(x)\{f(x-b)+2\}$$
$$=(-a)\times\{f(-b)+2\}=-a(-b+4)$$
$$\lim_{x\to0-}g(x)=\lim_{x\to0-}f(x)\{f(x-b)+2\}$$
$$=2\times\{f(-b)+2\}=2(-b+4)$$
이므로
$$2(-b+4)=-a(-b+4),\ (a+2)(b-4)=0$$
$a>0$이므로 $b=4$
$$\therefore g(x)=f(x)\{f(x-4)+2\}$$

(ii) $x=4$에서 연속이면
$$g(4)=\lim_{x\to4+}g(x)=\lim_{x\to4-}g(x)$$
$$g(4)=f(4)\{f(0)+2\}=4(4-a)$$
$$\lim_{x\to4+}g(x)=\lim_{x\to4+}f(x)\{f(x-4)+2\}$$
$$=f(4)(-a+2)=(4-a)(2-a)$$
$$\lim_{x\to4-}g(x)=\lim_{x\to4-}f(x)\{f(x-4)+2\}$$
$$=f(4)(2+2)=4(4-a)$$
이므로
$$4(4-a)=(4-a)(2-a),\ (a+2)(a-4)=0$$
$a>0$이므로 $a=4$ $\therefore a+b=8$ 답 ①

08

[전략] $k=1$일 때와 $k\neq1$일 때로 나누어
$$f(1-k)g(1)=\lim_{x\to1+}f(x-k)g(x)=\lim_{x\to1-}f(x-k)g(x)$$
가 성립할 조건을 찾는다.

$x=1$에서 연속이므로
$$f(1-k)g(1)=\lim_{x\to1+}f(x-k)g(x)=\lim_{x\to1-}f(x-k)g(x)$$

(i) $k=1$일 때
$$f(0)g(1)=(-3)\times(-2)=6$$
$$\lim_{x\to1+}f(x-1)g(x)=3\times2=6$$
$$\lim_{x\to1-}f(x-1)g(x)=(-3)\times(-2)=6$$
따라서 $k=1$일 때 연속이다.

(ii) $k\neq1$일 때
$f(x-k)g(x)$는 $x=1$에서 연속이므로
$$f(1-k)g(1)=-2f(1-k)$$
$$\lim_{x\to1+}f(x-k)g(x)=f(1-k)\times2=2f(1-k)$$
$$\lim_{x\to1-}f(x-k)g(x)=f(1-k)\times(-2)$$
$$=-2f(1-k)$$
이므로 $-2f(1-k)=2f(1-k)$, $f(1-k)=0$
$$f(x)=\begin{cases}-(x+1)(x+3) & (x\le0)\\(x-1)(x-3) & (x>0)\end{cases}$$
이므로 $f(x)=0$이면 $x=-1,\ -3,\ 1,\ 3$
$$\therefore 1-k=-1,\ -3,\ 1,\ 3$$
따라서 $k=2,\ 4,\ 0,\ -2$일 때 연속이다.

그러므로 (i), (ii)에서 k는 5개이다.   답 ⑤

다른 풀이
$$f(x)=\begin{cases}-(x+1)(x+3) & (x\le0)\\(x-1)(x-3) & (x>0)\end{cases}$$
$$g(x)=\begin{cases}x^2-3 & (x\le1)\\x+1 & (x>1)\end{cases}$$
에서 $\lim\limits_{x\to1+}f(x-k)g(x)=\lim\limits_{x\to1-}f(x-k)g(x)$임을 보이면 충분하다.

(i) $k=1$일 때
$$\lim_{x\to1+}f(x-1)g(x)=3\times2=6$$
$$\lim_{x\to1-}f(x-1)g(x)=(-3)\times(-2)=6$$
따라서 $k=1$일 때 연속이다.

(ii) $k<1$일 때
$$\lim_{x\to1+}f(x-k)g(x)=(-k)\times(-2-k)\times2$$
$$\lim_{x\to1-}f(x-k)g(x)=(-k)\times(-2-k)\times(-2)$$
이므로 $2k(k+2)=-2k(k+2)$
따라서 $k=0,\ -2$일 때 연속이다.

(iii) $k>1$일 때
$$\lim_{x\to1+}f(x-k)g(x)=-(2-k)(4-k)\times2$$
$$\lim_{x\to1-}f(x-k)g(x)=-(2-k)(4-k)\times(-2)$$
이므로 $-2(2-k)(4-k)=2(2-k)(4-k)$
따라서 $k=2,\ 4$일 때 연속이다.

09

[전략] $y=\begin{cases}f(x) & (x<a)\\g(x) & (x\ge a)\end{cases}$가 $x=a$에서 연속이면 $f(a)=g(a)$이다.

따라서 $y=f(x)$, $y=g(x)$의 그래프는 $x=a$에서 만난다.

$f(x)$, $g(x)$가 다항함수이므로 $y=\begin{cases}f(x) & (x<a)\\g(x) & (x\ge a)\end{cases}$는 $x\neq a$에서 연속이다. 또, $x=a$에서 연속이면
$$y=\lim_{x\to a+}y=\lim_{x\to a-}y$$이므로 $\lim_{x\to a+}g(x)=\lim_{x\to a-}f(x)$
곧, $g(a)=f(a)$이므로 $N(f,g)$는 방정식 $f(x)=g(x)$의 실근의 개수 또는 $y=f(x)$, $y=g(x)$의 그래프가 만나는 점의 개수이다.

ㄱ. $x^2=x+1$은 서로 다른 두 실근을 가지므로

　$N(f, g)=2$ (참)

ㄴ. $f(a)=g(a) \Longleftrightarrow g(a)=f(a)$이므로

　$N(f, g)=N(g, f)$ (참)

ㄷ. $f(a)=g(a)$이면 $(h \circ f)(a)=(h \circ g)(a)$이므로

　또, h의 역함수가 존재하므로

　$(h \circ f)(a)=(h \circ g)(a)$이면

　$(h^{-1} \circ h \circ f)(a)=(h^{-1} \circ h \circ g)(a)$에서 $f(a)=g(a)$

　따라서 $f(x)=g(x)$의 실근의 개수와

　$(h \circ f)(x)=(h \circ g)(x)$의 실근의 개수가 같다.

　$\therefore N(f, g)=N(h \circ f, h \circ g)$ (참)

따라서 옳은 것은 ㄱ, ㄴ, ㄷ이다.　　　　　　답 ⑤

Note

$(h \circ f)(x)=h(f(x))=\{f(x)\}^3$, $(h \circ g)(x)=h(g(x))=\{g(x)\}^3$이므로 $N(h \circ f, h \circ g)$는 방정식 $\{f(x)\}^3=\{g(x)\}^3$의 실근의 개수이다.

$\{f(x)-g(x)\}[\{f(x)\}^2+f(x)g(x)+\{g(x)\}^2]=0$　…❶

그런데

$\{f(x)\}^2+f(x)g(x)+\{g(x)\}^2=\left\{f(x)+\frac{1}{2}g(x)\right\}^2+\frac{3}{4}\{g(x)\}^2$

이고 $f(x)$, $g(x)$는 실수이므로

$f(x)^2+f(x)g(x)+g(x)^2=0$이면

$f(x)=0$이고 $g(x)=0$

따라서 ❶의 해는 $f(x)-g(x)=0$의 해이다.

$\therefore N(f, g)=N(h \circ f, h \circ g)$

10

[전략] $x \leq 0$, $x \geq 2$에서 $f(x)$와 $g(x)$의 그래프를 그리고 $g(x)$가 연속임을 이용하여 $0<x<2$에서 $f(x)$의 그래프에 대한 조건을 찾는다.

$y=\log_2(2-x)$, $y=\log_2\dfrac{x}{4}$의 그래프는 그림과 같다.

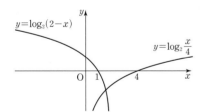

$g(x)=\begin{cases} 0 & (f(x) \geq 0) \\ f(x) & (f(x)<0) \end{cases}$이므로

$x \leq 0$, $x \geq 2$에서 $y=g(x)$의 그래프는 그림과 같다.

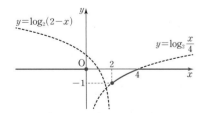

곡선 $y=\log_2(ax+6a^2)$이 점 $(2, -1)$을 지나고 y축과 $y \geq 0$에서 만나면 $g(x)$는 $x=0$과 $x=2$에서 연속이다.

　$\therefore \log_2(2a+6a^2)=-1$, $\log_2 6a^2 \geq 0$

　$\therefore 2a+6a^2=\dfrac{1}{2}$, $6a^2 \geq 1$

$2a+6a^2=\dfrac{1}{2}$에서 $12a^2+4a-1=0$

　$\therefore a=-\dfrac{1}{2}$ 또는 $a=\dfrac{1}{6}$

$6a^2 \geq 1$이므로 $a=-\dfrac{1}{2}$　　　　　　답 $-\dfrac{1}{2}$

11

[전략] $-1 \leq x<1$에서 $g(x)=f(f(x))$를 구한 다음,

　　$1 \leq x<3$, $3 \leq x<5$, $\cdots$에서는 $-1 \leq x<1$에서 $y=g(x)$의 그래프를 적당히 평행이동한 꼴임을 이용하여 $y=g(x)$의 그래프부터 그린다.

$x=-1$일 때

　$f(f(-1))=f(0)=-1$

$-1<x<0$일 때

　$f(f(x))=f(x)=x$

$x=0$일 때

　$f(f(0))=f(-1)=0$

$0<x<1$일 때

　$f(f(x))=f(-x)=-x$

따라서 $-1 \leq x<1$일 때 $y=f(f(x))$의 그래프는 오른쪽 그림과 같다.

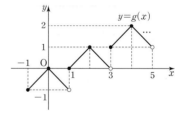

$g(x+2)=g(x)+1$이므로

$1 \leq x<3$에서 $y=g(x)$의 그래프는 $y=g(x)$의 그래프를 x축 방향으로 2만큼, y축 방향으로 1만큼 평행이동한 꼴이다.

이와 같이 생각하면 $y=g(x)$의 그래프는 다음 그림과 같다.

즉, $0 \leq x<n$에서 $g(x)$는 $x=1, 3, 5, \cdots$에서 불연속이다.

불연속인 x가 80개이고, $2 \times 80-1=159$이므로

$n=160$ 또는 $n=161$이다.

따라서 $160+161=321$　　　　　　답 ③

다른 풀이

$f(x)$는 $x=0$, $x=-1$에서 불연속이다.

$f(x)=0$ 또는 $f(x)=-1$에서 $x=-1, 0, 1$이다.

(i) $x=0$일 때

　$f(f(0))=f(-1)=0$

　$x \to 0$일 때 $f(x) \to 0$이므로

　$\lim_{x \to 0} f(f(x))=\lim_{t \to 0} f(t)=0$

　따라서 $g(x)$는 $x=0$에서 연속이다.

(ii) $x=1$일 때

　$g(1)=g(-1)+1=f(f(-1))+1=f(0)+1=0$

　$\lim_{x \to 1^-} g(x)=\lim_{x \to 1^-} f(f(x))=\lim_{t \to -1^+} f(t)=-1$

$$\lim_{x \to 1+} g(x) = \lim_{x \to -1+} \{g(x)+1\}$$
$$= \lim_{x \to -1+} \{f(f(x))+1\}$$
$$= \lim_{t \to -1+} \{f(t)+1\} = 0$$

따라서 $x=1$일 때 $g(x)$는 불연속이다.

(i), (ii)에서 $0 \le x < n$이면 $g(x)$는 $x=1, 3, 5, \cdots$에서 불연속이다.

12

[전략] $y=g(f(x))$의 그래프를 그린다. 또는 $g(x)$가 $x=-1, 0, 1$에서 불연속이므로 $f(x)=-1, 0, 1$인 점에서 연속을 조사한다.

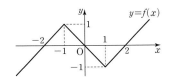 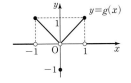

(i) $|f(x)| > 1$일 때
$x < -3, x > 3$이고 $g(f(x)) = 0$

(ii) $f(x) = 0$일 때
$x = -2, 0, 2$이고 $g(f(x)) = -1$

(iii) $0 < |f(x)| \le 1$, 곧 (i), (ii)가 아닐 때
$g(f(x)) = |f(x)|$

이때 $y=f(x)$의 그래프에서 x축 아래 부분을 위로 꺾어 올린다.

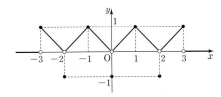

따라서 $y=(g \circ f)(x)$의 그래프는 위의 그림과 같고 $x=-3, -2, 0, 2, 3$에서 불연속이다. 답 ②

다른 풀이

$f(x)$는 모든 실수 x에서 연속이고 $g(x)$는 $x=0, -1, 1$에서 불연속이다.
$g(-1) = \lim_{x \to -1+} g(x), g(1) = \lim_{x \to 1-} g(x)$이고
$\lim_{x \to 0} g(x) = 0 \ne g(0)$이다.

(i) $f(a) = 0$일 때 $a = -2, 0, 2$이고
$\lim_{x \to a} g(f(x)) = \lim_{t \to 0} g(t) = 0, g(f(a)) = -1$
따라서 모두 불연속이다.

(ii) $f(a) = -1$일 때 $a = 1, -3$
$\lim_{x \to 1} g(f(x)) = \lim_{t \to -1+} g(t) = 1, g(f(1)) = 1$
$\lim_{x \to -3-} g(f(x)) = \lim_{t \to -1-} g(t) = 0, g(f(-3)) = 1$
따라서 $a = -3$일 때만 불연속이다.

(iii) $f(a) = 1$일 때 $a = -1, 3$
$\lim_{x \to -1} g(f(x)) = \lim_{t \to 1-} g(t) = 1, g(f(-1)) = 1$
$\lim_{x \to 3+} g(f(x)) = \lim_{t \to 1+} g(t) = 0, g(f(3)) = 1$
따라서 $a = 3$일 때만 불연속이다.

13

[전략] $f(x) > 0, f(x) \le 0$일 때로 나누어 $g(x)$와 $h(x)$부터 구한다.

$f(x) > 0$일 때, $g(x) = f(x), h(x) = 0$
$f(x) \le 0$일 때, $g(x) = 0, h(x) = f(x)$
$x=0$일 때에만 $f(x) > 0$이므로 $y=g(x)$와 $y=h(x)$의 그래프는 그림과 같다.

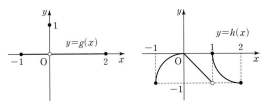

ㄱ. $x=0$에서 $g(x)$는 불연속이고, $h(x)$는 연속이므로 $g(x)+h(x)$는 불연속이다. (거짓)

ㄴ. $g(x)h(x)$는 $x \ne 0, x \ne 1$에서 연속이다.
$x=0$일 때, $g(0)h(0) = 0$
$$\lim_{x \to 0} g(x)h(x) = 0 \times 0 = 0$$
이므로 $x=0$에서 연속이다.
$x=1$일 때, $g(1)h(1) = 0$
$$\lim_{x \to 1+} g(x)h(x) = 0 \times 0 = 0$$
$$\lim_{x \to 1-} g(x)h(x) = 0 \times (-1) = 0$$
이므로 $x=1$에서 연속이다.
곧, $g(x)h(x)$는 $-1 \le x \le 2$에서 연속이다. (참)

ㄷ. $x \ne 0$일 때 $g(x) = 0$이므로 $h(g(x))$는 $x \ne 0$에서 연속이다.
$h(g(0)) = f(1) = 0$
$$\lim_{x \to 0} h(g(x)) = \lim_{t \to 0} h(t) = 0$$
이므로 $h(g(x))$는 $x=0$에서 연속이다.
곧, $(h \circ g)(x)$는 $-1 \le x \le 2$에서 연속이다. (참)

따라서 옳은 것은 ㄴ, ㄷ이다. 답 ⑤

14

[전략] $\lim_{x \to a} g(x) = \lim_{x \to a} \dfrac{1}{f(x)}$이므로 $\lim_{x \to a} f(x) = 0$인 경우에 주의한다.

ㄱ. $\lim_{x \to 1+} f(x) = 0, \lim_{x \to 1-} f(x) = 1$이므로
$$\lim_{x \to 1+} g(x) = \lim_{x \to 1+} \frac{1}{f(x)} = \infty$$
$$\lim_{x \to 1-} g(x) = \lim_{x \to 1-} \frac{1}{f(x)} = 1$$
따라서 $\lim_{x \to 1} g(x)$는 존재하지 않는다. (거짓)

ㄴ. $\lim_{x \to 1-} g(f(x)) = \lim_{t \to 1-} g(t) = \lim_{t \to 1-} \dfrac{1}{f(t)} = 1$ (참)

ㄷ. $f(x)$는 $-2 < x < 2$에서 $x \ne \pm 1, x \ne 0$이면 $f(x) \ne 0$이고 연속이므로 $g(x)$도 연속이다.
$x=1$일 때,
ㄱ에서 $\lim_{x \to 1+} g(x) = \infty$ ∴ $\lim_{x \to 1+} x^2 g(x) = \infty$
곧, $x=1$에서 불연속이다.

$x=-1$일 때,

$$\lim_{x \to -1-} g(x) = \lim_{x \to -1-} \frac{1}{f(x)} = \infty$$

$$\therefore \lim_{x \to -1-} x^2 g(x) = \infty$$

곧, $x=-1$에서 불연속이다.

$x=0$일 때

$$\lim_{x \to 0+} x^2 g(x) = \lim_{x \to 0+} x^2 \times \frac{1}{f(x)} = \lim_{x \to 0+} \frac{x^2}{x} = 0$$

$$\lim_{x \to 0-} x^2 g(x) = \lim_{x \to 0-} x^2 \times \frac{1}{f(x)} = \lim_{x \to 0-} \frac{x^2}{-x} = 0$$

$0^2 \times g(0)=0$이므로 $x=0$에서 연속이다.

따라서 불연속인 점은 2개이다. (참)

그러므로 옳은 것은 ㄴ, ㄷ이다.   🗒 ⑤

15

[전략] 함수 $(f \circ g)(x)$가 $x=2$에서 불연속이면
$$\lim_{x \to 2}(f \circ g)(x) \neq (f \circ g)(2)$$이다.

$g(x)=(x-2)^2+k-4$이므로

$x \to 2$일 때 $g(x) \to (k-4)+$이다.

$$\therefore \lim_{x \to 2} f(g(x)) = \lim_{t \to (k-4)+} f(t)$$

모든 a에 대하여 $\lim_{x \to a+} f(x)$가 존재하므로

$(f \circ g)(x)$가 $x=2$에서 불연속이면

$$\lim_{t \to (k-4)+} f(t) \neq f(g(2))$$

곧, $\lim_{t \to (k-4)+} f(t) \neq f(k-4)$이다.

따라서 $x=k-4$에서 $f(x)$의 우극한과 함숫값이 달라야 하므로 그림에서

$$k-4=2 \text{ 또는 } k-4=3 \qquad \therefore k=6 \text{ 또는 } k=7 \qquad 🗒 6, 7$$

다른 풀이

$x \to 2$일 때 $g(x) \to k-4$이고 $f(x)$는 $x=1$, 2, 3일 때 불연속이므로 $k-4 \neq 1$, 2, 3이면 $(f \circ g)(x)$는 $x=2$에서 연속이다.

따라서 $k-4=1$, 2, 3일 때 $(f \circ g)(x)$가 $x=2$에서 불연속인 경우를 찾아도 된다.

16

[전략] $f(x)$가 $x \neq 0$, $x \neq 2$에서 연속이고, $g(x)$는 모든 실수 x에서 연속이므로 $(g \circ f)(x)$가 $x=0$, $x=2$에서 연속일 조건을 찾는다.

$f(x)$는 $x \neq 0$, $x \neq 2$에서 연속이고, $g(x)$는 모든 실수 x에서 연속이므로 $(g \circ f)(x)$가 $x=0$, $x=2$에서 연속이면 된다.

$x=0$에서 연속이면

$$(g \circ f)(0) = \lim_{x \to 0+}(g \circ f)(x) = \lim_{x \to 0-}(g \circ f)(x)$$

$$g(f(0)) = g(0) = 2$$

$\lim_{x \to 0+} f(x) = \lim_{x \to 0-} f(x) = -1$이므로

$$\lim_{x \to 0+}(g \circ f)(x) = \lim_{t \to -1} g(t) = g(-1)$$

$$\lim_{x \to 0-}(g \circ f)(x) = \lim_{t \to -1} g(t) = g(-1)$$

$$\therefore g(-1) = 2$$

$x=2$에서 연속이면

$$(g \circ f)(2) = \lim_{x \to 2+}(g \circ f)(x) = \lim_{x \to 2-}(g \circ f)(x)$$

$$g(f(2)) = g(1)$$

$\lim_{x \to 2+} f(x) = 1$, $\lim_{x \to 2-} f(x) = 0$이므로

$$\lim_{x \to 2+}(g \circ f)(x) = \lim_{t \to 1} g(t) = g(1)$$

$$\lim_{x \to 2-}(g \circ f)(x) = \lim_{t \to 0} g(t) = g(0) = 2$$

$$\therefore g(1) = 2$$

곧, $g(0)=g(1)=g(-1)=2$이고 x^3의 계수가 1이므로

$$g(x)-2 = x(x-1)(x+1), \quad g(x) = x^3-x+2$$

$$\therefore g(-2) = -4 \qquad 🗒 ①$$

17

[전략] $y=|x-k|+k-2$의 그래프는 $y=|x|$의 그래프를 평행이동한 꼴이고 꼭짓점은 $(k, k-2)$이다.
그래프를 그리고 원과 접하는 경우부터 찾는다.

$y=|x-k|+k-2$의 그래프는 $y=|x|$의 그래프를 x축 방향으로 k만큼, y축 방향으로 $k-2$만큼 평행이동한 꼴이다.

또, $y=\begin{cases} x-2 & (x \geq k) \\ -x-2+2k & (x < k) \end{cases}$이고, 직선 $y=x-2$는 원에 접한다.

오른쪽 그림에서

❶은 $y=-x-2$,

❷는 직선 $y=-x+2$의 부분이므로 ❶과 겹칠 때 $k=0$,

❷와 겹칠 때 $k=2$이다.

❸인 경우 원과 직선 $y=x-2$의 접점이 원과 직선 $y=-x-2+2k$의 교점이다.

따라서 $y=f(k)$의 그래프는 오른쪽 그림과 같다.

ㄱ. $f(0)=2$ (참)

ㄴ. $\lim_{k \to 1-} f(k) = 3$ (거짓)

ㄷ. $k=0$, $k=1$, $k=2$에서 불연속이다. (참)

따라서 옳은 것은 ㄱ, ㄷ이다.   🗒 ③

18

[전략] 원 C와 외접하는 경우와 내접하는 경우로 나누어 생각한다.

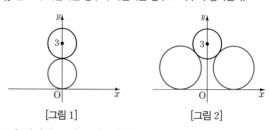

[그림 1]   [그림 2]

원 C와 외접하는 원 중에 r의 최솟값은 1이다.

따라서 [그림 1]과 같이 $r=1$이면 외접하는 원이 1개, [그림 2]와 같이 $r>1$이면 외접하는 원은 2개이다.

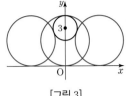 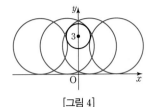

[그림 3]　　　　　　　[그림 4]

원 C와 내접하는 원 중에 r의 최솟값은 2이다.

따라서 [그림 3]과 같이 $r=2$이면 내접하는 원은 3개, [그림 4]와 같이 $r>2$이면 내접하는 원은 4개이다.

$0<r<1$이면 $f(r)=0$
$f(1)=1$
$1<r<2$이면 $f(r)=2$
$f(2)=3$
$2<r<4$이면 $f(r)=4$
이고 $y=f(r)$의 그래프는 오른쪽 그림과 같다.

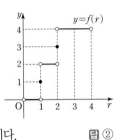

따라서 $f(r)$는 $r=1$, $r=2$에서 불연속이다.　　　　　　　🔲 ②

19

[전략] 원이 점 B를 지나는 경우와 변 AC에 접하는 경우를 먼저 생각한다.

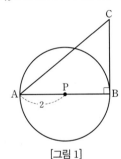 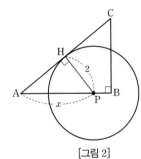

[그림 1]　　　　　　　　[그림 2]

[그림 1]과 같이 원이 B를 지날 때 $x=2$이다.

따라서 $0<x<2$일 때 $f(x)=2$
　　　　$x=2$일 때 $f(x)=3$

[그림 2]와 같이 원이 AC에 접할 때 접하는 점을 H라 하면 삼각형 AHP와 삼각형 ABC는 닮음이므로

$$\overline{AC} : \overline{BC} = \overline{AP} : \overline{HP}, \quad 5 : 3 = x : 2 \quad \therefore x = \frac{10}{3}$$

따라서 $2<x<\dfrac{10}{3}$일 때 $f(x)=4$

$x=\dfrac{10}{3}$일 때 $f(x)=3$

$\dfrac{10}{3}<x<4$일 때 $f(x)=2$

이고 $y=f(x)$의 그래프는 오른쪽 그림과 같다.

그러므로 $f(x)$는 $x=2$, $x=\dfrac{10}{3}$에서 불연속이다.

$$\therefore a=2, \ a=\frac{10}{3} \qquad\qquad 🔲 \ 2, \frac{10}{3}$$

20

[전략] $\displaystyle\lim_{x\to a+}g(f(x))$, $\displaystyle\lim_{x\to a-}g(f(x))$에서는 $f(x)=t$로 치환한다.
그리고 $t\to p$일 때 $p+$인지 $p-$인지도 확인한다.

ㄱ. $x\to -1+$일 때 $f(x)\to -1+$이므로
$$\lim_{x\to -1+}g(f(x))=\lim_{t\to -1+}g(t)=0$$
$x\to -1-$일 때 $f(x)\to -2+$이므로
$$\lim_{x\to -1-}g(f(x))=\lim_{t\to -2+}g(t)=0$$
$$\therefore \lim_{x\to -1}g(f(x))=0 \ (거짓)$$

ㄴ. $g(f(0))=g(1)=-1$
$x\to 0$일 때 $f(x)\to 0$이므로
$$\lim_{x\to 0}g(f(x))=\lim_{t\to 0}g(t)=0$$
따라서 $g(f(x))$는 $x=0$에서 연속이 아니다. (참)

ㄷ. $f(x)$는 $1\le x\le 2$에서 연속이고 $1\le f(x)\le 2$이다.
$g(x)$는 $1\le x\le 2$에서 연속이다.
곧, $1\le x\le 2$에서 $g(f(x))$는 연속이고
$g(f(1))=g(2)=0$
$g(f(2))=g(1)=-1$
이므로 사잇값의 정리에 의해 참이다.

따라서 옳은 것은 ㄴ, ㄷ이다.　　　　　　🔲 ④

21

[전략] (가)에서 a값의 범위를 구한 다음 (나)에서
$$f(a)g(a)=\lim_{x\to a+}f(x)g(x)=\lim_{x\to a-}f(x)g(x)$$
가 성립할 조건을 찾는다.

$f(x)=(x-4)^2+a-16$이므로
$y=f(x)$의 그래프는 그림과 같다.

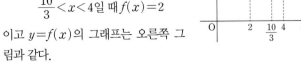

(가)에서
$f(0)=a>0$
$f(2)=a-12<0$
$\therefore 0<a<12$

(나)에서
$$f(a)g(a)=\lim_{x\to a+}f(x)g(x)=\lim_{x\to a-}f(x)g(x)$$
이고
$$f(a)g(a)=(a^2-8a+a)(2a+5a)=7a^2(a-7)$$
$$\lim_{x\to a+}f(x)g(x)=\lim_{x\to a+}f(x)(2x+5a)$$
$$=f(a)\times 7a=7a^2(a-7)$$
$$\lim_{x\to a-}f(x)g(x)=\lim_{x\to a-}f(x)f(x+4)$$
$$=f(a)f(a+4)$$
$$=a(a-7)(a^2+a-16)$$
이므로 $7a^2(a-7)=a(a-7)(a^2+a-16)$
$a(a-7)(a-8)(a+2)=0$
$0<a<12$이므로 $a=7$ 또는 $a=8$　　　　🔲 7, 8

22

[전략] $f(x)$가 $x \neq 0$에서 연속임을 이용하여 $g(x)$를 구한다.

ㄴ, ㄷ에서 최대 · 최소 정리, 사잇값의 정리를 이용하기 위해서는 구간에서 연속인지 확인해야 한다.

$f(x)$가 $x \neq 0$에서 연속이므로 $f(x)$가 $x = 0$에서 연속이면

$$f(0) = \lim_{x \to 0+} f(x) = \lim_{x \to 0-} f(x) \quad \cdots \text{❶}$$

$$f(0) = g(0)$$

$$\lim_{x \to 0+} f(x) = \lim_{x \to 0+} (x+1)g(x) = g(0)$$

$$\lim_{x \to 0-} f(x) = \lim_{x \to 0-} \frac{g(x)-2}{x} \quad \cdots \text{❷}$$

❷에서 극한이 존재하므로 $g(0) - 2 = 0$

$g(x) - 2 = x(x+p)$라 하면 ❷는

$$\lim_{x \to 0-} f(x) = \lim_{x \to 0-} (x+p) = p$$

❶에서 $p = g(0) = 2$

$$\therefore g(x) - 2 = x(x+2), \ g(x) = x^2 + 2x + 2$$

ㄱ. $g(0) = 2$, $g(1) = 5$ (참)

ㄴ. $\dfrac{g(x)-2}{x} = \dfrac{x^2+2x}{x} = x+2$이므로

$$f(x) = \begin{cases} x+2 & (-3 \le x < 0) \\ (x+1)(x^2+2x+2) & (0 \le x \le 3) \end{cases}$$

$-3 \le x < 0$일 때 $x+2 = 0$에서 $x = -2$

$0 \le x \le 3$일 때 $(x+1)(x^2+2x+2) = 0$의 실근은 없다.

따라서 $f(x) = 0$의 실근은 1개이다. (참)

ㄷ. $\lim_{x \to 0+} \dfrac{f(x)}{x} = \lim_{x \to 0+} \dfrac{(x+1)(x^2+2x+2)}{x} = \infty$

이므로 최댓값은 없다. (거짓)

따라서 옳은 것은 ㄱ, ㄴ이다. 　　　　답 ③

Note

$\lim_{x \to 0+} \dfrac{f(x)}{x} = \infty$이므로 $\dfrac{f(x)}{x}$는 $x = 0$에서 연속이 아니다.

23

[전략] 함수의 극한의 성질을 이용하여 극한값을 구한다.

ㄷ에서 $f(0)$과 $f(1)$의 부호부터 조사한다

ㄱ. $\lim_{x \to 1} \dfrac{f(x)}{x^3-1} = \lim_{x \to 1}\left(\dfrac{f(x)}{x-1} \times \dfrac{1}{x^2+x+1} \right) = a \times \dfrac{1}{3} = \dfrac{a}{3}$ (참)

ㄴ. $\lim_{x \to 0} \dfrac{x - f(x)}{x + f(x)} = \lim_{x \to 0} \dfrac{1 - \dfrac{f(x)}{x}}{1 + \dfrac{f(x)}{x}} = \dfrac{1-a}{1+a}$ (참)

ㄷ. [반례] $f(x) = x^2(x-1)^2$이라 하면

$$\lim_{x \to 0} \dfrac{f(x)}{x} = \lim_{x \to 1} \dfrac{f(x)}{x-1} = 0$$

그러나 구간 $(0, 1)$에서 실근이 존재하지 않는다. (거짓)

따라서 옳은 것은 ㄱ, ㄴ이다. 　　　　답 ③

Note

ㄷ에서 $f(0) = f(1) = 0$이므로 사잇값의 정리를 이용할 수 없다.

24

[전략] $x < 0$, $x = 0$, $x = 1$, $x = 2$, $x = 3$, $x = 4$, $x > 4$에서 $f(x)$의 부호를 조사한다.

x	$x < 0$	$x = 0$	$x = 1$	$x = 2$	$x = 3$	$x = 4$	$x > 4$
$f_0(x)$	+	+	0	0	0	0	+
$f_1(x)$	+	0	−	0	0	0	+
$f_2(x)$	+	0	0	+	0	0	+
$f_3(x)$	+	0	0	0	−	0	+
$f_4(x)$	+	0	0	0	0	+	+
$f(x)$	+	+	−	+	−	+	+

$f(x)$는 연속함수이므로 사잇값의 정리에 의하여 방정식 $f(x) = 0$은 구간 $(0, 1)$, $(1, 2)$, $(2, 3)$, $(3, 4)$에서 각각 적어도 한 개씩의 실근을 갖는다.

또 $f(x) = 0$은 사차방정식이므로 많아야 4개의 실근을 갖는다.

따라서 $f(x) = 0$은 서로 다른 4개의 실근을 갖는다. 　　　　답 ⑤

---

step C 최상위 문제 　　　　27~28쪽

01 ① 　　 **02** ④ 　　 **03** 4 　　 **04** ② 　　 **05** 8

06 $\dfrac{3}{4}$ 　　 **07** ① 　　 **08** 73

01

[전략] 곡선 $y = -x^2 - x + 12$와 직선 $y = -2x + k$가 만나는 점에서 함수의 연속을 생각한다.

$g(x) = -x^2 - x + 12$, $h(x) = -2x + k$라 하자.

a가 정수이고 $g(a) = h(a)$라 하면

$$\lim_{x \to a} f(x) = \lim_{x \to a} g(x) = g(a), \ f(a) = h(a)$$

이므로 $f(x)$는 $x = a$에서 연속이다.

그리고 $g(a) \neq h(a)$이면 $f(x)$는 $x = a$에서 연속이 아니다.

$-4 < x < 3$에서 정수 x는 6개이므로 불연속인 x가 4개이면

$-4 < x < 3$에서 방정식 $g(x) = h(x)$의 정수해가 2개이다.

$$-x^2 - x + 12 = -2x + k, \ x^2 - x + k - 12 = 0$$

두 정수해를 α, β $(\alpha < \beta)$라 하면 $\alpha + \beta = 1$

$$\therefore \alpha = 0, \ \beta = 1 \text{ 또는 } \alpha = -1 \text{ 또는 } \beta = 2$$

$\alpha\beta = k - 12$이므로 $k - 12 = 0$ 또는 $k - 12 = -2$

$$\therefore k = 12 \text{ 또는 } k = 10$$

따라서 정수 k값의 합은 22이다. 　　　　답 ①

다른 풀이

$y = -x^2 - x + 12$의 그래프에서 $-4 < x < 3$이고 x좌표가 정수인 점은

$(-3, 6)$, $(-2, 10)$, $(-1, 12)$, $(0, 12)$, $(1, 10)$, $(2, 6)$

이 중 두 점을 지나는 직선의 기울기가 -2인 경우는

$(0, 12)$와 $(1, 10)$, $(-1, 12)$와 $(2, 6)$을 지날 때이고 그때 k의 값은 10, 12이다.

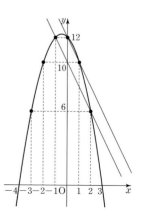

02

[전략] $\alpha+\beta=x^3+x,\ \alpha\beta=x^4$이 성립하는 $\alpha,\ \beta$를 구한 다음, 연속함수가 되도록 $f(x),\ g(x)$를 정의한다.

$\alpha=x^3,\ \beta=x$라 하면

$\alpha+\beta=x^3+x,\ \alpha\beta=x^4$

또, $x^3=x$에서 $x(x^2-1)=0$

$\therefore x=0,\ x=-1,\ x=1$

(i) $x<-1$일 때

$f(x)=x^3,\ g(x)=x$

또는 $f(x)=x,\ g(x)=x^3$

(ii) $-1\le x<0$일 때

$f(x)=x^3,\ g(x)=x$ 또는 $f(x)=x,\ g(x)=x^3$

(iii) $0\le x<1$일 때

$f(x)=x^3,\ g(x)=x$ 또는 $f(x)=x,\ g(x)=x^3$

(iv) $x\ge1$일 때

$f(x)=x^3,\ g(x)=x$ 또는 $f(x)=x,\ g(x)=x^3$

따라서 16쌍이 가능하다.   답 ④

03

[전략] (가)에서 $\dfrac{\infty}{\infty}$ 꼴이므로 $f(x)$가 삼차함수이다.

(나)에서 $x=1,\ x=-1$일 때 $g(x)$가 연속일 조건을 찾는다.

(가)에서 $f(x)$는 x^3의 계수가 1인 삼차함수이다.

(i) $x=1$에서 $g(x)$가 연속이고,

$\displaystyle\lim_{x\to1+}g(x)=\lim_{x\to1+}\frac{x^2+2x-3}{x-1}=\lim_{x\to1+}(x+3)=4$

이므로 $\displaystyle\lim_{x\to1-}g(x)=\lim_{x\to1-}\frac{f(x)}{x-1}=4$ ❶

$x\to1$일 때 (분모)$\to0$이므로 $f(1)=0$

따라서 $f(x)=(x-1)(x^2+ax+b)$로 놓을 수 있다.

이때 ❶에서

$\displaystyle\lim_{x\to1-}(x^2+ax+b)=4,\ 1+a+b=4$ ❷

(ii) $x=-1$에서 $g(x)$가 연속이고,

$\displaystyle\lim_{x\to-1-}g(x)=\lim_{x\to-1-}\frac{x^2+2x-3}{x-1}=2$

이므로

$\displaystyle\lim_{x\to-1+}g(x)=\lim_{x\to-1+}\frac{f(x)}{x-1}=\lim_{x\to-1+}(x^2+ax+b)$

$=1-a+b=2$ ❸

❷, ❸을 연립하여 풀면 $a=1,\ b=2$

$\therefore f(x)=(x-1)(x^2+x+2)$

$\dfrac{2}{x}=t$라 하면 $x\to\infty$일 때 $t\to0+$이므로 $|t|<1$일 때

$f(t)+g(t)=f(t)+\dfrac{f(t)}{t-1}$

$=(t-1)(t^2+t+2)+t^2+t+2$

$=t(t^2+t+2)$

$\therefore \displaystyle\lim_{x\to\infty}x\left\{f\left(\frac{2}{x}\right)+g\left(\frac{2}{x}\right)\right\}=\lim_{t\to0+}\frac{2}{t}\{f(t)+g(t)\}$

$=\displaystyle\lim_{t\to0+}2(t^2+t+2)=4$

답 4

04

[전략] $f(x-m)$은 $x=2+m,\ f(x)+n$은 $x=2$에서 불연속이므로 $m=0$일 때와 $m\ne0$일 때로 나누어 연속일 조건을 찾는다.

$f(x-m)\{f(x)+n\}$은 $x\ne2+m,\ x\ne2$일 때 연속이다.

(i) $m=0$일 때

$f(x)\{f(x)+n\}$이 $x=2$에서 연속이면

$f(2)\{f(2)+n\}=0\times n=0$

$\displaystyle\lim_{x\to2+}f(x)\{f(x)+n\}=1\times(1+n)=1+n$

$\displaystyle\lim_{x\to2-}f(x)\{f(x)+n\}=0\times(0+n)=0$

이므로 $1+n=0$ $\therefore n=-1$

(ii) $m\ne0$일 때

$f(x-m)\{f(x)+n\}$이 $x=2$에서 연속이면

$f(2-m)\{f(2)+n\}=nf(2-m)$

$f(x-m)$은 $x=2$에서 연속이므로

$\displaystyle\lim_{x\to2+}f(x-m)\{f(x)+n\}=f(2-m)\times(1+n)$

$\displaystyle\lim_{x\to2-}f(x-m)\{f(x)+n\}=f(2-m)\times(0+n)$

이므로 $nf(2-m)=f(2-m)\times(1+n)$

이때 $n\ne1+n$이므로 $f(2-m)=0$ ❶

$f(x-m)\{f(x)+n\}$이 $x=2+m$에서 연속이면

$f(2)\{f(2+m)+n\}=0$

$f(x)$는 $x=2+m$에서 연속이므로

$\displaystyle\lim_{x\to2+m+}f(x-m)\{f(x)+n\}$

$=1\times\{f(2+m)+n\}=f(2+m)+n$

$\displaystyle\lim_{x\to2+m-}f(x-m)\{f(x)+n\}$

$=0\times\{f(2+m)+n\}=0$

이므로 $f(2+m)+n=0$ ❷

❶에서 $2-m<2$이면

$-(2-m)^2+4=0$ $\therefore m=4$

❷에서 $f(6)+n=0,\ -1+n=0$ $\therefore n=1$

❶에서 $2-m>2$이면

$-\dfrac{1}{2}(2-m)+2=0$ $\therefore m=-2$

❷에서 $f(0)+n=0,\ 4+n=0$ $\therefore n=-4$

(i), (ii)에서 $m=0,\ n=-1$ 또는 $m=4,\ n=1$ 또는 $m=-2,\ n=-4$이므로 $m+n$의 최솟값은 -6이다.   답 ②

05

[전략] $g(1)=a$이므로 $\displaystyle\lim_{x\to1}f(g(x))=f(a)$가 성립하는 a를 찾는다.

이때 $f(a+2)=f(a)$임에 주의한다.

$y=(x-1)(2x-1)(x+1)$과 $y=f(x)$의 그래프는 그림과 같고, $f(x)$는 $x=1$에서 연속이다.

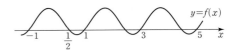

$f(g(x))$가 $x=1$에서 연속이므로 $f(g(1))=\displaystyle\lim_{x\to1}f(g(x))$

$$\lim_{x \to 1} f(g(x)) = \lim_{t \to 1} f(t) = 0$$

이므로 $f(g(1)) = f(a) = 0$

$-1 < a \le 1$일 때 $f(a) = (a-1)(2a-1)(a+1) = 0$에서

$$a = \frac{1}{2} \text{ 또는 } a = 1$$

$f(a) = f(a+2)$이므로 $a = \frac{1}{2} + 2n$, $a = 1 + 2n$ (n은 정수)에서 $f(a) = 0$이다.

따라서 $1 < a < 10$이고 $n = 1, 2, 3, 4$이므로 a는 8개이다. 　답 8

Note

$y = (x-1)(2x-1)(x+1)$의 그래프는 $x = 1, \frac{1}{2}, -1$에서 x축과 만나므로 그래프는 그림과 같다.

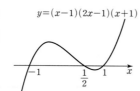

06

[전략] $a > 0$, $a < 0$, $b > 0$, $b \le 0$인 경우 $y = g(x)$의 그래프를 그리고 $h(t)$의 조건을 생각한다.

$y = g(x)$의 그래프는 $y = f(x)$의 그래프에서 $x \ge 0$인 부분을 y축에 대칭이동한 그래프이므로 $a > 0$, $a < 0$일 때와 $b > 0$, $b \le 0$일 때로 나누면 다음과 같다.

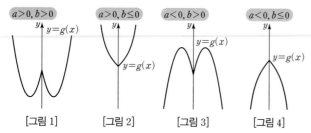

[그림 1]과 같은 경우

가능한 $h(t)$의 값은 t값이 커지면서 차례로 0, 2, 4, 3, 2이므로 (가)를 만족시키는 경우는 없다.

[그림 2], [그림 4]와 같은 경우

가능한 $h(t)$의 값은 0, 1, 2이고

$h(-1) \le h(0) \le h(2)$ 또는 $h(-1) \ge h(0) \ge h(2)$이므로 (가)를 만족시키는 경우는 없다.

[그림 3]과 같은 경우

가능한 $h(t)$의 값은 t값이 커지면서 차례로 2, 3, 4, 2, 0이므로 $h(2) = 0$ 또는 2, $h(0) = 3$ 또는 4, $h(-1) = 3$ 또는 2이면 가능하다.

이때 아래 왼쪽 그림과 같이 $h(\alpha) = 3$, $h(\beta) = 2$라 하면 $y = h(t)$의 그래프는 아래 오른쪽과 같다.

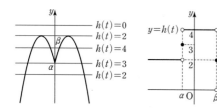

$y = h(t)$의 그래프에서

$$\lim_{x \to a-} h(t) = 2, \quad \lim_{x \to a+} h(t) = 4, \quad \lim_{x \to \beta-} h(t) = 4, \quad \lim_{x \to \beta+} h(t) = 0$$

이므로 $(t^2-t)h(t) = t(t-1)h(t)$가 모든 실수 t에서 연속이면 $\alpha = 0$, $\beta = 1$이다.

이때 $\alpha = 0$에서 $f(0) = 0$이고, $\beta = 1$에서 곡선 $y = f(x)$의 꼭짓점의 y좌표가 1이므로 $c = 1$이다.

즉, $f(x) = a(x-b)^2 + 1$이고, $f(0) = 0$이므로 $ab^2 + 1 = 0$

$a < 0$, $b > 0$인 정수이므로 $a = -1$, $b = 1$

$$\therefore f(x) = -(x-1)^2 + 1, \quad f\left(\frac{1}{2}\right) = \frac{3}{4}$$

　답 $\frac{3}{4}$

07

[전략] $a > 2$, $0 < a < 2$인 경우로 나누어 사잇값의 정리를 생각한다.

함수 $y = f(x)$의 그래프는 그림과 같다.

(i) $a > 2$일 때	(ii) $0 < a < 2$일 때
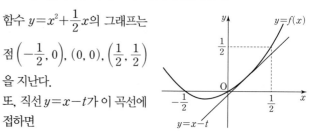	

(i) $a > 2$일 때

$1 + \frac{a}{2} < a$이고 $0 < x < a$일 때 $f(x) > 0$이므로 (가)에 모순이다.

(ii) $0 < a < 2$일 때

$a < 1 + \frac{a}{2} < 2$이므로 $f\left(1 + \frac{a}{2}\right) < 0$이다.

또, $f(x)$는 구간 $\left[0, 1 + \frac{a}{2}\right]$에서 연속이고, $f(0) > 0$이므로 사잇값의 정리에 의하여 0과 $1 + \frac{a}{2}$ 사이에 $f(c) = 0$인 c가 적어도 하나 존재한다.

이때 (나)에서 삼각형의 넓이는

$$\frac{1}{2}(2-a)\left\{-f\left(1+\frac{a}{2}\right)\right\} = -\frac{1}{2}(2-a)\left(\frac{a}{2}-1\right)\left(1-\frac{a}{2}\right)$$
$$= \frac{1}{8}(2-a)^3$$

$\frac{1}{8}(2-a)^3 = \frac{1}{8}$이므로 $a = 1$

$$\therefore f(3a) = f(3) = 1 \times 2 = 2$$

　답 ①

08

[전략] $y = g(x)$의 그래프를 그린 후 t의 값에 따라 $y = g(x)$와 $y = |x| - t$의 교점의 개수를 구한다.

함수 $y = x^2 + \frac{1}{2}x$의 그래프는

점 $\left(-\frac{1}{2}, 0\right)$, $(0, 0)$, $\left(\frac{1}{2}, \frac{1}{2}\right)$

을 지난다.

또, 직선 $y = x - t$가 이 곡선에 접하면

$$x^2+\frac{1}{2}x=x-t, \quad x^2-\frac{1}{2}x+t=0$$

$D=0$에서 $t=\frac{1}{16}$

따라서 직선 $y=x-\frac{1}{16}$이 $x=\frac{1}{4}$에서 접한다.

(나)에서 $n-\frac{1}{2}\leq x<n+\frac{1}{2}$일 때, $y=g(x)$의 그래프는

$y=f(x)$의 그래프를 x축 방향으로 n만큼, y축 방향으로 $\frac{n}{2}$만큼 평행이동한 것이다.

(다)에서 $y=g(x)$의 그래프는 y축에 대칭이다.

따라서 함수 $y=g(x)$의 그래프는 그림과 같다.

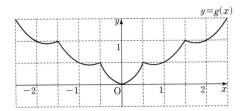

$y=|x|-t$의 그래프는 $y=|x|$의 그래프를 y축의 방향으로 $-t$만큼 평행이동한 것이다.

(i) $t<0$일 때

$y=g(x)$와 $y=|x|-t$의 그래프는 만나지 않으므로 $h(t)=0$이다.

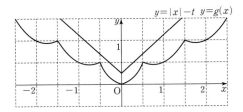

(ii) $t=0$일 때

$y=g(x)$와 $y=|x|-t$의 그래프가 만나는 점은 3개이므로 $h(t)=3$이다.

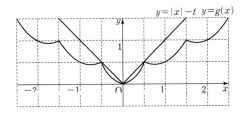

(iii) $0<t<\frac{1}{16}$일 때

$y=g(x)$와 $y=|x|-t$의 그래프가 만나는 점은 6개이므로 $h(t)=6$이다.

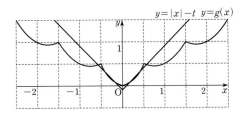

(iv) $t=\frac{1}{16}$일 때

$y=g(x)$와 $y=|x|-t$의 그래프가 만나는 점은 4개이므로 $h(t)=4$이다.

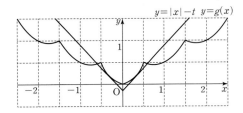

(v) $\frac{1}{16}<t<\frac{1}{2}$일 때

$y=g(x)$와 $y=|x|-t$의 그래프가 만나는 점은 2개이므로 $h(t)=2$이다.

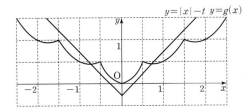

(vi) $t=\frac{1}{2}$일 때

$y=g(x)$와 $y=|x|-t$의 그래프가 만나는 점은 4개이므로 $h(t)=4$이다.

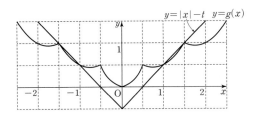

따라서 $h(t)$가 $t=0,\ \frac{1}{16}$에서 불연속이고 $a_1=0,\ a_2=\frac{1}{16}$이다.

또, $h\left(t+\frac{1}{2}\right)=h(t)$이므로

$$a_3=a_1+\frac{1}{2},\ a_5=a_1+\frac{1}{2}\times2,\ \cdots,\ a_{2n-1}=a_1+\frac{1}{2}(n-1)$$

$$a_4=a_2+\frac{1}{2},\ a_6=a_2+\frac{1}{2}\times2,\ \cdots,\ a_{2n}=a_2+\frac{1}{2}(n-1)$$

$$\therefore a_{20}=a_2+\frac{1}{2}\times9=\frac{1}{16}+\frac{9}{2}=\frac{73}{16},\ 16a_{20}=73$$ **답 73**

Note

함수 $y=h(t)$의 그래프는 그림과 같다.

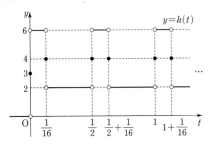

II. 미분

03. 미분계수와 도함수

01

$\dfrac{f(0)-f(-2)}{0-(-2)}=\dfrac{f(a)-f(0)}{a-0}$이므로

$\dfrac{0-(-8)}{2}=\dfrac{a(a+1)(a-2)-0}{a}$

$(a+1)(a-2)=4$, $(a+2)(a-3)=0$

$a>0$이므로 $a=3$

답 ③

02

$\dfrac{f(2)-f(0)}{2-0}=9$이므로

$\dfrac{(8+2a)-0}{2-0}=9$ $\therefore a=5$

$f(x)=x^3+5x$이므로 $f'(x)=3x^2+5$

$\therefore f'(3)=32$

답 32

03

$\dfrac{f(3)-f(1)}{3-1}=f'(c)$이고 $f'(x)=2x-3$이므로

$\dfrac{0-(-2)}{3-1}=2c-3$

$\therefore c=2$

답 ②

04

$f'(x)=3x^2+6x^5+9x^8+\cdots+60x^{59}$이므로

$f'(1)=3+6+9+\cdots+60$

$=3(1+2+3+\cdots+20)$

$=3\times\dfrac{20\times21}{2}$

$=630$

답 ⑤

05

$f'(x)=2(x^3-x+2)+(2x+1)(3x^2-1)$이므로

$f'(2)=2\times8+5\times11=71$

답 71

06

$f(1)=10$에서 $3+a+b=10$ ··· ❶

$f'(x)=6x+a$이므로 $f'(1)=11$에서

$6+a=11$ $\therefore a=5$

❶에 대입하면 $b=2$ $\therefore a-b=3$

답 ⑤

07

$\displaystyle\lim_{h\to0}\dfrac{f(1+2h)-f(1)}{h}=\lim_{h\to0}\dfrac{f(1+2h)-f(1)}{2h}\times2$

$=2f'(1)$

$f'(x)=4x^3+8x$이므로 $2f'(1)=24$

답 24

> **절대등급 Note**
>
> 함수 $y=f(x)$가 $x=a$에서 미분가능할 때,
>
> $\displaystyle\lim_{h\to0}\dfrac{f(a+mh)-f(a)}{h}=mf'(a)$

08

$\displaystyle\lim_{h\to0}\dfrac{f(a+h)-f(a-h)}{h}$

$=\displaystyle\lim_{h\to0}\dfrac{f(a+h)-f(a)-f(a-h)+f(a)}{h}$

$=\displaystyle\lim_{h\to0}\left\{\dfrac{f(a+h)-f(a)}{h}+\dfrac{f(a-h)-f(a)}{-h}\right\}$

$=2f'(a)=8$ $\therefore f'(a)=4$

$f'(x)=2x-6$이므로

$2a-6=4$ $\therefore a=5$

답 ①

> **절대등급 Note**
>
> 함수 $y=f(x)$가 $x=a$에서 미분가능할 때
>
> $\displaystyle\lim_{h\to0}\dfrac{f(a+mh)-f(a+nh)}{h}=(m-n)f'(a)$

09

$\displaystyle\lim_{h\to0}\dfrac{f(1-h)+f(1+h^2)-2f(1)}{h}$

$=\displaystyle\lim_{h\to0}\left\{\dfrac{f(1-h)-f(1)}{h}+\dfrac{f(1+h^2)-f(1)}{h}\right\}$

$=\displaystyle\lim_{h\to0}\left\{-\dfrac{f(1-h)-f(1)}{-h}+\dfrac{f(1+h^2)-f(1)}{h^2}\times h\right\}$

$=-f'(1)+f'(1)\times0=-f'(1)$

$f'(x)=4x^3-2x$이므로 $-f'(1)=-2$

답 ②

10

$f(1)=g(1)=3$이므로

$\displaystyle\lim_{h\to0}\dfrac{f(1+2h)-g(1-h)}{3h}$

$=\displaystyle\lim_{h\to0}\dfrac{f(1+2h)-f(1)-g(1-h)+g(1)}{3h}$

$$=\lim_{h\to 0}\left\{\frac{f(1+2h)-f(1)}{2h}\times\frac{2}{3}+\frac{g(1-h)-g(1)}{-h}\times\frac{1}{3}\right\}$$

$$=\frac{2}{3}f'(1)+\frac{1}{3}g'(1)$$

$f'(x)=1+3x^2+5x^4$이므로

$$f'(1)=1+3+5=9$$

$g'(x)=2x+4x^3+6x^5$이므로

$$g'(1)=2+4+6=12$$

$$\therefore \frac{2}{3}f'(1)+\frac{1}{3}g'(1)=10 \qquad \text{답 ⑤}$$

11

$$f'(2)=\lim_{h\to 0}\frac{f(2+h)-f(2)}{h}$$

$$=\lim_{h\to 0}\frac{h^3+6h^2+14h}{h}$$

$$=\lim_{h\to 0}(h^2+6h+14)$$

$$=14 \qquad \text{답 14}$$

Note

$f(x+2)=x^3+6x^2+14x+f(2)$에서

$$f(t)=(t-2)^3+6(t-2)^2+14(t-2)+f(2)$$

이 식에서 $f'(t),f'(2)$를 구할 수 있다.

12

$$\lim_{x\to 2}\frac{f(x+1)-8}{x^2-4}=5 \qquad \cdots \text{❶}$$

$x\to 2$일 때 (분모)$\to 0$이므로 (분자)$\to 0$이다.

$$\therefore f(3)=8$$

$x+1=t$라 하면 $x\to 2$일 때 $t\to 3$이므로 ❶의 좌변은

$$\lim_{t\to 3}\frac{f(t)-f(3)}{t^2-2t-3}=\lim_{t\to 3}\left\{\frac{f(t)-f(3)}{t-3}\times\frac{1}{t+1}\right\}$$

$$=\frac{1}{4}f'(3)=5$$

$$\therefore f'(3)=20$$

$$\therefore f(3)+f'(3)=28 \qquad \text{답 28}$$

13

$$f'(x)=2ax+b$$

$$\lim_{x\to 2}\frac{x-2}{f(x)-f(2)}=\frac{1}{2}\text{에서}$$

$$\lim_{x\to 2}\frac{1}{\dfrac{f(x)-f(2)}{x-2}}=\frac{1}{2}$$

$$\frac{1}{f'(2)}=\frac{1}{2}, \ f'(2)=2$$

$$\therefore 4a+b=2 \qquad \cdots \text{❶}$$

$$\lim_{x\to 1}\frac{f(x)-f(1)}{x^2-1}=-1\text{에서}$$

$$\lim_{x\to 1}\left\{\frac{f(x)-f(1)}{x-1}\times\frac{1}{x+1}\right\}=-1$$

$$\frac{1}{2}f'(1)=-1, \ f'(1)=-2$$

$$\therefore 2a+b=-2 \qquad \cdots \text{❷}$$

❶, ❷를 연립하여 풀면 $a=2,\ b=-6$ \qquad 답 $a=2,\ b=-6$

14

$$\lim_{x\to 1}\frac{\sqrt{f(x)}-1}{x-1}=\lim_{x\to 1}\left\{\frac{\sqrt{f(x)}-1}{x-1}\times\frac{\sqrt{f(x)}+1}{\sqrt{f(x)}+1}\right\}$$

$$=\lim_{x\to 1}\left\{\frac{f(x)-1}{x-1}\times\frac{1}{\sqrt{f(x)}+1}\right\}$$

$$=\lim_{x\to 1}\left\{\frac{f(x)-f(1)}{x-1}\times\frac{1}{\sqrt{f(x)}+1}\right\}$$

$$=f'(1)\times\frac{1}{\sqrt{f(1)}+1}$$

$$=3\times\frac{1}{1+1}=\frac{3}{2} \qquad \text{답 ⑤}$$

15

$\displaystyle\lim_{x\to 1}\frac{f(x)-2}{x-1}=12$에서 $x\to 1$일 때 (분모)$\to 0$이므로

(분자)$\to 0$이다.

$$\therefore f(1)=2$$

이때

$$\lim_{x\to 1}\frac{f(x)-2}{x-1}=\lim_{x\to 1}\frac{f(x)-f(1)}{x-1}=f'(1)=12$$

$g'(x)=2xf(x)+(x^2+1)f'(x)$이므로

$$g'(1)=2f(1)+2f'(1)$$

$$=2\times 2+2\times 12=28 \qquad \text{답 28}$$

16

$$x^2f(4)-4f(x^2)=(x^2-4)f(4)-4\{f(x^2)-f(4)\}$$

이므로

$$\lim_{x\to 2}\frac{x^2f(4)-4f(x^2)}{x-2}$$

$$=\lim_{x\to 2}\left\{(x+2)f(4)-4\times\frac{f(x^2)-f(4)}{x^2-4}\times(x+2)\right\}$$

$$=4f(4)-16f'(4)$$

$f'(x)=-3x^2+12x-4$이므로

$$4f(4)-16f'(4)=4\times 16-16\times(-4)$$

$$=128 \qquad \text{답 ①}$$

17

$\displaystyle\lim_{x\to 2}\frac{\{f(x)\}^2+f(x)}{x-2}=4$에서 $x\to 2$일 때 (분모)$\to 0$이므로

(분자)$\to 0$이다.

$$\therefore \{f(2)\}^2+f(2)=0, \ f(2)\{f(2)+1\}=0$$

$f(2)\ne 0$이므로 $f(2)=-1$

이때

$$\lim_{x\to 2}\frac{\{f(x)\}^2+f(x)}{x-2}=\lim_{x\to 2}\frac{f(x)\{f(x)+1\}}{x-2}$$

$$=\lim_{x\to 2}\left\{f(x)\times\frac{f(x)-f(2)}{x-2}\right\}$$

$$=f(2)\times f'(2)=4$$

$f(2)=-1$이므로 $f'(2)=-4$

$$\therefore \frac{f'(2)}{f(2)}=4 \qquad \text{답 ④}$$

18

$k(x)=f(x)g(x)$라 하면

$$\lim_{h \to 0}\frac{f(2+h)g(2+h)-f(2)g(2)}{h}$$

$$=\lim_{h \to 0}\frac{k(2+h)-k(2)}{h}=k'(2)$$

$f(2)=11$, $g(2)=25$이고

$f'(x)=4x+1$, $g'(x)=2(2x+1)\times 2=4(2x+1)$에서

$f'(2)=9$, $g'(2)=20$이므로

$$k'(2)=f'(2)g(2)+f(2)g'(2)$$
$$=225+220$$
$$=445$$

답 ③

19

$\lim_{x \to 0}\dfrac{f(x)-2}{x}=3$에서 $x \to 0$일 때 (분모)$\to 0$이므로

(분자)$\to 0$이다.

$$\therefore f(0)=2$$

이때 $\lim_{x \to 0}\dfrac{f(x)-f(0)}{x}=3$이므로 $f'(0)=3$

또 $\lim_{x \to 0}\dfrac{g(x)+3}{x}=2$에서 $x \to 0$일 때 (분모)$\to 0$이므로

(분자)$\to 0$이다.

$$\therefore g(0)=-3$$

이때 $\lim_{x \to 0}\dfrac{g(x)-g(0)}{x}=2$이므로 $g'(0)=2$

$$\therefore \lim_{x \to 0}\frac{f(x)g(x)+6}{x}=\lim_{x \to 0}\frac{f(x)g(x)-f(0)g(0)}{x}$$
$$=f'(0)g(0)+f(0)g'(0)$$
$$=-9+4$$
$$=-5$$

답 -5

20

$$f'(x)=(x-2)(x-3)\cdots(x-10)$$
$$+(x-1)(x-3)\cdots(x-10)$$
$$+(x-1)(x-2)(x-4)\cdots(x-10)$$
$$\vdots$$
$$+(x-1)(x-2)\cdots(x-9)$$

이 식에 $x=1$을 대입하면 $x-1$을 포함한 9개의 항은 0이므로

$$f'(1)=(1-2)(1-3)\cdots(1-10)$$

이 식에 $x=4$를 대입하면 $x-4$를 포함한 9개의 항은 0이므로

$$f'(4)=(4-1)(4-2)(4-3)(4-5)\cdots(4-10)$$

$$\therefore \frac{f'(1)}{f'(4)}=\frac{(-7)\times(-8)\times(-9)}{3\times 2\times 1}$$
$$=-84$$

답 ②

21

$\lim_{x \to 2}\dfrac{f(x)-3}{x-2}=1$에서 $x \to 2$일 때 (분모)$\to 0$이므로

(분자)$\to 0$이다.

$$\therefore f(2)=3$$

이때 $\lim_{x \to 2}\dfrac{f(x)-f(2)}{x-2}=1$이므로 $f'(2)=1$

또 $\lim_{x \to 2}\dfrac{g(x)-1}{x-2}=4$에서 $x \to 2$일 때 (분모)$\to 0$이므로

(분자)$\to 0$이다.

$$\therefore g(2)=1$$

이때 $\lim_{x \to 2}\dfrac{g(x)-g(2)}{x-2}=4$이므로 $g'(2)=4$

$$h'(x)=2f(x)f'(x)g(x)+\{f(x)\}^2 g'(x)$$

이므로

$$h'(2)=2f(2)f'(2)g(2)+\{f(2)\}^2 g'(2)$$
$$=6+36=42$$

답 ①

22

$f(x)=x^{2n}+x^n$이라 하면 $f(1)=2$이므로

$$\lim_{x \to 1}\frac{x^{2n}+x^n-2}{x-1}=\lim_{x \to 1}\frac{f(x)-f(1)}{x-1}=f'(1)$$

$f'(x)=2nx^{2n-1}+nx^{n-1}$이고, $f'(1)=30$이므로

$$2n+n=30 \qquad \therefore n=10$$

답 10

23

$f(x)=2\left(\dfrac{1}{2}+x\right)^4$이라 하면 $f(0)=2\left(\dfrac{1}{2}\right)^4$이므로

$$\lim_{x \to 0}\frac{2\left(\frac{1}{2}+x\right)^4-2\left(\frac{1}{2}\right)^4}{x}=f'(0)$$

$f'(x)=8\left(\dfrac{1}{2}+x\right)^3$이므로 $f'(0)=1$

답 ④

24

$x^{2000}+ax+b$를 $(x-1)^2$으로 나눈 몫을 $Q(x)$라 하면

$$x^{2000}+ax+b=(x-1)^2 Q(x) \qquad \cdots ❶$$

$x=1$을 대입하면 $1+a+b=0$

❶은 x에 대한 항등식이므로 양변을 x에 대하여 미분하면

$$2000x^{1999}+a=2(x-1)Q(x)+(x-1)^2 Q'(x)$$

$x=1$을 대입하면

$$2000+a=0 \qquad \therefore a=-2000, \ b=1999$$
$$\therefore b-a=1999-(-2000)=3999$$

답 ③

Note

$Q(x)$는 다항함수이므로 미분가능하다.

25

$|f'(1)-5| \geq 0$, $\sqrt{f(1)-3} \geq 0$이므로

$$f'(1)=5, \ f(1)=3$$

$f(x)$를 $(x-1)^2$으로 나눈 몫을 $Q(x)$라 하고,

$R(x)=ax+b$라 하면

$$f(x)=(x-1)^2 Q(x)+ax+b \qquad \cdots ❶$$

x에 대한 항등식이므로 양변을 x에 대하여 미분하면
$$f'(x)=2(x-1)Q(x)+(x-1)^2Q'(x)+a \quad \cdots ❷$$
❶에서 $f(1)=3$이므로 $3=a+b$
❷에서 $f'(1)=5$이므로 $5=a$
$b=-2$이므로 $R(x)=5x-2$, $R(2)=8$ ▤ ①

26
$f(x)=ax^2+b$에서 $f'(x)=2ax$이므로
$$4(ax^2+b)=(2ax)^2+x^2+4$$
$$4ax^2+4b=(4a^2+1)x^2+4$$
x에 대한 항등식이므로
$$4a=4a^2+1, \; 4b=4$$
$4a=4a^2+1$에서 $(2a-1)^2=0$
$$\therefore a=\frac{1}{2}$$
$4b=4$에서 $b=1$
$$\therefore f(x)=\frac{1}{2}x^2+1, \; f(2)=3$$ ▤ ①

27
$f(x)$가 n차 다항식이면 $f'(x)$는 $(n-1)$차 다항식이고,
$f(x)f'(x)$는 $(2n-1)$차 다항식이다.
$2n-1=3$이므로 $n=2$
따라서 $f(x)=x^2+ax+b$라 하면
$$f'(x)=2x+a$$
$$\begin{aligned}f(x)f'(x)&=(x^2+ax+b)(2x+a)\\&=2x^3+3ax^2+(a^2+2b)x+ab\end{aligned}$$
$2x^3-9x^2+5x+6$과 비교하면
$$3a=-9, \; a^2+2b=5, \; ab=6$$
$$\therefore a=-3, \; b=-2$$
$$\therefore f(x)=x^2-3x-2, \; f(-3)=16$$ ▤ 16

28
$\lim\limits_{x\to2}\dfrac{f(x)}{(x-2)\{f'(x)\}^2}=\dfrac{1}{4}$에서 $x\to2$일 때 (분모)$\to0$이므로
(분자)$\to0$이다.
$$\therefore f(2)=0$$
또 $f(1)=0$이므로 $f(x)=(x-1)(x-2)(x+a)$로 놓을 수 있다.
이때
$$\lim_{x\to2}\frac{f(x)}{(x-2)\{f'(x)\}^2}=\lim_{x\to2}\frac{(x-1)(x+a)}{\{f'(x)\}^2}=\frac{1}{4}$$
극한값이 존재하므로 $f'(2)\neq0$이고
$$\frac{2+a}{\{f'(2)\}^2}=\frac{1}{4} \quad \cdots ❶$$
$$f'(x)=(x-2)(x+a)+(x-1)(x+a)$$
$$+(x-1)(x-2)$$
$$f'(2)=2+a$$
이므로 ❶에서 $\dfrac{1}{2+a}=\dfrac{1}{4}$, $a=2$
$$\therefore f(x)=(x-1)(x-2)(x+2), \; f(3)=10$$ ▤ ④

29
$$\lim_{x\to1-}f(x)=\lim_{x\to1-}(x-1)(1-x^2)=0,$$
$$\lim_{x\to1+}f(x)=\lim_{x\to1+}(x-1)(x^2-1)=0,$$
$f(1)=0$이므로 $\lim\limits_{x\to1}f(x)=f(1)$
따라서 $f(x)$는 $x=1$에서 연속이다.
$$\begin{aligned}\lim_{x\to1-}\frac{f(x)-f(1)}{x-1}&=\lim_{x\to1-}\frac{(x-1)(1-x^2)}{x-1}\\&=\lim_{x\to1-}(1-x^2)=0\end{aligned}$$
$$\begin{aligned}\lim_{x\to1+}\frac{f(x)-f(1)}{x-1}&=\lim_{x\to1+}\frac{(x-1)(x^2-1)}{x-1}\\&=\lim_{x\to1+}(x^2-1)=0\end{aligned}$$
따라서 $x=1$에서 미분가능하고 $f'(1)=0$이다.
$$\lim_{x\to-1-}f(x)=\lim_{x\to-1-}(x-1)(x^2-1)=0,$$
$$\lim_{x\to-1+}f(x)=\lim_{x\to-1+}(x-1)(1-x^2)=0,$$
$f(-1)=0$이므로 $\lim\limits_{x\to-1}f(x)=f(-1)$
따라서 $f(x)$는 $x=-1$에서 연속이다.
$$\begin{aligned}\lim_{x\to-1-}\frac{f(x)-f(-1)}{x-(-1)}&=\lim_{x\to-1-}\frac{(x-1)(x^2-1)}{x+1}\\&=\lim_{x\to-1-}(x-1)^2=4\end{aligned}$$
$$\begin{aligned}\lim_{x\to-1+}\frac{f(x)-f(-1)}{x-(-1)}&=\lim_{x\to-1+}\frac{(x-1)(1-x^2)}{x+1}\\&=\lim_{x\to-1+}\{-(x-1)^2\}=-4\end{aligned}$$
따라서 $x=-1$에서 미분가능하지 않다.
▤ $x=1$에서 연속이고, 미분가능하다.
　　$x=-1$에서 연속이지만 미분가능하지 않다.

30
$f_1(x)=-x^2+ax+2$, $f_2(x)=2x+b$라 하면
$$f_1'(x)=-2x+a, \; f_2'(x)=2$$
$f_1(2)=f_2(2)$이므로 $2a-2=b+4 \quad \cdots ❶$
$f_1'(2)=f_2'(2)$이므로 $-4+a=2 \quad \therefore a=6$
❶에 $a=6$을 대입하면 $b=6$이므로 $ab=36$ ▤ ③

31
$$\begin{aligned}f'(1)&=\lim_{h\to0}\frac{f(1+h)-f(1)}{h}\\&=\lim_{h\to0}\frac{f(1)+f(h)+h-f(1)}{h}\\&=\lim_{h\to0}\frac{f(h)+h}{h}=\lim_{h\to0}\left\{\frac{f(h)}{h}+1\right\}\end{aligned}$$
$f'(1)=5$이므로 $\lim\limits_{h\to0}\dfrac{f(h)}{h}=4$
이때 $f'(x)=\lim\limits_{h\to0}\dfrac{f(x+h)-f(x)}{h}$
$$=\lim_{h\to0}\frac{f(x)+f(h)+xh-f(x)}{h}$$
$$=\lim_{h\to0}\left\{\frac{f(h)}{h}+x\right\}=4+x$$
$$\therefore f'(-1)=4+(-1)=3$$ ▤ 3

32

(i) $n=1$일 때 (좌변)$=\{f(x)\}'$, (우변)$=f'(x)$이므로 성립한다.

(ii) $n=k$일 때 성립한다고 가정하면
$$[\{f(x)^k\}]'=k\{f(x)\}^{k-1}f'(x)$$
이때
$$[\{f(x)\}^{k+1}]'=[\{f(x)\}^k\times f(x)]'$$
$$=[\{f(x)\}^k]'f(x)+\{f(x)\}^kf'(x)$$
$$=k\{f(x)\}^{k-1}f'(x)f(x)+\{f(x)\}^kf'(x)$$
$$=(k+1)\{f(x)\}^kf'(x)$$
따라서 $n=k+1$일 때에도 성립한다.

(i), (ii)에서 n이 자연수일 때 $[\{f(x)\}^n]'=n\{f(x)\}^{n-1}f'(x)$가 성립한다.　　　　　**답** 풀이 참조

---

step **B** 실력 문제　　　　　35~38쪽

01 51	**02** 5	**03** ①	**04** ①	**05** ③
06 ⑤	**07** ①	**08** ③	**09** (3, 9)	**10** ①
11 ⑤	**12** 7	**13** ⑤	**14** 3	**15** ④
16 ⑤	**17** ①	**18** $m=54$, $n=64$		**19** ③
20 32	**21** ③	**22** ②	**23** 풀이 참조	
24 ④	**25** ⑤			

01

[전략] 구간 $[n, n+1]$에서 평균변화율이 $n+1$이므로 $f(n+1)-f(n)=n+1$이다. 이를 이용하여 $f(100)-f(1)$을 나타낸다.

구간 $[n, n+1]$에서 평균변화율이 $n+1$이므로
$$\frac{f(n+1)-f(n)}{n+1-n}=n+1$$
$$\therefore f(n+1)-f(n)=n+1$$
구간 $[1, 100]$에서의 평균변화율은
$$\frac{f(100)-f(1)}{100-1}$$
$$=\frac{\{f(100)-f(99)\}+\{f(99)-f(98)\}+\cdots+\{f(2)-f(1)\}}{99}$$
$$=\frac{100+99+\cdots+2}{99}$$
$$=\frac{5049}{99}=51　　\cdots ❶$$　　　　**답** 51

Note

❶은 다음과 같이 계산할 수 있다.
$$\frac{1}{99}\sum_{n=1}^{99}(n+1)=\frac{1}{99}\left(\frac{99\times100}{2}+99\right)=51$$

02

[전략] $f(1)=0$을 이용하여 주어진 식의 좌변을 $\lim\limits_{x\to1}\dfrac{f(x)-f(1)}{x-1}$ 꼴로 만든다.

$$\lim_{x\to1}\frac{\{f(x)\}^2-2f(x)}{1-x}$$
$$=\lim_{x\to1}\frac{f(x)\{2-f(x)\}}{x-1}$$
$$=\lim_{x\to1}\left[\frac{f(x)-f(1)}{x-1}\times\{2-f(x)\}\right]$$
$$=f'(1)\{2-f(1)\}=10$$
$$\therefore f'(1)=5$$　　　　　**답** 5

03

[전략] 그래프가 y축에 대칭이므로 $f(x)=f(-x)$이다.
$-x=t$로 치환하면 $t\to2$일 때의 극한값이므로 $f'(2)$, $f'(4)$를 이용할 수 있다.

그래프가 y축에 대칭이므로 $f(x)=f(-x)$이다.

$\lim\limits_{x\to-2}\dfrac{f(x^2)-f(4)}{f(x)-f(-2)}$에서 $-x=t$라 하면 $x\to-2$일 때 $t\to2$이므로
$$\lim_{t\to2}\frac{f(t^2)-f(4)}{f(-t)-f(-2)}$$
$$=\lim_{t\to2}\frac{f(t^2)-f(4)}{f(t)-f(2)}$$
$$=\lim_{t\to2}\left\{\frac{f(t^2)-f(4)}{t^2-4}\times\frac{t-2}{f(t)-f(2)}\times(t+2)\right\}$$
$$=\lim_{t^2\to4}\frac{f(t^2)-f(4)}{t^2-4}\times\lim_{t\to2}\left\{\frac{t-2}{f(t)-f(2)}\times(t+2)\right\}$$
$$=f'(4)\times\frac{1}{f'(2)}\times4=-8$$　　　**답** ①

04

[전략] $x\to-1$에 대한 문제이므로
$$f'(-1)=\lim_{x\to-1}\frac{f(x)-f(-1)}{x-(-1)}$$을 이용할 수 있는 꼴로 정리한다.

$f(-x)=-f(x)$이므로 $\lim\limits_{x\to-1}\dfrac{f(1)-f(-x)}{x^2-1}=3$에서
$$(좌변)=\lim_{x\to-1}\frac{f(x)-f(-1)}{x^2-1}$$
$$=\lim_{x\to-1}\left\{\frac{f(x)-f(-1)}{x-(-1)}\times\frac{1}{x-1}\right\}$$
$$=-\frac{1}{2}f'(-1)$$
이므로 $f'(-1)=-6$
$$\therefore \lim_{x\to-1}\frac{\{f(x)\}^2-4}{x+1}$$
$$=\lim_{x\to-1}\frac{\{f(x)-2\}\{f(x)+2\}}{x+1}$$
$$=\lim_{x\to-1}\left[\frac{f(x)-f(-1)}{x-(-1)}\times\{f(x)+2\}\right]$$
$$=f'(-1)\times\{f(-1)+2\}$$
$$=-24$$　　　　　**답** ①

05

[전략] $\lim\limits_{h \to 0} \dfrac{f(3+2h)-5}{h}=2$에서 $f'(3)$의 값을 알 수 있다.

따라서 구하는 식을 $\lim\limits_{x \to 3} \dfrac{f(x)-f(3)}{x-3}$을 이용할 수 있는 꼴로 고친다.

$\lim\limits_{h \to 0} \dfrac{f(3+2h)-5}{h}=2$에서 $f(3)=5$

이때

$$(좌변)=\lim\limits_{h \to 0}\left\{\dfrac{f(3+2h)-f(3)}{2h} \times 2\right\}=2f'(3)$$

이므로 $f'(3)=1$

$$\begin{aligned}&(x^2-2x)f(x)-3f(3)\\&=(x^2-2x)\{f(x)-f(3)\}+(x^2-2x)f(3)-3f(3)\\&=(x^2-2x)\{f(x)-f(3)\}+5x^2-10x-15\end{aligned}$$

이므로

$$\begin{aligned}&\lim\limits_{x \to 3}\dfrac{(x^2-2x)f(x)-3f(3)}{x-3}\\&=\lim\limits_{x \to 3}\left\{(x^2-2x)\times\dfrac{f(x)-f(3)}{x-3}+5(x+1)\right\}\\&=3f'(3)+20\\&=3+20=23\end{aligned}$$

답 ③

다른 풀이

$g(x)=(x^2-2x)f(x)-3f(3)$이라 하면 $g(x)$는 미분가능하고 $g(3)=0$이다.

$$\begin{aligned}\therefore \lim\limits_{x \to 3}\dfrac{(x^2-2x)f(x)-3f(3)}{x-3}&=\lim\limits_{x \to 3}\dfrac{g(x)-g(3)}{x-3}\\&=g'(3)\end{aligned}$$

$g'(x)=(2x-2)f(x)+(x^2-2x)f'(x)$이므로

$$\begin{aligned}g'(3)&=4f(3)+3f'(3)\\&=20+3=23\end{aligned}$$

06

[전략] $x \to 0$일 때 $g(2x+3) \to g(3)$이므로

$$\lim\limits_{x \to 0}\dfrac{g(2x+3)+1}{x}=8$$에서 $g'(3)$의 값을 구한다.

$\lim\limits_{x \to 3}\dfrac{f(x)-2}{x-3}=3$에서 $f(3)=2$

이때 $\lim\limits_{x \to 3}\dfrac{f(x)-f(3)}{x-3}=3$이므로 $f'(3)=3$

또 $\lim\limits_{x \to 0}\dfrac{g(2x+3)+1}{x}=8$에서 $g(3)=-1$

이때 $\lim\limits_{x \to 0}\dfrac{g(2x+3)-g(3)}{x}=8$이고

$2x+3=t$라 하면

$x=\dfrac{t-3}{2}$이고 $x \to 0$일 때 $t \to 3$이므로

$$\lim\limits_{t \to 3}\dfrac{g(t)-g(3)}{\frac{t-3}{2}}=\lim\limits_{t \to 3}\dfrac{g(t)-g(3)}{t-3}\times 2=2g'(3)$$

$$\therefore 2g'(3)=8, \ g'(3)=4$$

$\{f(x)g(x)\}'=f'(x)g(x)+f(x)g'(x)$이므로 $x=3$에서의 미분계수는

$$f'(3)g(3)+f(3)g'(3)=-3+8=5$$

답 ⑤

07

[전략] $f(x)$는 다항함수이므로 $f'(x)$는 다항함수이다.

$f'(x)=\dfrac{3(f(x)-2x)}{x-2}$이므로 $\lim\limits_{x \to 2}f'(x)=f'(2)$임을 이용한다.

$f(x)$는 다항함수이므로 $f'(x)$는 다항함수이고 연속이다.

$$\therefore f'(2)=\lim\limits_{x \to 2}f'(x)$$

$3f(x)-6x=(x-2)f'(x)$에서

$x \neq 2$일 때 $f'(x)=\dfrac{3f(x)-6x}{x-2}$

$\lim\limits_{x \to 2}f'(x)$의 값이 존재하므로

$$3f(2)-12=0 \qquad \therefore f(2)=4$$

이때

$$\begin{aligned}f'(2)&=\lim\limits_{x \to 2}f'(x)=\lim\limits_{x \to 2}\dfrac{3f(x)-6x}{x-2}\\&=\lim\limits_{x \to 2}\dfrac{3f(x)-3f(2)-6x+3f(2)}{x-2}\\&=\lim\limits_{x \to 2}\left\{3\times\dfrac{f(x)-f(2)}{x-2}-\dfrac{6(x-2)}{x-2}\right\}\\&=3f'(2)-6\end{aligned}$$

$$\therefore f'(2)=3$$

답 ①

다른 풀이

$$3f(x)-6x=(x-2)f'(x) \qquad \cdots ❶$$

$f(x)$의 최고차항을 ax^n이라 하자.

(i) $n=1$일 때 ❶의 좌변의 최고차항은 $(3a-6)x$

$f'(x)=a$이므로 ❶의 우변의 최고차항은 ax

$$\therefore 3a-6=a, \ a=3$$

$f(x)=3x+b$라 하면 ❶은

$$3x+3b=3x-6, \ b=-2$$

$$\therefore f(x)=3x-2, \ f'(2)=3$$

(ii) $n \geq 2$일 때 ❶의 좌변의 최고차항은 $3ax^n$

❶의 우변의 최고차항은 nax^n

$a \neq 0$이므로 $n=3$

$f(x)=ax^3+bx^2+cx+d$라 하면 $f'(x)=3ax^2+2bx+c$

이므로 ❶에 대입하면

$$\begin{aligned}&3ax^3+3bx^2+(3c-6)x+3d\\&=3ax^3+(2b-6a)x^2+(c-4b)x-2c\end{aligned}$$

양변을 비교하면

$$3b=2b-6a, \ 3c-6=c-4b, \ 3d=-2c$$

$$\therefore b=-6a, \ c=12a+3, \ d=-8a-2$$

이때 $f'(x)=3ax^2-12ax+12a+3$이므로 $f'(2)=3$

08

[전략] $g(x)=f(x)-x^{10}$으로 놓고 주어진 조건을 $g(x)$의 $x=1$에서의 미분계수로 나타낸다.

$g(x)=f(x)-x^{10}$이라 하면 $g(1)=1-1=0$이므로

$$\lim\limits_{x \to 1}\dfrac{f(x)-x^{10}}{x-1}=-10$$에서 $\lim\limits_{x \to 1}\dfrac{g(x)-g(1)}{x-1}=-10$

곧, $g'(1)=-10$

$g'(x)=f'(x)-10x^9$이므로 $x=1$을 대입하면

$$-10=f'(1)-10 \qquad \therefore f'(1)=0$$

답 ③

다른 풀이

$f(1)=1$이므로

$$\lim_{x\to1}\frac{f(x)-x^{10}}{x-1}=\lim_{x\to1}\frac{f(x)-f(1)-x^{10}+f(1)}{x-1}$$
$$=\lim_{x\to1}\left\{\frac{f(x)-f(1)}{x-1}-\frac{x^{10}-1}{x-1}\right\}$$

$\dfrac{x^{10}-1}{x-1}=x^9+x^8+x^7+\cdots+x^2+x+1$이므로

$$\lim_{x\to1}\frac{f(x)-x^{10}}{x-1}=f'(1)-10$$

조건에서 $f'(1)-10=-10$ $\quad\therefore f'(1)=0$

09

[전략] $g(x)=x^2+ax+b$라 하고 조건을 이용하여 a,b 사이의 관계를 구한다.

$k(x)=f(x)g(x)$라 하면 (가)에서 $k'(1)=10$
$$\therefore f'(1)g(1)+f(1)g'(1)=10$$
(나)를 대입하면 $2g(1)+4g'(1)=10$ $\quad\cdots$ ❶

$g(x)=x^2+ax+b$라 하면 $g'(x)=2x+a$이므로 ❶에서
$$2(1+a+b)+4(2+a)=10,\ b=-3a$$
$$\therefore g(x)=x^2+ax-3a$$
곧, $a(x-3)+x^2-g(x)=0$이므로 $x=3$, $9-g(3)=0$이면 a의 값에 관계없이 성립한다.

따라서 $g(3)=9$이므로 $y=g(x)$의 그래프는 항상 점 $(3,9)$를 지난다. $\quad\quad$ 답 $(3,9)$

10

[전략] $f(1)-2=f(3)-2=f(5)-2=0$이므로 $f(x)-2$는 $x-1,x-3,x-5$로 나누어떨어진다.

$f(x)-2=g(x)$라 하면 $g(x)$는 x^3의 계수가 1인 삼차식이고, $g(1)=g(3)=g(5)=0$이므로
$$g(x)=(x-1)(x-3)(x-5)$$
이다.
$$\therefore f(x)=(x-1)(x-3)(x-5)+2$$
$$f'(x)=(x-3)(x-5)+(x-1)(x-5)$$
$$+(x-1)(x-3)$$
$$\therefore f'(1)+f'(3)+f'(5)=8-4+8=12 \quad 답 ①$$

11

[전략] 몫을 $Q(x)$, 나머지를 ax^2+bx+c라 하면
$$x^8=x(x-1)^2Q(x)+ax^2+bx+c$$
x에 대한 항등식이므로 양변을 미분할 수 있다는 것을 이용한다.

몫을 $Q(x)$, 나머지를 ax^2+bx+c라 하면
$$x^8=x(x-1)^2Q(x)+ax^2+bx+c \quad\cdots ❶$$
$x=0$을 대입하면 $0=c$
$x=1$을 대입하면 $1=a+b+c$ $\quad\cdots ❷$
❶이 x에 대한 항등식이므로 양변을 미분하면
$$8x^7=(x-1)^2Q(x)+2x(x-1)Q(x)$$
$$+x(x-1)^2Q'(x)+2ax+b$$
$x=1$을 대입하면 $8=2a+b$ $\quad\cdots ❸$
$c=0$을 대입하고 ❷, ❸을 연립하여 풀면 $a=7$, $b=-6$
따라서 나머지는 $7x^2-6x$이다. $\quad\quad$ 답 ⑤

12

[전략] $g(x)$가 $(x-a)^2$으로 나누어떨어지면
$$g(x)=(x-a)^2Q(x)$$로 나타내거나 $g(a)=g'(a)=0$임을 이용한다.

$f(x)$에서 x^4의 계수가 1이므로 (가)에서
$$f(x)+2=(x-1)^2(x^2+ax+b)$$
로 놓을 수 있다.

이때
$$f(x)-2=(x-1)^2(x^2+ax+b)-4$$
$f(x)-2=g(x)$라 하면 (나)에서 $g(-1)=0$이므로
$$0=4(1-a+b)-4 \quad\cdots ❶$$
$g'(x)=2(x-1)(x^2+ax+b)+(x-1)^2(2x+a)$이고
$g'(-1)=0$이므로
$$0=-4(1-a+b)+4(-2+a) \quad\cdots ❷$$
❶에서 $a=b$이므로 이것을 ❷에 대입하면
$$a=3,\ b=3$$
$$\therefore f(x)=(x-1)^2(x^2+3x+3)-2,$$
$$f(-2)=9 \quad 2=7 \quad\quad 답 7$$

13

[전략] $f(x)$를 n차 다항식이라 하고 n의 값부터 구한다.

$$f(x)f'(x)+f(x)+f'(x)=18x^3-6x^2-1 \quad\cdots ❶$$
$f(x)$를 n차 다항식이라 하면
$f'(x)$는 $(n-1)$차, $f(x)f'(x)$는 $(2n-1)$차 다항식이다.
이때 ❶의 좌변은 $(2n-1)$차, 우변은 3차 다항식이므로
$$2n-1=3 \quad\therefore n=2$$
$f(x)=ax^2+bx+c\ (a>0)$라 하면
$$f'(x)=2ax+b$$
❶에 대입하면
$$(ax^2+bx+c)(2ax+b)+ax^2+bx+c+2ax+b$$
$$=18x^3-6x^2-1 \quad\cdots ❷$$
x^3의 계수를 비교하면 $2a^2=18$
$a>0$이므로 $a=3$
❷에 대입하고 정리하면
$$18x^3+(9b+3)x^2+(b^2+b+6c+6)x+bc+b+c$$
$$=18x^3-6x^2-1$$
계수를 비교하면
$$9b+3=-6,$$
$$b^2+b+6c+6=0,$$
$$bc+b+c=-1$$
$$\therefore b=-1,\ c=-1$$
$$\therefore f'(x)=6x-1,\ f'(1)=5 \quad\quad 답 ⑤$$

14

[전략] $f(x)$의 $x=0$에서의 좌미분계수와 우미분계수가 같음을 이용한다.

$f(x)$가 $x=0$에서 미분가능하므로
$$\lim_{x\to0-}\frac{f(x)-f(0)}{x}=\lim_{x\to0-}\frac{x^n(2+x)}{-x^2} \quad\cdots ❶$$
$$\lim_{x\to0+}\frac{f(x)-f(0)}{x}=\lim_{x\to0+}\frac{x^n(2-x)}{x^2} \quad\cdots ❷$$

$n=0$ 또는 1이면 ❶, ❷는 발산한다.

$n=2$이면 ❶은 -2, ❷는 2이므로 미분가능하지 않다.

$n\geq3$이면 ❶, ❷ 모두 0에 수렴한다.

따라서 n의 최솟값은 3이고 이때 $f'(0)=0$이다.

$\therefore 3+0=3$ 답 3

15

[전략] 좌극한값과 우극한값을 비교한다.

ㄱ. $\displaystyle\lim_{h\to0}\dfrac{f(2+h)-f(2)}{h}=\lim_{h\to0}\dfrac{|h|}{h}$ 에서

$\displaystyle\lim_{h\to0+}\dfrac{|h|}{h}=\lim_{h\to0+}\dfrac{h}{h}=1,$

$\displaystyle\lim_{h\to0-}\dfrac{|h|}{h}=\lim_{h\to0-}\dfrac{-h}{h}=-1$

따라서 극한값이 존재하지 않는다.

ㄴ. $\displaystyle\lim_{h\to0}\dfrac{f(2+h^2)-f(2)}{h}=\lim_{h\to0}\dfrac{|h^2|}{h}$

$=\displaystyle\lim_{h\to0}\dfrac{h^2}{h}$

$=\displaystyle\lim_{h\to0}h=0$

ㄷ. $\displaystyle\lim_{h\to0}\dfrac{f(2+h)-f(2-h)}{h}=\lim_{h\to0}\dfrac{|h|-|-h|}{h}$ 에서

$\displaystyle\lim_{h\to0+}\dfrac{|h|-|-h|}{h}=\lim_{h\to0+}\dfrac{h-h}{h}=0$

$\displaystyle\lim_{h\to0-}\dfrac{|h|-|-h|}{h}=\lim_{h\to0-}\dfrac{-h-(-h)}{h}=0$

$\therefore \displaystyle\lim_{h\to0}\dfrac{f(2+h)-f(2-h)}{h}=0$

따라서 극한값이 존재하는 것은 ㄴ, ㄷ이다.   답 ④

16

[전략] $\displaystyle\lim_{x\to0}f(x)=f(0)$ 이고, $\displaystyle\lim_{h\to0}\dfrac{f(h)-f(0)}{h}$ 은 존재하지 않음을 이용한다.

$\displaystyle\lim_{x\to0}f(x)=f(0)$ 이고 $\displaystyle\lim_{h\to0}\dfrac{f(h)-f(0)}{h}$ 은 존재하지 않는다.

ㄱ. $g(x)=xf(x)$ 라 하면 $g(0)=0$ 이므로

$\displaystyle\lim_{h\to0}\dfrac{g(h)-g(0)}{h}=\lim_{h\to0}\dfrac{hf(h)}{h}=\lim_{h\to0}f(h)=f(0)$

따라서 $x=0$ 에서 미분가능하다.

ㄴ. $g(x)=x^2f(x)$ 라 하면 $g(0)=0$ 이므로

$\displaystyle\lim_{h\to0}\dfrac{g(h)-g(0)}{h}=\lim_{h\to0}\dfrac{h^2f(h)}{h}=\lim_{h\to0}hf(h)=0$

따라서 $x=0$ 에서 미분가능하다.

ㄷ. $g(x)=\dfrac{1}{1+xf(x)}$ 이라 하면 $g(0)=1$ 이고

$g(h)-g(0)=\dfrac{1}{1+hf(h)}-1=-\dfrac{hf(h)}{1+hf(h)}$

이므로

$\displaystyle\lim_{h\to0}\dfrac{g(h)-g(0)}{h}=\lim_{h\to0}\left\{-\dfrac{f(h)}{1+hf(h)}\right\}=-f(0)$

따라서 $x=0$ 에서 미분가능하다.

따라서 $x=0$ 에서 미분가능한 함수는 ㄱ, ㄴ, ㄷ이다.   답 ⑤

17

[전략] $f(x)$ 가 $x=1$ 에서 미분가능하므로 $x=1$ 에서 연속이다.

$$\lim_{h\to0-}\dfrac{f(1+h)-f(1)}{h}=\lim_{h\to0+}\dfrac{f(1+h)-f(1)}{h},$$

$$\lim_{x\to1-}f(x)=\lim_{x\to1+}f(x)$$

$f(x)$ 가 $x=1$ 에서 미분가능하므로 $x=1$ 에서 연속이다.

$g(x)=x^2+ax+b$ 라 하자.

(i) $x=1$ 에서 연속이므로 $\displaystyle\lim_{x\to1-}f(x)=\lim_{x\to1+}f(x)$

(좌변)$=1\times g(1)$, (우변)$=2\times g(1)$

이므로 $g(1)=0$

$\therefore 1+a+b=0$

(ii) $x=1$ 에서 미분가능하므로

$$\lim_{h\to0-}\dfrac{f(1+h)-f(1)}{h}=\lim_{h\to0+}\dfrac{f(1+h)-f(1)}{h}$$

(좌변)$=\displaystyle\lim_{h\to0-}\dfrac{g(1+h)-g(1)}{h}=g'(1)$

(우변)$=\displaystyle\lim_{h\to0+}\dfrac{2g(1+h)-2g(1)}{h}$

$=2\displaystyle\lim_{h\to0+}\dfrac{g(1+h)-g(1)}{h}=2g'(1)$

이므로 $g'(1)=0$

$g'(x)=2x+a$ 이므로

$a=-2,\ b=1$

$\therefore f(x)=[2x](x^2-2x+1),$

$f(3)=6\times4=24$ 답 ①

Note

$g(x)=x^2+ax+b$ 로 놓지 않고

$\displaystyle\lim_{h\to0-}\dfrac{f(1+h)-f(1)}{h},\ \lim_{h\to0+}\dfrac{f(1+h)-f(1)}{h}$ 을 바로 계산해도 된다.

18

[전략] f_1,f_2 가 미분가능한 함수일 때

$f=\begin{cases}f_1 & (x<a)\\ f_2 & (x\geq a)\end{cases}$ 가 $x=a$ 에서 미분가능하면

$f_1(a)=f_2(a),\ f_1'(a)=f_2'(a)$

$f_1(x)=f(x),\ f_2(x)=m-f(x),\ f_3(x)=n+f(x)$ 라 하면

f_1,f_2,f_3 은 미분가능한 함수이다.

$x=a$ 에서 미분가능하면

$f_1(a)=f_2(a)$ 이고 $f_1'(a)=f_2'(a)$,

$f(a)-m-f(a)$ 이고 $f'(a)=-f'(a)$

$\therefore m=2f(a),\ f'(a)=0$

$x=b$ 에서 미분가능하면

$f_2(b)=f_3(b)$ 이고 $f_2'(b)=f_3'(b)$,

$m-f(b)=n+f(b)$ 이고 $-f'(b)=f'(b)$

$\therefore m-n=2f(b),\ f'(b)=0$

그런데 $f'(x)=3x^2+6x-9=3(x+3)(x-1)$ 이므로

$a=-3,\ b=1\ (\because a<b)$

$\therefore m=2f(-3)=54,$

$n=m-2f(1)=54+10=64$ 답 $m=54,\ n=64$

19

[전략] $g(x)$가 $x=1$에서 연속이고 미분가능하므로

$$\lim_{x \to 1-} g(x) = \lim_{x \to 1+} g(x),$$

$$\lim_{h \to 0-} \frac{g(1+h)-g(1)}{h} = \lim_{h \to 0+} \frac{g(1+h)-g(1)}{h}$$

그리고 우극한에서는 $g(x+2)=g(x)$를 이용한다.

$g(x)$가 실수 전체의 집합에서 미분가능하므로 $x=1$에서 연속이고 미분가능하다.

그리고 $g(x+2)=g(x)$이다.

(i) $x=1$에서 연속이므로 $\lim\limits_{x \to 1-} g(x) = \lim\limits_{x \to 1+} g(x)$

$$\text{(좌변)} = \lim_{x \to 1-} f(x) = f(1)$$

$$\text{(우변)} = \lim_{x \to -1+} f(x) = f(-1)$$

이므로 $f(1) = f(-1)$

(ii) $x=1$에서 미분가능하므로

$$\lim_{h \to 0-} \frac{g(1+h)-g(1)}{h} = \lim_{h \to 0+} \frac{g(1+h)-g(1)}{h}$$

$$\text{(좌변)} = \lim_{h \to 0-} \frac{f(1+h)-f(1)}{h} = f'(1)$$

$$\text{(우변)} = \lim_{h \to 0+} \frac{f(-1+h)-f(-1)}{h} = f'(-1)$$

이므로 $f'(1) = f'(-1)$

$f(x) = x^3 + ax^2 + bx + c$라 하면

$f(1) = f(-1)$이므로

$$1+a+b+c = -1+a-b+c \qquad \therefore b = -1$$

이때 $f'(x) = 3x^2 + 2ax - 1$

$f'(1) = f'(-1)$이므로

$$3 + 2a - 1 = 3 - 2a - 1 \qquad \therefore a = 0$$

$$\therefore f(x) = x^3 - x + c,$$
$$f'(x) = 3x^2 - 1$$

(나)에서 $g(x)$는 주기가 2인 주기함수이므로

$$g'(100) + g'(101) = g'(0) + g'(-1)$$
$$= f'(0) + f'(-1)$$
$$= -1 + 2 = 1$$

답 ③

20

[전략] 미분계수의 정의에서

$$\lim_{x \to 4} \frac{f(x)g(x) - f(4)g(4)}{x-4}$$

가 존재하고, 극한값이 6일 조건을 찾는다.

$h'(4) = 6$이므로 $\lim\limits_{x \to 4} \dfrac{f(x)g(x) - f(4)g(4)}{x-4} = 6$

$$\text{(좌변)} = \lim_{x \to 4} \frac{f(x) \times \frac{1}{x-4} - 2f(4)}{x-4}$$

$$= \lim_{x \to 4} \frac{f(x) - 2(x-4)f(4)}{(x-4)^2} \qquad \cdots ❶$$

❶에서 $x \to 4$일 때 (분모)$\to 0$이므로 (분자)$\to 0$이다.

$$\therefore f(4) = 0$$

$f(x)$에서 x^3의 계수가 1이므로

$f(x) = (x-4)(x^2 + ax + b)$로 놓고 ❶에 대입하면

$$\text{(좌변)} = \lim_{x \to 4} \frac{x^2 + ax + b}{x-4} \qquad \cdots ❷$$

$x \to 4$일 때 (분모)$\to 0$이므로 $16 + 4a + b = 0$

$b = -4a - 16$이고 이를 ❷에 대입하면

$$\lim_{x \to 4} \frac{x^2 + ax - 4a - 16}{x-4} = \lim_{x \to 4} \frac{(x-4)(x+a+4)}{x-4}$$

$$= a + 8$$

$$\therefore a + 8 = 6, \ a = -2, \ b = -8$$

$$\therefore f(x) = (x-4)(x^2 - 2x - 8) = (x-4)^2(x+2),$$
$$f(0) = 16 \times 2 = 32$$

답 32

21

[전략] 미분가능한지 확인할 때에는 좌미분계수와 우미분계수를 비교한다.

ㄱ. $f(x)$는 $x=1$에서 연속이고 $f(1)=0$이므로

$$\lim_{h \to 0-} \frac{f(1+h)-f(1)}{h} = \lim_{h \to 0-} \frac{(1+h)^2 - 1}{h}$$

$$= \lim_{h \to 0-} \frac{h^2 + 2h}{h} = 2$$

$$\lim_{h \to 0+} \frac{f(1+h)-f(1)}{h} = \lim_{h \to 0+} \frac{\frac{2}{3}\{(1+h)^3 - 1\}}{h}$$

$$= \frac{2}{3} \lim_{h \to 0+} \frac{h^3 + 3h^2 + 3h}{h} = 2$$

따라서 $f(x)$는 $x=1$에서 미분가능하다. (참)

ㄴ. $\lim\limits_{h \to 0-} \dfrac{|f(h)| - |f(0)|}{h} = \lim\limits_{h \to 0-} \dfrac{|1-h| - 1}{h} = -1$

$$\lim_{h \to 0+} \frac{|f(h)| - |f(0)|}{h} = \lim_{h \to 0+} \frac{|h^2 - 1| - |-1|}{h} = 0$$

따라서 $|f(x)|$는 $x=0$에서 미분가능하지 않다. (거짓)

ㄷ. $g(x) = x^k f(x)$라 하면 k가 자연수이므로 $g(0)=0$이다.

$$\lim_{h \to 0-} \frac{g(h)}{h} = \lim_{h \to 0-} \frac{h^k(1-h)}{h}$$

$$= \lim_{h \to 0-} h^{k-1}(1-h) \qquad \cdots ❶$$

$$\lim_{h \to 0+} \frac{g(h)}{h} = \lim_{h \to 0+} \frac{h^k(h^2 - 1)}{h}$$

$$= \lim_{h \to 0+} h^{k-1}(h^2 - 1) \qquad \cdots ❷$$

$k=1$이면 ❶은 1, ❷는 -1이므로 미분가능하지 않다.

$k \geq 2$이면 ❶, ❷가 모두 0이므로 미분가능하다.

따라서 $x^k f(x)$가 $x=0$에서 미분가능한 자연수 k의 최솟값은 2이다. (참)

따라서 옳은 것은 ㄱ, ㄷ이다.

답 ③

22

[전략] $\lim\limits_{h \to 0} \dfrac{f(a+h)-f(a)}{h}$의 값이 존재한다는 것과 ㄱ, ㄴ, ㄷ을 비교한다.

$f(x)$가 $x=a$에서 미분가능하면

$\lim\limits_{h \to 0} \dfrac{f(a+h)-f(a)}{h} = f'(a)$이다.

(i) $f(x)$가 $x=a$에서 미분가능하다고 가정하면

ㄱ. $\lim\limits_{h \to 0} \dfrac{f(a+h^2)-f(a)}{h^2} = \lim\limits_{t \to 0+} \dfrac{f(a+t)-f(a)}{t} = f'(a)$

ㄴ. $\lim\limits_{h \to 0} \dfrac{f(a+h^3)-f(a)}{h^3} = \lim\limits_{t \to 0} \dfrac{f(a+t)-f(a)}{t} = f'(a)$

ㄷ. $\displaystyle\lim_{h\to 0}\dfrac{f(a+h)-f(a-h)}{2h}$

$\qquad =\displaystyle\lim_{h\to 0}\dfrac{1}{2}\left\{\dfrac{f(a+h)-f(h)}{h}+\dfrac{f(a-h)-f(h)}{-h}\right\}$

$\qquad =\dfrac{1}{2}\{f'(a)+f'(a)\}=f'(a)$

$f(x)$가 $x=a$에서 미분가능하면 ㄱ, ㄴ, ㄷ이 모두 성립하므로 ㄱ, ㄴ, ㄷ은 모두 필요조건이다.

(ii) 역으로 $f(x)=|x-a|$는 $x=a$에서 미분가능하지 않지만

ㄱ. $\displaystyle\lim_{h\to 0}\dfrac{f(a+h^2)-f(a)}{h^2}=\lim_{h\to 0}\dfrac{|h^2|}{h^2}=1$

ㄷ. $\displaystyle\lim_{h\to 0}\dfrac{f(a+h)-f(a-h)}{2h}=\lim_{h\to 0}\dfrac{|h|-|-h|}{2h}=0$

곧, ㄱ, ㄷ이 성립할 때 미분가능하지 않으므로 ㄱ, ㄷ은 충분조건은 아니다.

(iii) ㄴ이 성립한다고 하자.

$\displaystyle\lim_{t\to 0}\dfrac{f(a+t)-f(a)}{t}$에서 모든 실수 t에 대하여 $t=h^3$인 h

가 존재하므로 $t=h^3$으로 놓으면

$\displaystyle\lim_{t\to 0}\dfrac{f(a+t)-f(a)}{t}=\lim_{h\to 0}\dfrac{f(a+h^3)-f(a)}{h^3}$

의 값이 존재하므로 $f(x)$는 $x=a$에서 미분가능하다.

곧, ㄴ은 충분조건이다.

(i), (ii), (iii)에서 필요충분조건인 것은 ㄴ이다.   目 ②

Note

ㄱ. $h^2\ge 0$이므로 우극한이 존재한다는 뜻이다.

ㄷ. $y=f(x)$의 그래프가 직선 $x=a$에 대칭이면 $f(a+h)-f(a-h)=0$이다. 따라서 $f(x)$가 $x=a$에서 미분가능하지 않아도 극한값은 항상 존재한다.

23

[전략] $f(0)$의 값을 구하고, $\dfrac{f(h)-f(0)}{h}$을 부등식으로 나타낸 다음, $h\to 0$일 때 극한을 생각한다.

$|f(0)|\le 0^2$이므로 $f(0)=0$

$\therefore \displaystyle\lim_{h\to 0}\dfrac{f(h)-f(0)}{h}=\lim_{h\to 0}\dfrac{f(h)}{h}$

$|f(h)|\le h^2$에서 $-h^2\le f(h)\le h^2$이므로

$-\dfrac{h^2}{h}\le\dfrac{f(h)}{h}\le\dfrac{h^2}{h}$

$\displaystyle\lim_{h\to 0}\left(-\dfrac{h^2}{h}\right)=0,\ \lim_{h\to 0}\dfrac{h^2}{h}=0$이므로 $\displaystyle\lim_{h\to 0}\dfrac{f(h)}{h}=0$

$\therefore \displaystyle\lim_{h\to 0}\dfrac{f(h)-f(0)}{h}=0$

따라서 $f(x)$는 $x=0$에서 미분가능하다.   目 풀이 참조

24

[전략] $\dfrac{f(x)-f(1)}{x-1}$을 부등식으로 나타내어 $f'(1)$의 값을 구한다. 같은 방법으로 $f'(2)$의 값도 구한다.

$f(1)=2$이므로 $2x-2\le f(x)-f(1)$

$x>1$일 때 $\dfrac{f(x)-f(1)}{x-1}\ge 2$이므로

$\displaystyle\lim_{x\to 1+}\dfrac{f(x)-f(1)}{x-1}\ge\lim_{x\to 1+}2=2$ … ❶

$x<1$일 때 $\dfrac{f(x)-f(1)}{x-1}\le 2$이므로

$\displaystyle\lim_{x\to 1-}\dfrac{f(x)-f(1)}{x-1}\le\lim_{x\to 1-}2=2$ … ❷

미분가능하면 ❶, ❷의 극한이 같으므로 $f'(1)=2$이다.

또 $f(2)=6$이므로 $f(x)-f(2)\le 3(x-2)$

위와 같이 생각하면 $f'(2)=3$이다.

$\therefore f'(1)+f'(2)=2+3=5$ 目 ④

다른풀이

$y=f(x)$의 그래프는 두 직선 $y=2x$와 $y=3x$ 사이에 있다. 그리고 직선 위의 점 $\mathrm{P}(1, 2)$, $\mathrm{Q}(2, 6)$을 지나고 $x>0$에서 미분가능하므로 그림과 같다.

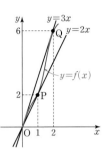

따라서 점 P, Q에서 각각 직선 $y=2x$, $y=3x$에 접한다.

미분계수는 접선의 기울기이므로

$f'(1)=2,\ f'(2)=3$

25

[전략] $f(0)$의 값을 구하고, $\dfrac{f(h)-f(0)}{h}$을 부등식으로 나타낸 다음, $h\to 0$일 때 극한값을 구한다.

(가)에 $x=0$을 대입하면 $f(0)\ge 1$

(나)에 $x=0$, $h=0$을 대입하면

$f(0)\ge f(0)f(0)$, $f(0)\{f(0)-1\}\le 0$

$f(0)\ge 1$이므로 $f(0)-1\le 0$ $\therefore f(0)=1$

(가)에서 $f(h)\ge h+1$이므로

$f(h)-1\ge h$ $\therefore f(h)-f(0)\ge h$

$h>0$일 때

$\dfrac{f(h)-f(0)}{h}\ge 1$이므로 $\displaystyle\lim_{h\to 0+}\dfrac{f(h)-f(0)}{h}\ge 1$

$h<0$일 때

$\dfrac{f(h)-f(0)}{h}\le 1$이므로 $\displaystyle\lim_{h\to 0-}\dfrac{f(h)-f(0)}{h}\le 1$

$f(x)$는 $x=0$에서 미분가능하므로

$\displaystyle\lim_{h\to 0}\dfrac{f(h)-f(0)}{h}=1$ $\therefore f'(0)=1$

$\therefore f(0)+f'(0)=1+1=2$ 目 ⑤

Note

$y=f(x)$의 그래프는 점 $(0, 1)$에서 직선 $y=x+1$에 접한다.

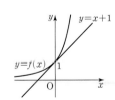

01 ①	**02** 19	**03** ①	**04** ③
05 $a=1$, $b=0$		**06** 3	**07** $m=-3$, $n=-10$
08 -6, 70			

01

[전략] $f(x)=(x-x_1)(x-x_2)(x-x_3)+k$로 놓을 수 있다.

$f(x_1)=f(x_2)=f(x_3)=k$라 하면 x^3의 계수가 1이므로

$$f(x)=(x-x_1)(x-x_2)(x-x_3)+k$$

미분하면

$$f'(x)=(x-x_2)(x-x_3)+(x-x_1)(x-x_3)$$
$$+(x-x_1)(x-x_2)$$

이므로

$$\frac{f'(x_1)f'(x_3)}{f'(x_2)}$$
$$=\frac{\{(x_1-x_2)(x_1-x_3)\}\{(x_3-x_1)(x_3-x_2)\}}{(x_2-x_1)(x_2-x_3)}$$
$$=-(x_1-x_3)^2$$

조건에서

$$-(x_1-x_3)^2=-10 \qquad \therefore |x_1-x_3|=\sqrt{10} \qquad \text{답 ①}$$

02

[전략] (가)에서 분자, 분모의 최고차항의 차수가 같다. 이를 이용하여 $f(x)$의 차수부터 구한다.

$f(x)$의 최고차항을 ax^n $(a\neq 1)$이라 하자.

$\{f(x)\}^2-f(x^2)$의 최고차항은 $(a^2-a)x^{2n}$,

$x^3f(x)$의 최고차항은 ax^{n+3}이다.

(가)에서 분자, 분모의 최고차항의 차수가 같으므로

$$2n=n+3 \qquad \therefore n=3$$

또 최고차항의 계수를 비교하면

$$\frac{a^2-a}{a}=4, \ a^2-5a=0 \qquad \therefore a=5 \ (\because a\neq 0)$$

따라서 $f(x)=5x^3+bx^2+cx+d$라 하면

$$f'(x)=15x^2+2bx+c$$

(나)에서 $\displaystyle\lim_{x\to 0}\frac{15x^2+2bx+c}{x}=4$

$x\to 0$일 때 (분모)$\to 0$이므로 $c=0$이다.

이때

$$\lim_{x\to 0}\frac{15x^2+2bx}{x}=\lim_{x\to 0}(15x+2b)=2b=4$$
$$\therefore b=2$$
$$\therefore f'(x)=15x^2+4x, \ f'(1)=15+4=19 \qquad \text{답 19}$$

03

[전략] $x=0$이나 $y=1$을 대입하여 나오는 조건부터 확인한다.
그리고 주어진 식을 평균변화율을 이용할 수 있는 꼴로 변형한다.

주어진 식에 $x=1$을 대입하면 $0=4y\{f(1)+g(y)\}$

모든 실수 y에 대하여 성립하므로 $g(y)=-f(1)$이다. 따라서

$$(x-1)\{f(x+y)-f(x-y)\}=4y\{f(x)-f(1)\}$$

$x\neq 1$, $y\neq 0$일 때 양변을 $(x-1)y$로 나누면

$$\frac{f(x+y)-f(x-y)}{y}=\frac{4\{f(x)-f(1)\}}{x-1}$$

$y\to 0$일 때 좌변은

$$\lim_{y\to 0}\left\{\frac{f(x+y)-f(x)}{y}+\frac{f(x-y)-f(x)}{-y}\right\}=2f'(x)$$

이고, 우변은 y에 대하여 상수이므로

$$2f'(x)=\frac{4\{f(x)-f(1)\}}{x-1},$$
$$(x-1)f'(x)=2\{f(x)-f(1)\} \qquad \cdots \ \bullet$$

$f(x)$의 최고차항을 ax^n이라 하면

좌변의 최고차항은 nax^n, 우변의 최고차항은 $2ax^n$이므로

$n=2$이다.

따라서 $f(x)=ax^2+bx+c$라 하면 $\bullet$에서

$$(x-1)(2ax+b)=2(ax^2+bx+c-a-b-c)$$
$$2ax^2+(b-2a)x-b=2ax^2+2bx-2a-2b$$

계수를 비교하면

$$b-2a=2b, \ -b=-2a-2b$$

곧, $b=-2a$이므로 $f(x)=ax^2-2ax+c$

$f(0)=2$이므로 $c=2$

$g(1)=1$이고 $g(y)=-f(1)$이므로 $f(1)=-1$

$$a-2a+2=-1 \qquad \therefore a=3$$
$$\therefore f(x)=3x^2-6x+2,$$
$$f(2)=12-12+2=2 \qquad \text{답 ①}$$

04

[전략] $0<t\leq 1$, $1<t\leq 2$, $2<t\leq 3$, $3<t<4$로 나누어 $f(t)$부터 구한다.

t값의 범위에 따라 그림을 그리면 다음과 같다.

(ⅰ) $0<t\leq 1$일 때

(ⅱ) $1<t\leq 2$일 때

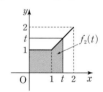

(ⅲ) $2<t\leq 3$일 때

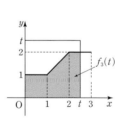

(ⅳ) $3<t<4$일 때

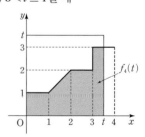

$0<t\leq 1$일 때 넓이는 $f_1(t)=t^2$

$1<t\leq 2$일 때 넓이는 정사각형과 사다리꼴의 넓이의 합을 생각하면

$$f_2(t)=1+\frac{1}{2}(t+1)(t-1)=\frac{1}{2}t^2+\frac{1}{2}$$

$2<t\leq 3$일 때 넓이는 직사각형에서 사다리꼴의 넓이를 빼면

$$f_3(t)=2t-\frac{1}{2}\times(1+2)\times 1=2t-\frac{3}{2}$$

$3<t<4$일 때 넓이는 직사각형에서 나머지 부분의 넓이를 빼면

$$f_4(t)=3t-3\times 1-\frac{1}{2}\times(1+2)\times 1=3t-\frac{9}{2}$$

따라서

$$f(t)=\begin{cases}f_1(t)=t^2 & (0<t\le 1)\\[4pt]f_2(t)=\dfrac{1}{2}t^2+\dfrac{1}{2} & (1<t\le 2)\\[4pt]f_3(t)=2t-\dfrac{3}{2} & (2<t\le 3)\\[4pt]f_4(t)=3t-\dfrac{9}{2} & (3<t<4)\end{cases}$$

이므로 $f(t)$는 $t=1,\ 2,\ 3$에서 연속이다.

또

$$f'(t)=\begin{cases}2t & (0<t<1)\\ t & (1<t<2)\\ 2 & (2<t<3)\\ 3 & (3<t<4)\end{cases}$$

이므로 $f_1{}'(1)\ne f_2{}'(1),\ f_2{}'(2)=f_3{}'(2),\ f_3{}'(3)\ne f_4{}'(3)$

따라서 $t=1$ 또는 $t=3$에서 미분가능하지 않으므로 이때 t값의 합은 $1+3=4$이다. **답 ③**

05

[전략] 함수 $|x^2+ax+b|$는 $x^2+ax+b\ne 0$인 x에서 미분가능하다.

$x^2+ax+b\ne 0$인 x에서 $|x^2+ax+b|$가 미분가능하므로 $f(x)$도 미분가능하다.

따라서 $f(x)$가 $x=0$에서 미분가능하지 않으므로

$x^2+ax+b=x(x-p)$라 할 수 있다.

(i) $p=0$일 때 $f(x)=|x^2|(x^2-1)=x^2(x^2-1)$이므로 $x=0$에서 미분가능하다. (모순)

(ii) $p\ne 0$일 때 $f(x)$는 $x=p$에서 미분가능하고 $f(p)=0$이므로

$$\lim_{x\to p-}\frac{f(x)}{x-p}=\lim_{x\to p+}\frac{f(x)}{x-p}$$

$$(\text{좌변})=\lim_{x\to p-}\frac{|x(x-p)|(x^2-1)}{x-p}=-|p|(p^2-1)$$

$$(\text{우변})=\lim_{x\to p+}\frac{|x(x-p)|(x^2-1)}{x-p}=|p|(p^2-1)$$

$p\ne 0$이므로 $p^2-1=0$ $\therefore p=\pm 1$

$p=1$이면 $f'(p)=0$이므로 $f'(1)\ne 0$에 모순이다.

$p=-1$이면 $x^2+ax+b=x(x+1)$

$\therefore a=1,\ b=0$ **답** $a=1,\ b=0$

Note

$g(x)$가 $x=1$에서 미분가능하고 $g(1)=0$이면 $|x-1|g(x)$는 $x=1$에서 미분가능하다.

따라서 $|x(x-1)|(x^2-1)$은 $x=1$에서 미분가능하고, $|x(x+1)|(x^2-1)$은 $x=-1$에서 미분가능하다.

06

[전략] $x=0$, $x=2$에서 좌미분계수, 우미분계수를 비교하여 $g(x)$에 대한 조건을 찾는다.

$f_1(x)=x+1,\ f_2(x)=k(x-2)+1$이라 하자.

$x=0$에서 연속이고 미분가능하므로

$$f_1(0)=g(0),\ f_1{}'(0)=g'(0)$$

$x=2$에서 연속이고 미분가능하므로

$$f_2(2)=g(2),\ f_2{}'(2)=g'(2)$$

$$\therefore g(0)=1,\ g(2)=1,\ g'(0)=1,\ g'(2)=k$$

$g(x)$에 대한 조건이 4개이므로 미지수가 4개인 차수가 가장 낮은 $g(x)$는 삼차함수이다. … **❶**

$g(x)-1$이 $x(x-2)$로 나누어떨어지므로

$$g(x)=x(x-2)(ax+b)+1$$
$$=ax^3-2ax^2+bx^2-2bx+1$$

로 놓을 수 있다.

$$g'(x)=3ax^2-4ax+2bx-2b$$

$g'(0)=-2b=1$에서 $b=-\dfrac{1}{2}$

$g'(2)=4a+2b=k$에서 $k=4a-1$

또 $\dfrac{1}{4}<g(1)<\dfrac{3}{4}$이고 $g(1)=-a-b+1=-a+\dfrac{3}{2}$이므로

$$\frac{1}{4}<-a+\frac{3}{2}<\frac{3}{4}\qquad \therefore \frac{3}{4}<a<\frac{5}{4}$$

$k=4a-1$에서 $2<k<4$이므로 자연수 k의 값은 3이다. **답 3**

Note

❶에서 미지수 4개로 표현할 수 있는 차수가 가장 낮은 $g(x)$는 $g(x)=ax^3+bx^2+cx+d$이므로 $g(x)$는 삼차함수이다.

주어진 경우는 그림과 같다.

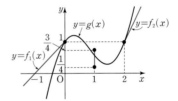

07

[전략] x값의 범위를 나누어 $g(x)$와 $f(x)g(x)$를 구한 다음 미분가능할 조건을 찾는다.

$f(x)$는 $x=3$에서 연속이므로 $g(x)$도 $x=3$에서 연속이다.

$f_1(x)=\dfrac{1}{3}x,\ f_2(x)=x^2-6x+10=(x-3)^2+1$이라 하면

$$g(x)=\begin{cases}f_1(x-m)+n & (x-m<3)\\ f_2(x-m)+n & (x-m\ge 3)\end{cases}$$

$$=\begin{cases}\dfrac{1}{3}(x-m)+n & (x-m<3)\\ (x-m-3)^2+n+1 & (x-m\ge 3)\end{cases}$$

$g_1(x)=\dfrac{1}{3}(x-m)+n,\ g_2(x)=(x-m-3)^2+n+1$이라 하면 $m<0$이므로

$$f(x)g(x)=\begin{cases}f_1(x)g_1(x) & (x<m+3)\\ f_1(x)g_2(x) & (m+3\le x<3)\\ f_2(x)g_2(x) & (x\ge 3)\end{cases}$$

이때

$$f_1{}'(x)=\frac{1}{3},\ f_2{}'(x)=2(x-3)$$

$$g_1{}'(x)=\frac{1}{3},\ g_2{}'(x)=2(x-m-3)$$

이므로

$$\{f_1(x)g_1(x)\}'$$
$$=\frac{1}{3}\left\{\frac{1}{3}(x-m)+n\right\}+\frac{1}{3}x\times\frac{1}{3}$$
$$=\frac{2}{9}x-\frac{m}{9}+\frac{n}{3}$$

$$\{f_1(x)g_2(x)\}'$$
$$=\frac{1}{3}\{(x-m-3)^2+n+1\}+\frac{1}{3}x\times2(x-m-3)$$
$$=\frac{1}{3}(x-m-3)(3x-m-3)+\frac{n+1}{3}$$

$$\{f_2(x)g_2(x)\}'$$
$$=2(x-3)\{(x-m-3)^2+n+1\}$$
$$\quad+\{(x-3)^2+1\}\times2(x-m-3)$$
$$=2(x-3)(x-m-3)(2x-m-6)$$
$$\quad+2(x-3)(n+1)+2(x-m-3)$$

$x=m+3$에서 $\{f_1(x)g_1(x)\}'=\{f_1(x)g_2(x)\}'$이므로

$$\frac{2}{9}(m+3)-\frac{m}{9}+\frac{n}{3}=\frac{n+1}{3}$$

$$\therefore m=-3$$

$x=3$에서 $\{f_1(x)g_2(x)\}'=\{f_2(x)g_2(x)\}'$이므로

$$\frac{1}{3}(-m)(6-m)+\frac{n+1}{3}=2(-m),\ 9+\frac{n+1}{3}=6$$

$$\therefore n=-10 \qquad\qquad \text{달}\ m=-3,\ n=-10$$

(Note)
$k(x)=f(x)g(x)$는 $x=m+3$, $x=3$에서만 미분가능하면 실수 전체에서 미분가능하므로

$$\lim_{h\to0-}\frac{k(m+3+h)-k(m+3)}{h}=\lim_{h\to0+}\frac{k(m+3+h)-k(m+3)}{h}$$

$$\lim_{h\to0-}\frac{k(3+h)-k(3)}{h}=\lim_{h\to0+}\frac{k(3+h)-k(3)}{h}$$

일 조건을 찾아도 된다.

08

[전략] $g(x)$가 $x=0$에서 연속인 경우, 곧 $\frac{3}{2}f(k)=f(0)$인 경우와 아닌 경우로 나누어 생각한다.

함수 $g(x)$가 $x=0$에서 연속이면 $\frac{3}{2}f(k)=f(0)$에서

$$\frac{3}{2}|3k-9|=9,\ |k-3|=2$$

$$\therefore k=1\ \text{또는}\ k=5$$

(i) $k=1$인 경우

$y=g(x)$의 그래프가 그림과 같으므로 $x=3$, $x=0$에서 미분가능하지 않다.
$g(x)h(x)$가 $x=3$에서 미분가능하므로

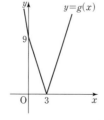

$$\lim_{x\to3-}\frac{g(x)h(x)-g(3)h(3)}{x-3}$$
$$=\lim_{x\to3-}\frac{(9-3x)h(x)}{x-3}=-3h(3)$$
$$\lim_{x\to3+}\frac{g(x)h(x)-g(3)h(3)}{x-3}$$
$$=\lim_{x\to3+}\frac{(3x-9)h(x)}{x-3}=3h(3)$$

$-3h(3)=3h(3)$이므로 $h(3)=0$ $\quad\cdots$ ❶

$g(x)h(x)$가 $x=0$에서 미분가능하므로

$$\lim_{x\to0-}\frac{g(x)h(x)-g(0)h(0)}{x}$$
$$=\lim_{x\to0-}\frac{\frac{3}{2}(6-3x)h(x)-9h(0)}{x}$$
$$=9h'(0)-\frac{9}{2}h(0)$$

$$\lim_{x\to0+}\frac{g(x)h(x)-g(0)h(0)}{x}$$
$$=\lim_{x\to0+}\frac{(9-3x)h(x)-9h(0)}{x}$$
$$=9h'(0)-3h(0)$$

$9h'(0)-\frac{9}{2}h(0)=9h'(0)-3h(0)$이므로 $h(0)=0$ $\cdots$ ❷

❶, ❷에서 $h(x)=x(x-3)(x+a)$라 하면
$h'(3)=15$이므로
$$3(3+a)=15,\ a=2$$
$$\therefore h(x)=x(x-3)(x+2)$$
따라서 $k=1$일 때 $h(1)=-6$

(ii) $k=5$인 경우

$y=g(x)$의 그래프가 그림과 같으므로 $x=-2$, $x=0$, $x=3$에서 미분가능하지 않다.

$g(x)h(x)$가 $x=3$, $x=0$, $x=-2$에서 미분가능하므로 (i)과 같은 이유로 $h(3)=h(0)=h(-2)=0$이다.

$$\therefore h(x)=x(x+2)(x-3)$$

이때 $h'(3)=15$이므로 성립한다.
따라서 $k=5$일 때 $h(5)=70$

(iii) $k\neq1$, $k\neq5$인 경우

$g(x)h(x)$가 $x=0$에서 연속이므로
$$\lim_{x\to0-}g(x)h(x)=g(0)h(0)$$
$$\frac{3}{2}|3k-9|\times h(0)=9h(0)\qquad\therefore h(0)=0\qquad\cdots$$ ❸

$g(x)h(x)$가 $x=0$에서 미분가능하므로
$$\lim_{x\to0-}\frac{g(x)h(x)-g(0)h(0)}{x}=\frac{3}{2}|3k-9|\times h'(0)$$
$$\lim_{x\to0+}\frac{g(x)h(x)-g(0)h(0)}{x}=9h'(0)$$

$\frac{3}{2}|3k-9|\times h'(0)=9h'(0)$이므로 $h'(0)=0$ $\cdots$ ❹

$g(x)h(x)$가 $x=3$에서 미분가능하므로
❶과 같은 방법으로 하면 $h(3)=0$ $\cdots$ ❺

❸, ❹, ❺에서 $h(x)$는 x^2과 $x-3$을 인수로 가지므로
$$h(x)=x^2(x-3),\ h'(3)=9$$
(나)를 만족시키지 않으므로 모순이다.

(i), (ii), (iii)에서 $h(k)$의 값은 -6, 70이다. $\qquad$ 답 $-6,\ 70$

04. 접선과 그래프

01 ①	**02** 28	**03** $a=1, b=1$	**04** ④
05 $a=1, b=4$	**06** ①	**07** ①	**08** 13
09 $a=2, b=19$	**10** ①	**11** ⑤	**12** ②
13 ④	**14** (1, 4)	**15** ③	**16** ④	**17** ①
18 ①	**19** ①	**20** $\frac{1}{2}$	**21** ③	**22** ④
23 ①	**24** ⑤	**25** ③	**26** 13	**27** ④
28 ⑤	**29** ①	**30** ②	**31** ④	**32** 1
33 ④	**34** ④	**35** -20	**36** 19	**37** ④
38 ③	**39** -7		

01

$\lim\limits_{x \to 2} \dfrac{f(x)-2}{x-2} = -3$에서

$x \to 2$일 때 (분모)$\to 0$이므로 $f(2)=2$

곧, $\lim\limits_{x \to 2} \dfrac{f(x)-f(2)}{x-2} = -3, f'(2)=-3$

$g(x)=(x-1)^2$에서 $g'(x)=2(x-1)$이므로

$g(2)=1, g'(2)=2$

$\{f(x)g(x)\}'=f'(x)g(x)+f(x)g'(x)$이므로

곡선 $y=f(x)g(x)$ 위의 $x=2$인 점에서 접선의 기울기는

$f'(2)g(2)+f(2)g'(2)=1$ 답 ①

02

곡선 $y=f(x)$ 위의 점 $(2, 1)$에서 접선의 기울기가 2이므로

$f(2)=1, f'(2)=2$

$g(x)=x^3 f(x)$에서

$g'(x)=3x^2 f(x)+x^3 f'(x)$

이므로

$g'(2)=12f(2)+8f'(2)=28$ 답 28

03

$f(x)=x^3-ax+b$라 하면 $f'(x)=3x^2-a$

곡선 $y=f(x)$ 위의 점 $(1, 1)$에서 접선의 기울기가 2이므로

$f(1)=1, f'(1)=2$

$1-a+b=1, 3-a=2$

$\therefore a=1, b=1$ 답 $a=1, b=1$

04

$f'(x)=(x-3)(x-a)+x(x-a)+x(x-3)$

조건에서 $f'(0)f'(3)=-1$이므로

$3a \times 3(3-a)=-1$

$9a^2-27a-1=0$

근과 계수의 관계에서 a값의 합은 $\dfrac{27}{9}=3$ 답 ④

05

$f'(x)=6x^2+6x-10$이고 $f'(a)=2$이므로

$6a^2+6a-10=2, a^2+a-2=0$

$a>0$이므로 $a=1$

$\therefore b=f(1)=4$ 답 $a=1, b=4$

06

$f(x)=x^2+x+1$이라 하면 $f'(x)=2x+1$

점 $(1, 3)$에서 접선의 기울기는 $f'(1)=3$이므로

접선의 방정식은

$y-3=3(x-1)$ $\therefore y=3x$

따라서 $a=3, b=0$이므로 $a+b=3$이다.   답 ①

07

$f'(x)=3x^2+a$이고 점 $(1, f(1))$에서 접선의 기울기는 4이므로

$f'(1)=3+a=4$ $\therefore a=1$

이때 $f(1)=2$

접선 $y=4x+b$가 점 $(1, 2)$를 지나므로

$2=4+b$ $\therefore b=-2$

$\therefore ab=-2$ 답 ①

08

$f(x)=x^3-x^2+a$라 하면

$f'(x)=3x^2-2x, f'(1)=1$

따라서 점 $(1, a)$에서 접선의 방정식은

$y-a=x-1$ $\therefore y=x+a-1$

이 직선이 점 $(0, 12)$를 지나므로

$12=a-1$ $\therefore a=13$ 답 13

09

$f(x)=x^3+2x+7$이라 하면

$f'(x)=3x^2+2, f'(-1)=5$

따라서 점 $(-1, 4)$에서 접선의 방정식은

$y-4=5(x+1)$ $\therefore y=5x+9$

곡선 $y=x^3+2x+7$과 직선 $y=5x+9$에서

$x^3+2x+7=5x+9$

$x^3-3x-2=0, (x+1)^2(x-2)=0$

따라서 곡선과 직선은 $x=-1$과 $x=2$에서 만난다.

$a \neq -1$이므로 $a=2$

$\therefore b=f(2)=19$ 답 $a=2, b=19$

10

$f(x)=x^3+ax^2+bx+c$라 하자.

점 $(2, 4)$를 지나므로 $f(2)=4$

점 $(-1, 1)$을 지나므로 $f(-1)=1$

점 $(2, 4)$에서 접선의 기울기는 두 점 $(2, 4)$, $(-1, 1)$을 지나는 직선의 기울기인 $\dfrac{4-1}{2-(-1)}=1$이므로 $f'(2)=1$

$f(2)=4$에서 $4a+2b+c=-4$ $\cdots$ ❶

$f(-1)=1$에서 $a-b+c=2$ $\cdots$ ❷

$f'(x)=3x^2+2ax+b$이므로

$f'(2)=1$에서 $4a+b=-11$ $\cdots$ ❸

❶, ❷, ❸을 연립하여 풀면 $a=-3$, $b=1$, $c=6$

$\therefore f'(x)=3x^2-6x+1$, $f'(3)=10$　　답 ①

다른 풀이

두 점 $(2,4)$, $(-1,1)$을 지나는 직선의 방정식이 $y=x+2$이다.

따라서 $g(x)=x+2$라 하면 방정식 $f(x)-g(x)=0$의 해는 $x=2$ (중근), $x=-1$이다.

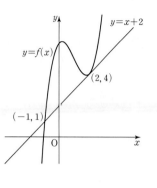

$f(x)-(x+2)$
$=(x-2)^2(x+1)$
$f(x)=x^3-3x^2+x+6$
$f'(x)=3x^2-6x+1$

11

$f(x)=x^3+x+2$라 하면 $f'(x)=3x^2+1$

직선 $y=4x+1$과 평행한 접선의 접점의 x좌표를 a라 하면

$f'(a)=4$, $3a^2+1=4$　　$\therefore a=\pm1$

$f(1)=4$, $f(-1)=0$이므로 접점은 $(1,4)$, $(-1,0)$이고 접선의 방정식은

$y-4=4(x-1)$, $y=4(x+1)$

곧, $4x-y=0$, $4x-y+4=0$

두 접선 사이의 거리는 $4x-y+4=0$ 위의 점 $(-1,0)$과 직선 $4x-y=0$ 사이의 거리와 같으므로

$$d=\frac{|-4|}{\sqrt{4^2+1^2}}=\frac{4}{\sqrt{17}}$$

$$\therefore 17d^2=17\times\frac{16}{17}=16$$　　답 ⑤

12

$f(x)=x^3-3x^2+x+1$이라 하면 $f'(x)=3x^2-6x+1$

두 점 A, B에서의 접선이 평행하므로 점 B의 x좌표를 b라 하면 $f'(b)=f'(3)=10$이다.

$3b^2-6b+1=10$, $b^2-2b-3=0$

$b\ne3$이므로 $b=-1$

$f(-1)=-4$이므로 점 B$(-1,-4)$에서 접선의 방정식은

$y+4=10(x+1)$　　$\therefore y=10x+6$

따라서 이 직선의 y절편은 6이다.　　답 ②

13

$f(x)=x^3-3x^2+6$이라 하면 $f'(x)=3x^2-6x$

곡선 위의 점 $(a,f(a))$에서 접선의 기울기는

$f'(a)=3a^2-6a=3(a-1)^2-3$

이므로 $a=1$일 때 접선의 기울기의 최솟값은 -3이다.

$f(1)=4$이므로 기울기가 최소인 접선의 접점은 $(1,4)$이다. 그리고 이 점에서 접선의 방정식은

$y-4=-3(x-1)$　　$\therefore y=-3x+7$

따라서 이 직선의 y절편은 7이다.　　답 ④

14

점 P에서의 접선이 직선 $x-y-10=0$에 평행할 때, P와 직선 사이의 거리가 최소이다.

$f(x)=\dfrac{1}{3}x^3+\dfrac{11}{3}$이라 하면

$f'(x)=x^2$

P(a,b)라 하면 P에서 접선의 기울기가 1이므로

$f'(a)=1$, $a^2=1$

$a>0$이므로

$a=1$, $b=f(1)=4$

따라서 점 P의 좌표는 $(1,4)$이다.

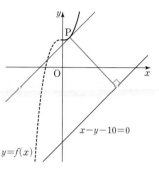

답 $(1,4)$

15

$f(x)=x^3+2x+3$이라 하면 $f'(x)=3x^2+2$

P$(a,f(a))$라 하면 접선의 기울기는

$f'(a)=3a^2+2$이고 $f(a)=a^3+2a+3$이므로

접선의 방정식은

$y-(a^3+2a+3)=(3a^2+2)(x-a)$

점 A$(0,5)$를 지나므로

$5-a^3-2a-3=(3a^2+2)(-a)$, $a^3=-1$

a는 실수이므로 $a=-1$, $f(-1)=0$

따라서 P$(-1,0)$이므로

$\overline{\mathrm{AP}}=\sqrt{1^2+5^2}=\sqrt{26}$　　답 ③

16

$f(x)=x^2-4x+4$라 하면 $f'(x)=2x-4$

접점을 $(a,f(a))$라 하면 접선의 기울기는 $f'(a)=2a-4$이고 $f(a)=a^2-4a+4$이므로 $x=a$인 점에서 접선의 방정식은

$y-(a^2-4a+4)=(2a-4)(x-a)$

점 A$(3,-3)$을 지나므로

$-3-a^2+4a-4=(2a-4)(3-a)$

$a^2-6a+5=0$

$\therefore a=1$ 또는 $a=5$

$f(1)=1$, $f(5)=9$이므로 접점은 $(1,1)$, $(5,9)$이다.

따라서 △ABC의 넓이는

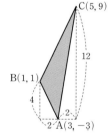

$$\frac{1}{2}(4+12)\times4-\frac{1}{2}\times2\times4-\frac{1}{2}\times2\times12$$

$$=16$$　　답 ④

17

$f(x)=-x^2+4$, $g(x)=2x^2+ax+b$라 하자.

곡선 $y=g(x)$가 점 A를 지나므로

$g(2)=0$, $8+2a+b=0$　　$\cdots$ ❶

점 A에서 두 접선의 기울기가 같으므로 $f'(2)=g'(2)$

$f'(x)=-2x$, $g'(x)=4x+a$이므로

$-4=8+a$　　$\therefore a=-12$

❶에 대입하면 $b=16$

$\therefore a+b=4$　　답 ①

18

$f(x)=x^3, g(x)=-x^2+5x+k$라 하면
$$f'(x)=3x^2, \ g'(x)=-2x+5$$
점 P의 x좌표를 p라 하자.
점 P에서 두 곡선이 만나므로
$$f(p)=g(p) \qquad \therefore p^3=-p^2+5p+k \qquad \cdots ❶$$
점 P에서 두 접선의 기울기가 같으므로
$$f'(p)=g'(p) \qquad \therefore 3p^2=-2p+5 \qquad \cdots ❷$$
❷에서 $(p-1)(3p+5)=0$
$p>0$이므로 $p=1$
❶에 대입하면 $k=-3$
$f(1)=1, \ f'(1)=3$이므로 접선의 방정식은
$$y-1=3(x-1) \qquad \therefore y=3x-2$$
$$\therefore k^2+a^2+b^2=(-3)^2+3^2+(-2)^2=22 \qquad \text{답 ①}$$

19

함수 $f(x)=x^2-2x+3$은 구간 $[-3, 2]$에서 연속이고 구간 $(-3, 2)$에서 미분가능하므로 평균값 정리에 의하여
$$\frac{f(2)-f(-3)}{2-(-3)}=f'(c)$$
인 c가 구간 $(-3, 2)$에 적어도 하나 존재한다.
$f'(x)=2x-2$이므로 $\dfrac{3-18}{5}=2c-2$
$$\therefore c=-\frac{1}{2} \qquad \text{답 ①}$$

20

$f'(x)=2x$이므로
$$(a+h)^2=a^2+h\times 2(a+\theta h)$$
$$2ah+h^2=2h(a+\theta h)$$
$$2a+h=2a+2\theta h \qquad \therefore \theta=\frac{1}{2} \qquad \text{답 } \frac{1}{2}$$

21

구간 $[1, 3]$에서 평균값 정리를 생각하면
$$\frac{f(3)-f(1)}{3-1}=f'(c)$$
인 c가 구간 $(1, 3)$에 적어도 하나 존재한다.
$|f'(c)|\le 1$이므로 $\left|\dfrac{4-f(1)}{2}\right|\le 1$
$$\therefore 2\le f(1)\le 6$$
$$\therefore a+b=2+6=8 \qquad \text{답 ③}$$

22

모든 실수 x에 대하여
$$f'(x)=3x^2+2ax+2a\ge 0$$
이므로
$$\frac{D}{4}=a^2-6a\le 0 \qquad \therefore 0\le a\le 6$$
따라서 a의 최댓값은 6, 최솟값은 0이므로 차는 6이다. 답 ④

Note
$f'(x)>0$이면 $f(x)$가 증가한다.
$f(x)$가 증가하면 $f'(x)\ge 0$이다.

23

$f(x)$의 역함수가 존재하면 $f(x)$는 일대일대응이다.
그리고 $f(x)$에서 x^3의 계수가 양수이므로 $f(x)$는 모든 실수 x에서 증가한다.
$$f'(x)=x^2-2ax+3a\ge 0$$
이므로
$$\frac{D}{4}=a^2-3a\le 0 \qquad \therefore 0\le a\le 3$$
따라서 a의 최댓값은 3이다. 답 ①

24

$f'(x)\le 0$의 해가 $1\le x\le 4$이다.
$$f'(x)=6x^2-6ax+6(a-1)=6(x-a+1)(x-1)$$
이므로 $a-1=4 \qquad \therefore a=5$ 답 ⑤

25

$$f'(x)=x^2-9=(x+3)(x-3)$$
구간 $(-a, a)$에서 $f'(x)\le 0$이므로
$$a\le 3$$
따라서 a의 최댓값은 3이다.

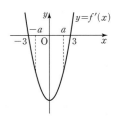

답 ③

26

$f'(x)=3x^2-2(a+2)x+a$이므로 점 $(t, f(t))$에서 접선의 방정식은
$$y-\{t^3-(a+2)t^2+at\}=\{3t^2-2(a+2)t+a\}(x-t)$$
$x=0$일 때 $y=g(t)$이므로
$$g(t)-\{t^3-(a+2)t^2+at\}=\{3t^2-2(a+2)t+a\}(-t)$$
$$\therefore g(t)=-2t^3+(a+2)t^2$$
$g'(t)=-6t^2+2(a+2)t$이고
$0<t<5$에서 $g(t)$가 증가하면
이 구간에서 $g'(t)\ge 0$이므로
$$g'(0)\ge 0, \ g'(5)\ge 0$$
이다. $g'(0)=0$이므로
$$g'(5)=-150+10(a+2)\ge 0$$
$$a\ge 13$$
따라서 a의 최솟값은 13이다. 답 13

27

ㄱ. $f'(x)$의 부호가 양에서 음으로 바뀌므로 $x=5$에서 극대이다. (참)

ㄴ. $f'(x)$의 부호가 $x=-5, x=5$에서 바뀌므로 극값의 개수는 2이다. (거짓)

ㄷ. 구간 $(-4, -2)$에서 $f'(x)>0$이므로 증가한다. (참)

따라서 옳은 것은 ㄱ, ㄷ이다. 답 ④

28

$$f'(x)=3x^2-12x+9=3(x-1)(x-3)$$

$f'(x)=0$에서 $x=1$ 또는 $x=3$이다.

x	$\cdots$	1	$\cdots$	3	$\cdots$
$f'(x)$	$+$	0	$-$	0	$+$
$f(x)$	↗	극대	↘	극소	↗

$f(x)$는 $x=1$에서 극대, $x=3$에서 극소이다.

극댓값은 $f(1)=13$, 극솟값은 $f(3)=0$이므로

$$a=9,\ b=13 \qquad \therefore ab=117$$ 답 ⑤

29

$$f'(x)=3x^2+2ax+a^2-4a$$

이차방정식 $f'(x)=0$이 서로 다른 두 실근을 가지므로

$$\frac{D}{4}=a^2-3(a^2-4a)>0,\ a^2-6a<0$$

곧, $0<a<6$이므로 정수 a는 1, 2, 3, 4, 5이고 5개이다. 답 ①

Note

삼차함수 $f(x)$가 극값을 가지면
이차방정식 $f'(x)=0$이 서로 다른 두 실근을 갖는
다. 이때 극댓값과 극솟값을 모두 갖는다.

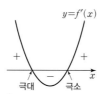

30

$$f'(x)=3x^2+2ax+3$$

$0<x<2$에서 이차방정식 $f'(x)=0$이
서로 다른 두 실근을 갖는다.

$f'(0)=3$이므로

(i) $\dfrac{D}{4}=a^2-9>0$

$\qquad \therefore a<-3$ 또는 $a>3$

(ii) 축: $0<-\dfrac{a}{3}<2 \qquad \therefore -6<a<0$

(iii) $f'(2)=15+4a>0 \qquad \therefore a>-\dfrac{15}{4}$

(i), (ii), (iii)에서 $-\dfrac{15}{4}<a<-3$ 답 ②

31

$$f'(x)=3x^2+2ax+b$$

$x=0$에서 극솟값이 1이므로 $f'(0)=0, f(0)=1$에서

$$b=0,\ c=1$$

$x=-2$에서 극대이므로 $f'(-2)=0$

$$12-4a+b=0 \qquad \therefore a=3$$

$$\therefore a+b+c=4$$ 답 ④

32

$f(x)=x^3+ax^2+bx+c$라 하면

$$f'(x)=3x^2+2ax+b$$

$x=-3$에서 극대, $x=1$에서 극소이므로 $f'(-3)=0, f'(1)=0$에서

$$27-6a+b=0,\ 3+2a+b=0$$

연립하여 풀면 $a=3, b=-9$

$$\therefore f(x)=x^3+3x^2-9x+c$$

$f(-3)+f(1)=20$이므로

$$(27+c)+(-5+c)=20 \qquad \therefore c=-1$$

$$\therefore f(x)=x^3+3x^2-9x-1, f(2)=1$$ 답 1

33

$$g'(x)=3x^2 f(x)+(x^3+2)f'(x)$$

함수 $g(x)$가 $x=1$에서 극솟값 24를 가지므로 $g'(1)=0$,
$g(1)=24$에서

$$g'(1)=3f(1)+3f'(1)=0$$

$$g(1)=3f(1)=24$$

연립하여 풀면 $f(1)=8, f'(1)=-8$

$$\therefore f(1)-f'(1)=8-(-8)=16$$ 답 ④

34

그래프가 x축에 접하면 극댓값 또는 극솟값이 0이다.

$f(x)=x^3-3ax^2+4a$라 하면

$$f'(x)=3x^2-6ax$$

$$=3x(x-2a)$$

$f'(x)=0$에서 $x=0$ 또는 $x=2a$

$f(0)=4a>0$이므로 $f(2a)=0$에서

$$-4a^3+4a=0,\ a(a^2-1)=0$$

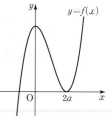

$a>0$이므로 $a=1$ 답 ④

35

(나)에서 $f'(0)=-12, f(0)=0$

$f(0)=0$이므로 $f(x)=ax^3+bx^2+cx$라 하면

$$f'(x)=3ax^2+2bx+c$$

$f'(0)=-12$에서 $c=-12$

이때 $f(x)=ax^3+bx^2-12x, f'(x)=3ax^2+2bx-12$

(가)에서 $f'(-1)=0, f(-1)=7$이므로

$$3a-2b-12=0,\ -a+b+12=7$$

연립하여 풀면 $a=2, b=-3$

이때 $f'(x)=6x^2-6x-12=6(x+1)(x-2)$

$f'(x)=0$에서 $x=-1$ 또는 $x=2$이다.

x	$\cdots$	-1	$\cdots$	2	$\cdots$
$f'(x)$	$+$	0	$-$	0	$+$
$f(x)$	↗	극대	↘	극소	↗

$f(x)=2x^3-3x^2-12x$이므로 극솟값은

$$f(2)=-20$$ 답 -20

36

$$f'(x)=3x^2-2ax-100$$

방정식 $f'(x)=0$의 해를 $\alpha, \beta\ (\alpha<\beta)$
라 하면 조건에서 $\alpha<a<\beta$이다.
그런데 $f'(x)$의 x^2의 계수가 양수이므
로 $f'(a)<0$이다.

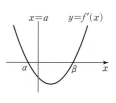

$$f'(a)=3a^2-2a^2-100<0$$
$$\therefore\ -10<a<10$$
따라서 정수 a는 19개이다.　　　　　　　　　　　🖪 19

37

$$f'(x)=4x^3+6ax^2+12(a-1)x$$
$$=2x(2x^2+3ax+6a-6)$$

$x=0$이 방정식 $f'(x)=0$의 해이므로
$g(x)=2x^2+3ax+6a-6$이라 하면 방정식 $g(x)=0$은 $x=0$
이 근이거나 중근 또는 허근을 갖는다.

따라서 $g(0)=0$ 또는 $g(x)=0$의 판별식 $D\le0$이다.

(i) $g(0)=0$일 때
$$6a-6=0 \qquad \therefore a=1$$

(ii) $D\le0$일 때
$$9a^2-8(6a-6)\le0,\ (3a-4)(a-4)\le0$$
$$\therefore\ \frac{4}{3}\le a\le4$$

(i) 또는 (ii)에서 정수 a는 1, 2, 3, 4이고 그 합은 10이다.　🖪 ④

(Note)
최고차항의 계수가 양수인 사차함수 $f(x)$가 극값을 가질 조건
① 삼차방정식 $f'(x)=0$이 서로 다른 세 실근을 가지면
➡ 극댓값과 극솟값을 모두 갖는다.
② $f'(x)=0$이 중근 또는 허근을 가지면
➡ 극솟값만 갖는다.

38

$y=f(x)$의 그래프는 그림과 같다.

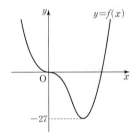

$f(x)=x^4+ax^3+bx^2+cx+d$라 하면
$$f'(x)=4x^3+3ax^2+2bx+c$$
(가)에서 $f(0)=0$, $f'(0)=0$이므로 $d=0$, $c=0$
이때 $f'(x)=4x^3+3ax^2+2bx$
$f'(0)=0$이고 $f(x)$는 $x=0$에서 극값을 갖지 않으므로 $x=0$은
방정식 $f'(x)=0$의 중근이다.
따라서 $b=0$이고
$$f'(x)=4x^3+3ax^2=x^2(4x+3a)$$
$f'(x)=0$에서 $x=0$ 또는 $x=-\dfrac{3}{4}a$

극솟값이 -27이므로 $f\left(-\dfrac{3}{4}a\right)=-27$

$f(x)=x^4+ax^3$이므로 $-\dfrac{27}{4^4}a^4=-27$, $a^4=4^4$

$-\dfrac{3}{4}a>0$이므로 $a<0$ 　　$\therefore a=-4$

$\qquad \therefore f(x)=x^4-4x^3$, $|f(2)|=16$　　🖪 ③

39

$f(x)=f(-x)$이므로 $y=f(x)$의 그래프는 y축에 대칭이다.
또 $f'(2)=0$이므로 $f'(-2)=0$이다.
따라서 $f(x)$는 $x=-2$와 $x=2$에서 극값을 가진다.

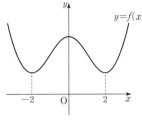
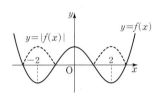

[그림 1]　　　　　　　　[그림 2]

[그림 1]과 같이 $f(2)\ge0$이면 $|f(x)|$는 모든 실수에서 미분가
능하고, [그림 2]와 같이 $f(2)<0$, $f(0)>0$이면 $|f(x)|$는 미분
가능하지 않은 점이 4개이다.

따라서 $y=f(x)$의 그래프는
[그림 3]과 같고
$f(2)<0$, $f(0)\le0$이다.
따라서 $f(1)$이 최대이면
$f(0)=0$이다.
$f(x)=f(-x)$이므로
$f(x)=x^4+ax^2+b$라 하면
$$f'(x)=4x^3+2ax$$
$f(0)=0$이므로 $b=0$
$f'(2)=0$이므로 $32+4a=0$
$\qquad \therefore a=-8$

[그림 3]

따라서 $f(1)$이 최대일 때 $f(x)=x^4-8x^2$이고 최댓값은
$$f(1)=-7$$　　　　　　　🖪 -7

(Note)
$f(x)=ax^4+bx^3+cx^2+dx+e$라 하자.
① $f(-x)=f(x)$이면
$$ax^4-bx^3+cx^2-dx+e=ax^4+bx^3+cx^2+dx+e$$
$2bx^3+2dx=0$이므로 $b=d=0$
$\qquad \therefore f(x)=ax^4+cx^2+e$
② $f(-x)=-f(x)$이면
$$ax^4-bx^3+cx^2-dx+e=-ax^4-bx^3-cx^2-dx-e$$
$2ax^4+2cx^2+2e=0$이므로 $a=c=e=0$
$\qquad \therefore f(x)=bx^3+dx$
따라서 $f(x)$가 다항식일 때 $f(-x)=f(x)$이면 $f(x)$는 차수가 짝수인 항과
상수항만으로 이루어진 식이고, $f(-x)=-f(x)$이면 차수가 홀수인 항만으
로 이루어진 식이다.

01 20	**02** $y=-4x+9$	**03** ③	**04** ④
05 ④	**06** 32	**07** $\dfrac{5}{3}$	**08** ①	**09** 9
10 ②	**11** $\dfrac{2}{3}$	**12** ①	**13** ①	**14** ④
15 ③	**16** ①	**17** ①	**18** ①	**19** ⑤
20 ①	**21** ①	**22** 20	**23** ⑤	**24** ①
25 128	**26** (5)	**27** $-\dfrac{\sqrt{15}}{3}$	**28** (4)
29 $a=0$, $b=-8$, $c=0$	**30** ①

01

[전략] $f(x)-x^2=g(x)$로 놓고 $g(x)$에 대한 조건부터 찾는다.

$g(x)=f(x)-x^2$이라 하면 $\lim\limits_{x\to 1}\dfrac{g(x)}{x-1}=-2$

$x\to 1$일 때 (분모)$\to 0$이므로 $g(1)=0$이다.

이때 $\lim\limits_{x\to 1}\dfrac{g(x)-g(1)}{x-1}=-2$이므로 $g'(1)=-2$

$g(1)=0$이므로 $f(1)-1=0$, $f(1)=1$

$g'(x)=f'(x)-2x$이고 $g'(1)=-2$이므로

$f'(1)-2=-2$ ∴ $f'(1)=0$

$f(0)=2$이므로 $f(x)=x^3+ax^2+bx+2$라 하자.

$f(1)=1$이므로

$1+a+b+2=1$ ⋯ ❶

$f'(x)=3x^2+2ax+b$이고 $f'(1)=0$이므로

$3+2a+b=0$ ⋯ ❷

❶, ❷를 연립하여 풀면 $a=-1$, $b=-1$

∴ $f'(x)=3x^2-2x-1$, $f'(3)=20$　　답 20

02

[전략] 점 $(2, g(2))$에서 접선의 방정식은 $y-g(2)=g'(2)(x-2)$이므로 조건에서 $g(2)$, $g'(2)$의 값을 구한다.

(나)에서 $x\to 2$일 때 (분모)$\to 0$이므로

$f(2)-g(2)=0$

(가)에서 $g(2)=8f(2)-7$이므로

$g(2)=f(2)=1$ ⋯ ❶

또 (나)에서

$$\lim_{x\to 2}\frac{f(x)-g(x)}{x-2}=\lim_{x\to 2}\left\{\frac{f(x)-f(2)}{x-2}-\frac{g(x)-g(2)}{x-2}\right\}$$
$$=f'(2)-g'(2)=2 ⋯ ❷$$

(가)에서 $g'(x)=3x^2f(x)+x^3f'(x)$이므로

$g'(2)=12f(2)+8f'(2)$

❶, ❷를 대입하면

$g'(2)=12+8\{2+g'(2)\}$ ∴ $g'(2)=-4$

따라서 구하는 접선의 방정식은

$y-1=-4(x-2)$ ∴ $y=-4x+9$　　답 $y=-4x+9$

03

[전략] 점 P에서 접선의 기울기는 $f'(a)$이고 이 접선에 수직인 직선의 기울기는 $-\dfrac{1}{f'(a)}$이다.

$f(x)=x^2$이라 하면 $f'(x)=2x$

따라서 l의 기울기는 $f'(a)=2a$, m의 기울기는 $-\dfrac{1}{2a}$이다.

l의 방정식은 $y-a^2=2a(x-a)$

$x=0$을 대입하면 $y=-a^2$이므로 $\mathrm{A}(0, -a^2)$

m의 방정식은 $y-a^2=-\dfrac{1}{2a}(x-a)$

$x=0$을 대입하면 $y=a^2+\dfrac{1}{2}$이므로 $\mathrm{B}\left(0, a^2+\dfrac{1}{2}\right)$

삼각형 APB의 넓이가 $\dfrac{17}{2}$이므로

$\dfrac{1}{2}a\left(a^2+\dfrac{1}{2}+a^2\right)=\dfrac{17}{2}$, $4a^3+a-34=0$

$(a-2)(4a^2+8a+17)=0$

$a>0$이므로 $a=2$　　답 ③

04

[전략] 교점을 α, β, γ라 하면 $f(x)-x=2(x-\alpha)(x-\beta)(x-\gamma)$라 할 수 있다.

A, B, C에서 x축에 내린 수선의 발을 각각 A′, B′, C′이라 하면 $\overline{\mathrm{A'B'}}=2$, $\overline{\mathrm{B'C'}}=3$이므로 A, B, C의 x좌표를 α, $\alpha+2$, $\alpha+5$라 할 수 있다.

$f(x)$는 x^3의 계수가 2이므로

$f(x)-x=2(x-\alpha)(x-\alpha-2)(x-\alpha-5)$

$f'(x)=2(x-\alpha-2)(x-\alpha-5)+2(x-\alpha)(x-\alpha-5)$
$\qquad\qquad +2(x-\alpha)(x-\alpha-2)+1$

따라서 B에서 $y=f(x)$에 접하는 직선의 기울기는

$f'(\alpha+2)=2\times 2\times(-3)+1=-11$　　답 ④

05

[전략] $\overline{\mathrm{OQ}}:\overline{\mathrm{OR}}=3:1$이 주어졌으므로 $\overline{\mathrm{OQ}}$, $\overline{\mathrm{OR}}$의 길이를 a에 대한 식으로 나타낸다.

$f(x)=\dfrac{1}{3}x^3-x$라 하면 $f'(x)=x^2-1$

P에서 접선의 방정식은

$y-\dfrac{1}{3}a^3+a=(a^2-1)(x-a)$

$x=0$을 대입하면 $y=-\dfrac{2}{3}a^3$ ∴ $\overline{\mathrm{OQ}}=\dfrac{2}{3}a^3$

또 R의 y좌표는 $f(a)-\dfrac{1}{3}a^3=-a$이므로 $\overline{\mathrm{OR}}=\dfrac{1}{3}a^3-a$

$\overline{\mathrm{OQ}}:\overline{\mathrm{OR}}=3:1$이므로 $\overline{\mathrm{OQ}}=3\overline{\mathrm{OR}}$

$\dfrac{2}{3}a^3=a^3-3a$, $a(a+3)(a-3)=0$

$a>0$이므로 $a=3$

∴ $b=f(3)=6$, $ab=18$　　답 ④

06

[전략] 정사각형의 네 꼭짓점이 모두 좌표축 위에 있으므로 직선 AB, CD는 기울기가 1인 접선이다.

$f(x)=x^3-5x$라 하면 $f'(x)=3x^2-5$

접점의 x좌표를 a라 하면 접선의 기울기가 1이므로 $f'(a)=1$에서

$$3a^2-5=1 \qquad \therefore a=\pm\sqrt{2}$$
$f(\sqrt{2})=-3\sqrt{2}$이므로 직선 CD의 방정식은
$$y+3\sqrt{2}=x-\sqrt{2} \qquad \therefore y=x-4\sqrt{2}$$
$\overline{OD}=4\sqrt{2}$이므로 $\overline{CD}=8$이다.
따라서 정사각형 ABCD의 둘레의 길이는 $4\times8=32$이다.

답 32

07

[전략] m의 기울기는 $f'(3)$이므로 바로 구할 수 있다.
　　　 m의 기울기와 $\overline{AD}:\overline{DB}=3:1$을 이용하여 l의 기울기를 구한다.

$$f'(x)=-3x^2+8x-3$$
$f'(3)=-6$이므로 $\overline{DB}=k$라 하면 $\overline{CD}=6k$
또 $\overline{AD}:\overline{DB}=3:1$이므로 $\overline{AD}=3k$
따라서 직선 AC의 기울기는 $\dfrac{6k}{3k}=2$
직선 l의 기울기가 2이므로 $f'(a)=2$에서
$$-3a^2+8a-3=2,\ 3a^2-8a+5=0$$
따라서 근과 계수의 관계에서 a값의 곱은 $\dfrac{5}{3}$이다.

답 $\dfrac{5}{3}$

08

[전략] 접선의 방정식을 구한 다음, 접선의 방정식과 $y=f(x)$에서 y를 소거
　　　 하면 교점의 x좌표를 구할 수 있다.

$f'(x)=3x^2+a$이므로 A에서 접선의 기울기는
$f'(-1)=3+a$이고, 접선의 방정식은
$$y=(3+a)(x+1)-1-a$$
곡선 $y=f(x)$와 이 직선에서
$$x^3+ax=(3+a)(x+1)-1-a$$
$$x^3-3x-2=0,\ (x+1)^2(x-2)=0$$
$$\therefore x=-1\ (중근)\ 또는\ x=2$$
따라서 $b=2$이고 B의 좌표는 $(2,\ 8+2a)$이다.
$f'(2)=12+a$이므로 B에서 접선의 방정식은
$$y=(12+a)(x-2)+8+2a$$
곡선 $y=f(x)$와 이 직선에서
$$x^3+ax=(12+a)(x-2)+8+2a$$
$$x^3-12x+16=0,\ (x-2)^2(x+4)=0$$
$$\therefore x=2\ (중근)\ 또는\ x=-4$$
따라서 $c=-4$이고 C의 좌표는 $(-4,\ -64-4a)$이다.
$f(b)+f(c)=-80$이므로 $f(2)+f(-4)=-80$
$$8+2a-64-4a=-80 \qquad \therefore a=12$$

답 ③

09

[전략] 직선 m은 $y=x$이므로 두 점 B, C의 x좌표를 각각 b, c라 하면 방정
　　　 식 $f(x)-x=0$의 해는 $x=b$ (중근), $x=c$이다. 이를 이용하여 $f(x)$
　　　 를 나타낸다.

두 점 B, C의 x좌표를 각각 b, c라 하면 직선 $y=x$와 곡선
$y=f(x)$가 두 점 B, C에서 만나고 $f(x)$는 최고차항의 계수가
1인 삼차함수이므로
$$f(x)-x=(x-b)^2(x-c) \qquad \cdots\ ❶$$
로 놓을 수 있다.

B$(b,\ b)$이고 l의 기울기가 -1이므로 l의 방정식은
$y=-x+2b$이다.
따라서 A$(0,\ 2b)$이고 $f(0)=2b$이다.
조건에서 $f(0)>0$이므로 $b>0$이다.
❶의 양변에 $x=0$을 대입하면 $2b=-b^2c$
$b>0$이므로 $bc=-2$ $\cdots$ ❷
A에서의 접선이 $y=-x+2b$이므로 $f'(0)=-1$이다.
❶에서
$$f'(x)-1=2(x-b)(x-c)+(x-b)^2 \qquad \cdots\ ❸$$
양변에 $x=0$을 대입하면 $-2=2bc+b^2$
❷를 대입하면 $b^2=2$
$b>0$이므로 $b=\sqrt{2},\ c=-\sqrt{2}$
❸에서 $f'(x)=2(x-\sqrt{2})(x+\sqrt{2})+(x-\sqrt{2})^2+1$
따라서 C에서 접선의 기울기는 $f'(-\sqrt{2})=9$ 답 9

Note

$f(0)=d$라 하면 직선 l은 $y=-x+d$이다.
곡선 $y=f(x)$와 직선 l의 교점을 생각하면
$$f(x)+x-d=x^2(x-b)$$
이를 이용하여 풀 수도 있다.

10

[전략] 직선 AB와 기울기가 같은 접선의 방정식을 구한다.

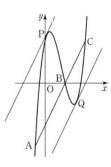

직선 AB의 기울기가 3이므로 접선의
기울기는 3이다.
$f'(x)=2x-4$이므로 접점의 x좌표
를 p라 하면 $f'(p)=3$에서
$$2p-4=3 \qquad \therefore p=\dfrac{7}{2}$$
$f\left(\dfrac{7}{2}\right)=\dfrac{21}{4}$이므로 접선의 방정식은
$$y-\dfrac{21}{4}=3\left(x-\dfrac{7}{2}\right)$$
$x=1$을 대입하면 $y=-\dfrac{9}{4}$이므로 D$\left(1,\ -\dfrac{9}{4}\right)$
사각형 ABCD는 평행사변형이므로 넓이는
$$(6-1)\left(4+\dfrac{9}{4}\right)=\dfrac{125}{4}$$

답 ②

11

[전략] A, C는 고정된 점이므로 삼각형 ACP와 AQC의 넓이가 각각 최대
　　　 일 때를 생각한다.

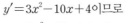

사각형 AQCP의 넓이는 삼각형 ACP
의 넓이와 삼각형 AQC의 넓이의 합이
므로 점 P, Q와 직선 AC 사이의 거리
가 최대일 때 삼각형과 사각형의 넓이
가 최대이다.
직선 AC의 기울기가 2이므로 그림과
같이 P, Q는 접선의 기울기가 2일 때의
접점이다.
$y'=3x^2-10x+4$이므로
$$3x^2-10x+4=2$$
$$3x^2-10x+2=0$$

이 방정식의 두 근이 P, Q의 x좌표이므로 근과 계수의 관계에서 P, Q의 x좌표의 곱은 $\dfrac{2}{3}$이다.   🅐 $\dfrac{2}{3}$

12

[전략] $\displaystyle\lim_{x\to 0}\dfrac{f_i(x)+2kx}{f_i(x)+kx}$ 는 $\dfrac{0}{0}$ 꼴의 극한이다.

먼저, 분모를 x로 나누고 극한을 생각한다.

(나)에서

$$f_1'(0)=\lim_{x\to 0}\frac{f_1(x)+2kx}{f_1(x)+kx}=\lim_{x\to 0}\frac{\dfrac{f_1(x)}{x}+2k}{\dfrac{f_1(x)}{x}+k}$$

(가)에서 $f_1(0)=0$이므로

$$\lim_{x\to 0}\frac{f_1(x)}{x}=\lim_{x\to 0}\frac{f_1(x)-f_1(0)}{x-0}$$
$$=f_1'(0)$$
$$\therefore f_1'(0)=\frac{f_1'(0)+2k}{f_1'(0)+k}$$

$f_1'(0)=a$라 하면

$$a=\frac{a+2k}{a+k},\ a+2k=a^2+ak$$
$$a^2+(k-1)a-2k=0$$

같은 방법으로 $f_2'(0)=b$라 하면

$$b^2+(k-1)b-2k=0$$

따라서 a, b는 방정식 $x^2+(k-1)x-2k=0$의 두 근이다.

(다)에서 $f_1'(0)\times f_2'(0)=ab=-1$이므로

$$-2k=-1 \qquad \therefore k=\frac{1}{2}$$ 🅐 ①

13

[전략] 접선의 방정식을 $y=g(x)$라 하면 접점의 x좌표가 방정식 $f(x)-g(x)=0$의 서로 다른 두 중근이다.

$f(x)=x^4-3x^2+6x+1$이라 하고 곡선 $y=f(x)$ 위의 두 점에서 접하는 직선의 방정식을 $g(x)=mx+n$이라 하면 방정식 $f(x)-g(x)=0$은 서로 다른 두 중근을 갖는다.

따라서 $f(x)-g(x)=(x-\alpha)^2(x-\beta)^2\ (\alpha\neq\beta)$으로 놓을 수 있다.

$f(x)-g(x)$에서 x^3의 계수가 0이므로 $\alpha+\beta=0$, 곧 $\beta=-\alpha$이다.

$f(x)-g(x)=(x-\alpha)^2(x+\alpha)^2$이므로

$$x^4-3x^2+6x+1-mx-n=x^4-2\alpha^2x^2+\alpha^4$$

계수를 비교하면

$$2\alpha^2=3,\ 6-m=0,\ 1-n=\alpha^4$$
$$\therefore \alpha^2=\frac{3}{2},\ m=6,\ n=-\frac{5}{4}$$

따라서 접선의 방정식은 $y=6x-\dfrac{5}{4}$이다.   🅐 ①

14

[전략] $y=6x^3-x$의 그래프의 개형을 그리고, $y=|x-a|$의 그래프가 접하는 경우를 기준으로 교점의 개수를 생각한다.

$f(x)=6x^3-x,\ g(x)=|x-a|$라 하면 $f'(x)=18x^2-1$

그림과 같이 두 그래프가 접할 때에만 두 점에서 만난다.

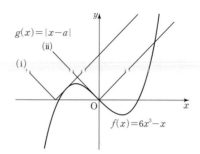

(ⅰ) 곡선이 직선 $y=x-a$와 접할 때

접점의 x좌표를 p라 하면 $f'(p)=1$

$$18p^2-1=1,\ 9p^2=1$$

$p<0$이므로 $p=-\dfrac{1}{3}$

$f\left(-\dfrac{1}{3}\right)=\dfrac{1}{9}$이므로 직선 $y=x-a$가 점 $\left(-\dfrac{1}{3},\ \dfrac{1}{9}\right)$을 지난다.

$$\frac{1}{9}=-\frac{1}{3}-a \qquad \therefore a=-\frac{4}{9}$$

(ⅱ) 곡선이 직선 $y=-x+a$와 접할 때

접점의 x좌표를 q라 하면 $f'(q)=-1$

$$18q^2-1=-1 \qquad \therefore q=0$$

$f(0)=0$이므로 직선 $y=-x+a$가 점 $(0,\ 0)$을 지난다.

$$\therefore a=0$$

따라서 a값의 합은 $-\dfrac{4}{9}$이다.   🅐 ④

15

[전략] $f(x)=x^3-3x^2+2x$라 하고, P, Q의 x좌표를 α, β라 하면 α, β는 방정식 $f'(x)=m$의 해이다.

$f(x)=x^3-3x^2+2x$라 하면 $f'(x)=3x^2-6x+2$

P, Q의 x좌표를 각각 α, β라 하면 $f'(\alpha)=f'(\beta)=m$

ㄱ. α, β는 방정식 $f'(x)-m=0$의 해이다.

곧, $3x^2-6x+2-m=0$ ……❶

의 해가 α, β이므로 근과 계수의 관계에서 $\alpha+\beta=2$ (참)

ㄴ. ❶이 서로 다른 두 실근을 가지므로

$$\frac{D}{4}=3^2-3(2-m)>0 \qquad \therefore m>-1\ (참)$$

ㄷ. 선분 PQ의 길이가 두 접선 사이의 거리이면 선분 PQ는 두 접선에 수직이다. 따라서 선분 PQ의 기울기가 $-\dfrac{1}{m}$이다.

$$\frac{f(\beta)-f(\alpha)}{\beta-\alpha}=\frac{(\beta^3-\alpha^3)-3(\beta^2-\alpha^2)+2(\beta-\alpha)}{\beta-\alpha}$$
$$=\beta^2+\alpha\beta+\alpha^2-3(\alpha+\beta)+2$$
$$=(\alpha+\beta)^2-3(\alpha+\beta)-\alpha\beta+2$$

❶에서 $\alpha+\beta=2,\ \alpha\beta=\dfrac{2-m}{3}$이므로

$$\frac{f(\beta)-f(\alpha)}{\beta-\alpha}=4-6-\frac{2-m}{3}+2=-\frac{2-m}{3}$$

이때 선분 PQ의 기울기가 $-\dfrac{1}{m}$이면

$$-\dfrac{2-m}{3}=-\dfrac{1}{m}, \ m^2-2m+3=0$$

$D<0$이므로 실수 m은 없다. (거짓)

따라서 옳은 것은 ㄱ, ㄴ이다.   目 ③

16

[전략] $y=f'(a)(x-a)+f(a)$는 곡선 $y=f(x)$ 위의 점 $(a, f(a))$에서 접선임을 이용하여 곡선과 접선의 위치 관계를 생각한다.

곡선 $y=f(x)$ 위의 점 $(a, f(a))$에서 접선의 방정식은

$y=f'(a)(x-a)+f(a)$이다. 따라서

$$f(x)\le f'(a)(x-a)+f(a)$$

이면 접선이 곡선 $y=f(x)$의 위쪽에 있다.

ㄱ. $f(a)=a+5$, $f'(a)=1$이므로

$$\begin{aligned} f'(a)(x-a)+f(a)&=x-a+a+5 \\ &=x+5=f(x) \end{aligned}$$

따라서 성립한다.

[그림 1]   [그림 2]

ㄴ. [그림 1]과 같이 접선이 곡선 $y=f(x)$의 아래쪽에 있으므로 성립하지 않는다.

ㄷ. [그림 2]와 같이 접선이 곡선 $y=f(x)$의 위쪽에 있으므로 성립한다.

따라서 조건을 만족시키는 함수는 ㄱ, ㄷ이다.   目 ③

Note

$f(x)=x+5$이면 $f'(x)=1$이므로

$x=a$에서 접선의 방정식은

$$y=1(x-a)+a+5=x+5$$

따라서 직선은 접선이 자기 자신이라 할 수 있으므로 성립한다.

17

[전략] $f'(2k)=\dfrac{f(3k)-f(0)}{3k-0}$을 만족시키는 k의 값을 구한다.

$f'(x)=3x^2-6x+2$이므로

$$\dfrac{f(3k)-f(0)}{3k-0}=f'(2k)$$

에서

$$\dfrac{27k^3-27k^2+6k}{3k}=12k^2-12k+2, \ k^2-k=0$$

$k>0$이므로 $k=1$ 目 ①

18

[전략] 평균값 정리를 이용하여 $f(n+2)-f(n-2)$를 $f'(c)$로 나타낸다.

평균값 정리에 의하여 구간 $(n-2, n+2)$에서

$$\dfrac{f(n+2)-f(n-2)}{n+2-(n-2)}=f'(c)$$

를 만족시키는 c가 존재한다.

$n \to \infty$일 때 $c \to \infty$이므로 $\displaystyle\lim_{n\to\infty} f'(c)=5$

$$\begin{aligned} &\therefore \lim_{n\to\infty}\dfrac{f(n+2)-f(n-2)}{4}=5, \\ &\lim_{n\to\infty}\{f(n+2)-f(n-2)\}=20 \end{aligned}$$

目 ③

19

[전략] 도함수가 연속임을 이용하여 (나)에서 $f'(2)$에 대한 조건을 찾는다.

(나)에서 도함수가 연속이므로 $c>2$인 c에 대하여 $f'(c)\le9$

$$\therefore f'(2)=\lim_{c\to2+}f'(c)\le9$$

(가)에서 $f'(x)=2ax+b$이므로

$$f'(2)=4a+b\le9$$

a, b는 자연수이므로 $a=2$, $b=1$

또는 $a=1$이고 $b=1, 2, \cdots, 5$

(나)에서 $\dfrac{f(3)-f(2)}{3-2}\le9$이므로

$$f(3)\le f(2)+9=4a+2b+9$$

따라서 $4a+2b+9$의 최댓값은 $a=1$, $b=5$일 때 23이므로 $f(3)$의 최댓값도 23이다.   目 ⑤

20

[전략] $x\ge2a$, $x<2a$로 구간을 나누어 $f'(x)\ge0$인 a값의 범위를 구한다.

(i) $x\ge2a$일 때

$$\begin{aligned} f(x)&=x^3+6x^2+15x-30a+3 \\ f'(x)&=3x^2+12x+15 \\ &=3(x+2)^2+3>0 \end{aligned}$$

이므로 $f(x)$는 증가한다.

(ii) $x<2a$일 때

$$\begin{aligned} f(x)&=x^3+6x^2-15x+30a+3 \\ f'(x)&=3x^2+12x-15 \\ &=3(x+5)(x-1) \end{aligned}$$

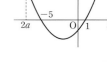

따라서 $x<2a$에서 $f'(x)\ge0$이면

$$2a\le-5, \ a\le-\dfrac{5}{2}$$

(i), (ii)에서 a의 최댓값은 $-\dfrac{5}{2}$이다.   目 ①

21

[전략] $a>0$일 때와 $a<0$일 때로 나누어 $f'(x)=0$의 해를 구하고, 증감을 조사한다.

$f(x)$는 $x=0$에서 연속이다.

$$\begin{aligned} f'(x)&=\begin{cases} 3ax^2+2ax-a & (x<0) \\ 2x-a & (x>0) \end{cases} \\ &=\begin{cases} a(3x-1)(x+1) & (x<0) \\ 2x-a & (x>0) \end{cases} \end{aligned}$$

또 $x=0$에서도 미분가능하고 $f'(0)=-a$이다.

(i) $a>0$일 때

$$f'(x)=0$$에서 $x=-1$ 또는 $x=\dfrac{a}{2}$

x	$\cdots$	-1	$\cdots$	$\dfrac{a}{2}$	$\cdots$
$f'(x)$	$+$	0	$-$	0	$+$
$f(x)$	↗	극대	↘	극소	↗

$x=-1$일 때 극댓값이 $2b$이므로 $f(-1)=2b$

$-a+a+a+b=2b$, $a=b$

$\therefore \dfrac{b}{a}=1$

(ii) $a<0$일 때

$f'(x)=0$에서 $x=-1$

x	$\cdots$	-1	$\cdots$
$f'(x)$	$-$	0	$+$
$f(x)$	↘	극소	↗

극댓값을 갖지 않으므로 모순이다.

(i), (ii)에서 $\dfrac{b}{a}=1$　　　　　　　　　　답 ①

22

[전략] $x=0$에서 $f'(x)$의 부호가 양에서 음으로 바뀐다.

$f(x)$가 $x=0$에서 극대이므로 $0<x<1$일 때 $f'(x)<0$이다.

이때 $x+1>0$, $x^l>0$이므로 $(x-1)^m<0$이다.

따라서 m은 홀수이다.

또 $-1<x<0$일 때 $f'(x)>0$이다.

이때 $x+1>0$이고 m이 홀수일 때 $(x-1)^m<0$이므로

$x^l<0$이고, l은 홀수이다.

$1\le k<l<m\le10$이므로

(i) k, l, m이 모두 홀수인 경우의 수는 $_5C_3=10$

(ii) k가 짝수이고 l, m이 홀수인 경우의 수는

$k=2$이면 $_4C_2=6$

$k=4$이면 $_3C_2=3$

$k=6$이면 $_2C_2=1$

(i), (ii)에서 순서쌍 (k, l, m)의 개수는

$10+6+3+1=20$　　　　　　　답 20

23

[전략] $\{f(x)\}^2-x^2f(x)=\{f(x)-x\}(\ \ )+(\ \ )$ 꼴로 정리하면 나머지를 알 수 있다.

$\{f(x)\}^2-x^2f(x)$

$=\{f(x)\}^2-x^2-x^2f(x)+x^2$

$=\{f(x)\}^2-x^2-x^2f(x)+x^3-x^3+x^2$

$=\{f(x)+x\}\{f(x)-x\}-x^2\{f(x)-x\}-x^3+x^2$

에서 $\{f(x)+x\}\{f(x)-x\}-x^2\{f(x)-x\}$는 $f(x)-x$로 나누어떨어진다.

또 $f(x)-x$는 사차식이므로 나머지는 $-x^3+x^2$이다.

$r(x)=-x^3+x^2$에서

$r'(x)=-3x^2+2x=-x(3x-2)$

$r'(x)=0$에서 $x=0$ 또는 $x=\dfrac{2}{3}$이다.

x	$\cdots$	0	$\cdots$	$\dfrac{2}{3}$	$\cdots$
$r'(x)$	$-$	0	$+$	0	$-$
$r(x)$	↘	극소	↗	극대	↘

$x=0$에서 극소이고 극솟값은 $r(0)=0$

$x=\dfrac{2}{3}$에서 극대이고 극댓값은 $r\left(\dfrac{2}{3}\right)=\dfrac{4}{27}$

따라서 극댓값과 극솟값의 합은 $\dfrac{4}{27}$이다.　　답 ⑤

24

[전략] 직선 l, m, n의 방정식을 차례로 구한다.

$y'=2x$이므로 l의 방정식은

$y-a^2=2a(x-a)$　　　$\therefore y=2ax-a^2$

$y=0$을 대입하면 $x=\dfrac{a}{2}$　　　$\therefore A\left(\dfrac{a}{2}, 0\right)$

m의 방정식은 $y=-2ax+a^2$이고 $B(0, a^2)$이다.

n의 방정식은 $y=-\dfrac{1}{2a}\left(x-\dfrac{a}{2}\right)=-\dfrac{x}{2a}+\dfrac{1}{4}$이고 $C\left(0, \dfrac{1}{4}\right)$이다.

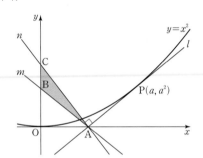

$0<a<\dfrac{1}{2}$이므로

$S(a)=\dfrac{1}{2}\times\left(\dfrac{1}{4}-a^2\right)\times\dfrac{a}{2}=\dfrac{a(1-4a^2)}{16}$

$S'(a)=\dfrac{1-12a^2}{16}=0$에서 $0<a<\dfrac{1}{2}$이므로 $a=\dfrac{\sqrt{3}}{6}$이다.

a	0	$\cdots$	$\dfrac{\sqrt{3}}{6}$	$\cdots$	$\dfrac{1}{2}$
$S'(a)$		$+$	0	$-$	
$S(a)$		↗	극대	↘	

$S(a)$는 $a=\dfrac{\sqrt{3}}{6}$에서 극대이므로 극댓값은

$S\left(\dfrac{\sqrt{3}}{6}\right)=\dfrac{1}{16}\times\dfrac{\sqrt{3}}{6}\times\left(1-\dfrac{1}{3}\right)=\dfrac{\sqrt{3}}{144}$　　답 ①

25

[전략] $f(a)=0$, $f'(a)=0$이면 $f(x)$는 $(x-a)^2$으로 나누어떨어진다. 이를 이용하여 $f(x)$를 나타내고 (나)를 이용한다.

(가)에서 $f(x)$는 $(x-2)^2$으로 나누어떨어지므로

$f(x)=(x-2)^2(x-c)$

로 놓을 수 있다. 이때

$f'(x)=2(x-2)(x-c)+(x-2)^2$

$\quad\quad=3x^2-2(c+4)x+4c+4$

(나)에서 $f'(x) \geq -3$이므로
$$3x^2 - 2(c+4)x + 4c + 7 \geq 0$$
모든 실수 x에 대하여 성립하므로
$$\frac{D}{4} = (c+4)^2 - 3(4c+7) \leq 0$$
$$(c-5)(c+1) \leq 0 \qquad \therefore -1 \leq c \leq 5$$
$f(6) = 16(6-c)$이므로 $c=-1$일 때 최대, $c=5$일 때 최소이다. 따라서 최댓값과 최솟값의 합은
$$16(6+1) + 16(6-5) = 128 \qquad \text{답 } 128$$

26

[전략] $f'(x)$는 이차함수이므로 (나)에서 포물선 $y=f'(x)$의 축을 찾을 수 있다.

$f(x) = ax^3 + bx^2 + cx + d \ (a \neq 0)$로 놓으면
$$f'(x) = 3ax^2 + 2bx + c$$
$f'(x)$는 이차함수이고 (나)에서 $f'(-3) = f'(3)$이므로
$y = f'(x)$ 그래프의 축은 $x=0$이다.
$$-\frac{2b}{6a} = 0 \qquad \therefore b = 0$$
이때 $f'(x) = 3ax^2 + c$
(가)에서 $f(x)$는 $x=-2$에서 극댓값
을 가지므로
$$f'(-2) = 12a + c = 0$$
$$\therefore c = -12a$$
$$\therefore f'(x) = 3ax^2 - 12a$$
$$= 3a(x+2)(x-2)$$

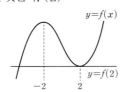

또 $x=-2$에서 극대이므로 $a>0$이다.

ㄱ. $f'(x) = 3ax^2 - 12a \ (a>0)$
이므로 $f'(x)$는 $x=0$에서 최솟값을 갖는다. (참)

ㄴ. 그림과 같이 곡선 $y=f(x)$와 직선
$y = f(2)$는 서로 다른 두 점에서 만
나므로 방정식 $f(x) = f(2)$는 서
로 다른 두 실근을 갖는다. (참)

ㄷ. $f(x) = ax^3 - 12ax + d$이므로
$$f(-1) = 11a + d, \ f'(-1) = -9a$$
따라서 점 $(-1, f(-1))$에서 접선의 방정식은
$$y - 11a - d = -9a(x+1)$$
$$\therefore y = -9ax + 2a + d$$
$x=2$를 대입하면 $y = -16a + d$
그런데 $f(2) = -16a + d$이므로 이 직선은 점 $(2, f(2))$를 지난다. (참)

따라서 옳은 것은 ㄱ, ㄴ, ㄷ이다. $\qquad \text{답 ⑤}$

27

[전략] $y=f(x)$는 원점에 대칭인 그래프이다.
$f(x)$가 극값을 갖는 경우와 갖지 않는 경우로 나누어 생각한다.

(가)에서 $f(-x) = -f(x)$이므로 $f(x) = x^3 + ax$로 놓으면
$f'(x) = 3x^2 + a$이므로 $a \geq 0$이면 $f(x)$의 극값이 없고, $a<0$이
면 $f(x)$의 극값이 있다.

(i) $a \geq 0$일 때

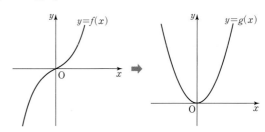

(ii) $a < 0$일 때

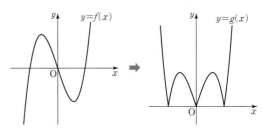

따라서 $y=g(x), y=h(x)$의 그래프가 서로 다른 네 점에서 만나면 $a<0$이고 다음 왼쪽 그림과 같다.

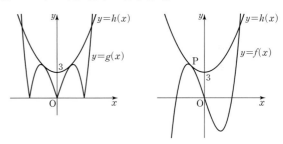

따라서 $y=f(x), y=h(x)$의 그래프는 위 오른쪽 그림과 같다.
제2사분면에서 만나는 점을 $P(p, q)$라 하면 곡선 $y=f(x)$와
$y=h(x)$는 P에서 공통접선을 가지므로
$$f(p) = h(p)\text{에서 } p^3 + ap = p^2 + 3 \qquad \cdots \text{❶}$$
$$f'(p) = h'(p)\text{에서 } 3p^2 + a = 2p \qquad \cdots \text{❷}$$
❷에서 $a = 2p - 3p^2$을 ❶에 대입하면
$$p^3 + (2p - 3p^2)p = p^2 + 3$$
$$(p+1)(2p^2 - 3p + 3) = 0$$
$$\therefore p = -1, \ a = -5, \ f(x) = x^3 - 5x$$
$f'(x) = 3x^2 - 5 = 0$에서 $x = \pm\frac{\sqrt{15}}{3}$

따라서 $f(x)$는 $x = -\frac{\sqrt{15}}{3}$일 때 극대이다. $\qquad \text{답 } -\frac{\sqrt{15}}{3}$

28

[전략] $g(t)$는 거리이므로 $g(t) = |g_1(t)|$ 꼴의 함수이다.
$y = g_1(t)$의 그래프를 이용하여 $g(t)$가 실수 전체의 집합에서 미분가능할 조건을 찾는다.

$f'(x) = 3x^2 + 2ax + b$이므로 점 $(t, t^3 + at^2 + bt)$에서 접선의 방정식은
$$y - t^3 - at^2 - bt = (3t^2 + 2at + b)(x - t)$$
$x=0$을 대입하면 $y = -2t^3 - at^2 \qquad \therefore P(0, -2t^3 - at^2)$
$$\therefore g(t) = |-2t^3 - at^2| = |2t^3 + at^2|$$

$g_1(t)=2t^3+at^2=t^2(2t+a)$라 하면 $a>0$, $a<0$일 때, $y=g(t)$의 그래프는 다음과 같다.

(i) $a>0$일 때   (ii) $a<0$일 때

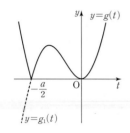 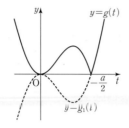

두 경우 모두 $y=g(t)$는 $x=-\dfrac{a}{2}$에서 미분가능하지 않다.

(iii) $a=0$이면 $g(t)=|3t^3|$이고 $t=0$에서 미분가능하다.

이때 $f(x)=x^3+bx$이고 (가)에서 $f(1)=2$이므로

$1+b=2$ $\therefore b=1$

$\therefore f(x)=x^3+x$, $f(3)=30$

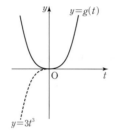

답 ④

29

[전략] $f(-x)=f(x)$이므로 그래프는 y축에 대칭이고, $f(x)=x^4+bx^2+60$이다.

(가)에서 $f(-x)=f(x)$이므로 $a=c=0$

$\therefore f(x)=x^4+bx^2+6$

이때 $f'(x)=4x^3+2bx=2x(2x^2+b)$

(i) $b\geq0$일 때

$f'(x)=0$에서 $x=0$이다.

x	$\cdots$	0	$\cdots$
$f'(x)$	$-$	0	$+$
$f(x)$	$\searrow$	극소	$\nearrow$

$x=0$에서 극소이고 극솟값은 $f(0)=6$이므로 (나)에 모순이다.

(ii) $b<0$일 때

$f'(x)=0$에서 $x=0$ 또는 $x=\pm\sqrt{-\dfrac{b}{2}}$이다.

x	$\cdots$	$-\sqrt{-\frac{b}{2}}$	$\cdots$	0	$\cdots$	$\sqrt{-\frac{b}{2}}$	$\cdots$
$f'(x)$	$-$	0	$+$	0	$-$	0	$+$
$f(x)$	$\searrow$	극소	$\nearrow$	극대	$\searrow$	극소	$\nearrow$

$x=\pm\sqrt{-\dfrac{b}{2}}$에서 극소이고 극솟값은 $f\left(\sqrt{-\dfrac{b}{2}}\right)=-10$이므로

$\dfrac{b^2}{4}+b\left(-\dfrac{b}{2}\right)+6=-10$, $b^2=64$

$b<0$이므로 $b=-8$

(i), (ii)에서 $a=0$, $b=-8$, $c=0$ 답 $a=0$, $b=-8$, $c=0$

30

[전략] $f(x)$의 두 극댓값 $f(\alpha)$, $f(\beta)$ $(\alpha<\beta)$를 찾고, $f(\alpha)>f(\beta)$, $f(\alpha)\leq f(\beta)$일 때로 나누어 생각한다.

$$f'(x)=-12x^3+12(a-1)x^2+12ax$$
$$=-12x(x+1)(x-a)$$

$f'(x)=0$에서 $x=-1$ 또는 $x=0$ 또는 $x=a$이다.

x	$\cdots$	-1	$\cdots$	0	$\cdots$	a	$\cdots$
$f'(x)$	$+$	0	$-$	0	$+$	0	$-$
$f(x)$	$\nearrow$	극대	$\searrow$	극소	$\nearrow$	극대	$\searrow$

극댓값 $f(-1)=2a+1$, $f(a)=a^4+2a^3$이고, 극솟값 $f(0)=0$이므로 $y=f(x)$의 그래프는 그림과 같다.

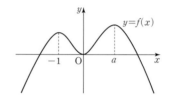

이때 $f(a)-f(-1)=a^4+2a^3-2a-1=(a+1)^3(a-1)$이므로 $0<a\leq1$이면 $f(a)\leq f(-1)$이고, $a>1$이면 $f(a)>f(-1)$이다.

$y=g(t)$의 그래프는 그림과 같다.

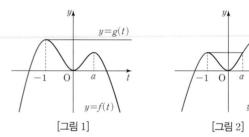

[그림 1]   [그림 2]

(i) $0<a\leq1$일 때 [그림 1]과 같다.

$t<-1$일 때 $g(t)=f(t)$이므로

$\displaystyle\lim_{t\to-1-}g'(t)=f'(-1)=0$

$t>-1$일 때 $g(t)=f(-1)$이므로 $g'(t)=0$

$\displaystyle\lim_{t\to-1+}g'(t)=0$

$g(t)$는 $t=-1$에서 미분가능하므로 모든 t에 대하여 미분가능하다.

(ii) $a>1$일 때 [그림 2]와 같다.

$f(-1)=f(\alpha)$ $(0<\alpha\leq a)$인 α가 있다.

$-1<t<\alpha$일 때 $g(t)=f(-1)$이므로 $g'(t)=0$

$\displaystyle\lim_{t\to\alpha-}g'(t)=0$

$\alpha<t<a$일 때 $g(t)=f(t)$이므로

$\displaystyle\lim_{t\to\alpha+}g'(t)=f'(\alpha)\neq0$

따라서 $0<a\leq1$이므로 a의 최댓값은 1이다.   답 ①

01

[전략] $y=f'(t)(x-t)+f(t)$는 곡선 $y=f(x)$ 위의 점 $(t, f(t))$에서 접선의 방정식이다.

곡선 $y=f(x)$를 그리고, 곡선이 접선의 아래쪽에 있을 조건을 찾는다.

$$f'(x)=2x(x-2)^2+2x^2(x-2)=4x(x-1)(x-2)$$

이므로 $y=f(x)$의 그래프는 그림과 같다.

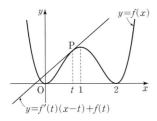

직선 $y=f'(t)(x-t)+f(t)$는 곡선 위의 점 $\mathrm{P}(t, f(t))$에서의 접선이므로 $0 \le x \le 2$에서 그림과 같이 접선이 곡선의 위쪽에 있어야 한다. 따라서 $0 \le t \le 2$에서 생각하면 충분하다.

(i) $0 \le t \le 1$일 때 접선의 y절편이 0 이상이다.

　점 $(t, f(t))$에서 접선의 방정식은

$$y-t^2(t-2)^2=4t(t-1)(t-2)(x-t)$$

$x=0$을 대입하면 $y=-t^2(t-2)(3t-2)$

$0 \le t \le 1$에서 $y \ge 0$이면 $t \ge \dfrac{2}{3}$

$$\therefore \dfrac{2}{3} \le t \le 1$$

(ii) $1 < t \le 2$일 때 $y=f(x)$의 그래프는 직선 $x=1$에 대칭이므로 t값의 범위도 $t=1$에 대칭이다.

$$\therefore 1 < t \le \dfrac{4}{3}$$

(i), (ii)에서 $\dfrac{2}{3} \le t \le \dfrac{4}{3}$　　답 $\dfrac{2}{3} \le t \le \dfrac{4}{3}$

02

[전략] 기울기가 $3k^2$인 접선의 접점부터 구한다.

$f'(x)=x^2-2kx$이므로 $f'(x)=3k^2$에서

$$x^2-2kx=3k^2, \ (x+k)(x-3k)=0$$

$$\therefore x=-k \text{ 또는 } x=3k$$

A, B의 x좌표는 $-k$, $3k$이고 $\mathrm{A}\left(-k, -\dfrac{4}{3}k^3+1\right)$, $\mathrm{B}(3k, 1)$로 놓을 수 있다.

또 곡선 $y=f(x)$에 접하고 x축에 평행한 접선은 극대점, 극소점을 지나는 직선이다.

$$f'(x)=x^2-2kx=x(x-2k)$$

$f'(x)=0$에서 $x=0$ 또는 $x=2k$이므로 $f(x)$는 $x=0$에서 극대, $x=2k$에서 극소이다.

$f(0)=1$, $f(2k)=-\dfrac{4}{3}k^3+1$이므로 접선의 방정식은

$$y=1, \ y=-\dfrac{4}{3}k^3+1$$

A는 직선 $y=-\dfrac{4}{3}k^3+1$ 위의 점, B는 직선 $y=1$ 위의 점이므로 네 개의 접선으로 둘러싸인 도형은 그림에서 평행사변형 ACBD이다.

평행사변형의 높이는 $1-\left(-\dfrac{4}{3}k^3+1\right)=\dfrac{4}{3}k^3$

접선 AD의 방정식은 $y+\dfrac{4}{3}k^3-1=3k^2(x+k)$

$y=1$을 대입하면 $-\dfrac{5}{3}k^3=3k^2x$, $x=-\dfrac{5}{9}k$

곧, $\mathrm{D}\left(-\dfrac{5}{9}k, 1\right)$이므로

$$\overline{\mathrm{DB}}=3k-\left(-\dfrac{5}{9}k\right)=\dfrac{32}{9}k$$

평행사변형의 넓이가 24이므로

$$\dfrac{32}{9}k \times \dfrac{4}{3}k^3=24, \ k^4=\dfrac{81}{16}$$

$k>0$이므로 $k=\dfrac{3}{2}$　　　　　　　　답 ③

03

[전략] $f(x)=m(x-a)(x-c)(x-e)$, $g(x)=n(x-c)$로 놓고 $\{f(x)g(x)\}'$을 구한다.

그림에서 $f(a)=f(c)=f(e)=0$, $g(c)=0$이므로

$$f(x)=m(x-a)(x-c)(x-e), \ g(x)=n(x-c)$$

(m, n은 양수)로 놓으면

$$f'(x)=m\{(x-c)(x-e)+(x-a)(x-e)+(x-a)(x-c)\}$$

또 $f(x)g(x)=mn(x-a)(x-c)^2(x-e)$이므로

$$\{f(x)g(x)\}'$$
$$=mn\{(x-c)^2(x-e)+2(x-a)(x-c)(x-e)+(x-a)(x-c)^2\}$$
$$=mn(x-c)\left\{\dfrac{1}{m}f'(x)+(x-a)(x-e)\right\} \quad \cdots \text{❶}$$

그런데 $f(x)$는 $x=b$, $x=d$에서 극값을 가지므로 $f'(x)=3m(x-b)(x-d)$로 놓을 수 있다.

❶에 대입하면

$$\{f(x)g(x)\}'$$
$$=mn(x-c)\{3(x-b)(x-d)+(x-a)(x-e)\}$$

따라서 $h(x)=3(x-b)(x-d)+(x-a)(x-e)$라 하면

$$h(a)=3(a-b)(a-d)>0$$
$$h(b)=(b-a)(b-e)<0$$
$$h(d)=(d-a)(d-e)<0$$
$$h(e)=3(e-b)(e-d)>0$$

따라서 p, q는 방정식 $h(x)=0$의 해이고, 각각 구간 (a, b), (d, e)에 존재한다. **답 ②**

04

[전략] $f(x)$의 증감을 이용하여 $f'(x)$의 부호를 구한 다음, 삼차함수 $y=f'(x)$의 그래프를 그린다.

$y=f(x)$가 구간 $(-\infty, 0)$에서 감소하므로 이 구간에서 $f'(x) \leq 0$이다.

또 $y=f(x)$가 구간 $(2, \infty)$에서 증가하므로 이 구간에서 $f'(x) \geq 0$이다.

그런데 $f'(-1)=0$이므로 삼차함수 $y=f'(x)$의 그래프는 그림과 같다.

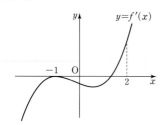

$f'(x)$는 $(x+1)^2$을 인수로 가지므로 x^2+ax+b는 $x+1$을 인수로 갖는다.

$$\therefore 1-a+b=0, \ b=a-1$$
$$f'(x)=(x+1)(x^2+ax+a-1)$$

또 $f'(0) \leq 0$, $f'(2) \geq 0$이므로
$$f'(0)=a-1 \leq 0, \ f'(2)=3(3a+3) \geq 0$$
$$\therefore -1 \leq a \leq 1$$

이때
$$a^2+b^2=a^2+(a-1)^2$$
$$=2a^2-2a+1=2\left(a-\frac{1}{2}\right)^2+\frac{1}{2}$$

이므로 $a=-1$일 때 최댓값은 5이고, $a=\frac{1}{2}$일 때 최솟값은 $\frac{1}{2}$이다.

따라서 최댓값과 최솟값의 합은 $\frac{11}{2}$이다. **답 ③**

05

[전략] $y=6x-6$과 $y=2x^3-2$의 그래프를 그리고 $y=f(x)$의 그래프가 두 그래프 사이에 있을 조건부터 생각한다.

$6x-6 \leq f(x) \leq 2x^3-2$이므로 $f(x)$는 삼차 이하의 다항함수이다.

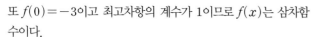

$g(x)=6x-6$, $h(x)=2x^3-2$라 하면
$$h(1)=g(1)=0, \ h'(1)=6$$

이므로 곡선 $y=h(x)$의 $x=1$에서 접선의 방정식이 $y=g(x)$이다.

따라서 곡선 $y=f(x)$는 점 $(1, 0)$을 지나고 $f'(1)=6$이다.

또 $f(0)=-3$이고 최고차항의 계수가 1이므로 $f(x)$는 삼차함수이다.

$f(x)=x^3+ax^2+bx-3$이라 하면
$f(1)=0$에서 $a+b-2=0$

$f'(1)=6$에서 $3+2a+b=6$

연립하여 풀면 $a=1$, $b=1$
$$\therefore f(x)=x^3+x^2+x-3, \ f(3)=36$$ **답 ①**

Note

$6x-6 \leq f(x) \leq 2x^3-2$에서

$x=1$을 대입하면 $0 \leq f(1) \leq 0$ $\therefore f(1)=0$

$x>1$일 때 $6 \leq \dfrac{f(x)-f(1)}{x-1} \leq 2(x^2+x+1)$

$$\therefore \lim_{x \to 1+} \frac{f(x)-f(1)}{x-1}=6$$

$x<1$일 때 $6 \geq \dfrac{f(x)-f(1)}{x-1} \geq 2(x^2+x+1)$

$$\therefore \lim_{x \to 1-} \frac{f(x)-f(1)}{x-1}=6$$

$$\therefore f'(1)=6$$

06

[전략] (나)에서 방정식 $f(x)-2=0$이 중근을 가짐을 이용하거나 $f(2)=2$, $f'(2)=0$임을 이용한다.

(나)에서 방정식 $f(x)-2=0$이 $x=2$에서 중근을 가진다.

(가)에서 $f(x)$의 최고차항의 계수가 1이므로
$$f(x)-2=(x-2)^2(x^2+ax+b)$$

로 놓을 수 있다.
$$f'(x)=2(x-2)(x^2+ax+b)+(x-2)^2(2x+a)$$

이므로 (다)에서
$$0=-4b+4a \quad \therefore a=b$$

이때 $f(x)-2=(x-2)^2(x^2+ax+a)$이므로
$$a(x+1)(x-2)^2+x^2(x-2)^2+2-f(x)=0 \quad \cdots \text{❶}$$

따라서 $(x+1)(x-2)^2=0$, $f(x)=x^2(x-2)^2+2$이면 ❶은 a의 값에 관계없이 성립한다.

$x=-1$일 때 $f(-1)=11$, $x=2$일 때 $f(2)=2$

따라서 $y=f(x)$의 그래프는 항상 점 $(-1, 11)$, $(2, 2)$를 지나므로 두 점의 y좌표의 합은 13이다. **답 13**

Note

1. ❶에서 $f(x)=a(x+1)(x-2)^2+x^2(x-2)^2+2$
   이므로 $y=f(x)$는 a의 값에 관계없이 $(-1, f(-1))$, $(2, f(2))$를 지난다고 생각할 수도 있다.

2. $f(x)=x^4+ax^3+bx^2+cx+d$로 놓고
   $f(2)=2$, $f'(2)=0$, $f'(0)=0$일 조건을 찾아도 된다.

07

[전략] $y=f(x)$의 그래프를 그리고, $-2<t<2$, $t \geq 2$, $t \leq -2$일 때로 나누어 $h(t)$를 구한다.

$y=f(x)$의 그래프는 그림과 같다.
$$f_1(x)=-x^2+3kx+2 \ (x<0)$$
$$f_2(x)=x^2+\frac{4}{3k}x-2 \ (x \geq 0)$$

라 하자.

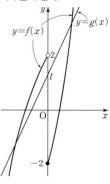

(i) $-2<t<2$일 때

k의 값에 관계없이 $y=f(x)$, $y=g(x)$의 그래프는 두 점에서 만나므로 $h(t)=2$

(ii) $t \geq 2$일 때

$f_1'(0) = 3k$이고 직선 $y = g(x)$의 기울기가 2이다. 따라서

(a) $3k < 2$, 곧 $k < \dfrac{2}{3}$이면 $r < 0$에서

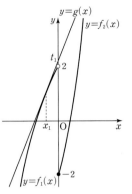

$f_1'(x_1) = 2$인 x_1이 존재하고

$x = x_1$에서 곡선 $y = f_1(x)$와

직선 $y = 2x + t_1$이 접한다.

$t = 2$에서 $h(t) = 2$

$2 < t < t_1$에서 $h(t) = 3$

$t = t_1$에서 $h(t) = 2$

$t > t_1$에서 $h(t) = 1$

(b) $3k \geq 2$, 곧 $k \geq \dfrac{2}{3}$이면

$t \geq 2$에서 $h(t) = 1$

(iii) $t \leq -2$일 때

$f_2'(0) = \dfrac{4}{3k}$이고 직선 $y = g(x)$의 기울기가 2이다. 따라서

(c) $\dfrac{4}{3k} < 2$, 곧 $k > \dfrac{2}{3}$이면 $x > 0$에서 $f_2'(x_2) = 2$인 x_2가 존재하고 $x = x_2$에서 곡선 $y = f_2(x)$와 직선 $y = 2x + t_2$가 접한다.

$t_2 < t \leq -2$에서 $h(t) = 3$

$t = t_2$에서 $h(t) = 2$

$t < t_2$에서 $h(t) = 1$

(d) $\dfrac{4}{3k} \geq 2$, 곧 $k \leq \dfrac{2}{3}$이면

$t = -2$에서 $h(t) = 2$

$t < -2$에서 $h(t) = 1$

(i), (ii), (iii)에서

$k < \dfrac{2}{3}$일 때 $h(t) = \begin{cases} 1 & (t < -2) \\ 2 & (-2 \leq t \leq 2) \\ 3 & (2 < t < t_1) \\ 2 & (t = t_1) \\ 1 & (t > t_1) \end{cases}$

$k > \dfrac{2}{3}$일 때 $h(t) = \begin{cases} 1 & (t < t_2) \\ 2 & (t = t_2) \\ 3 & (t_2 < t \leq -2) \\ 2 & (-2 < t < 2) \\ 1 & (t \geq 2) \end{cases}$

$k = \dfrac{2}{3}$일 때 $h(t) = \begin{cases} 1 & (t < -2) \\ 2 & (-2 \leq t < 2) \\ 1 & (t \geq 2) \end{cases}$

따라서 $h(t)$가 $t = \alpha$에서 불연속인 α가 2개이면 $k = \dfrac{2}{3}$이다.

답 $\dfrac{2}{3}$

08

[전략] $h(x) = f(x) - g(x)$로 놓고 α와 β 사이의 관계를 생각한다.

$g(x)$는 이차함수이고 $g'(\alpha) = -g'(\beta)$이므로 포물선 $y = g(x)$의 축은 직선 $x = \dfrac{\alpha + \beta}{2}$이다.

또 $g(x)$는 최고차항의 계수가 2이므로

$$g(x) = 2\left(x - \frac{\alpha + \beta}{2}\right)^2 + k$$

로 놓을 수 있다.

이때 $g'(x) = 4\left(x - \dfrac{\alpha + \beta}{2}\right)$이므로 $g'(\beta) = 16$에서

$2(\beta - \alpha) = 16$ $\therefore \beta = \alpha + 8$

$h(x) = f(x) - g(x)$라 하면 $h(x)$는 최고차항의 계수가 1인 삼차함수이다.

(가)에서 $h(\alpha) = 0$, $h'(\alpha) = 0$

(나)에서 $h'(\beta) = h'(\alpha + 8) = 0$

따라서 $y = h(x)$의 그래프의 개형은 그림과 같다.

$h(x) = (x - \alpha)^2 (x - \gamma)$라 하면

$h'(x) = 2(x - \alpha)(x - \gamma) + (x - \alpha)^2$

$\quad = (x - \alpha)(3x - \alpha - 2\gamma)$

$h'(\alpha + 8) = 0$이므로

$\alpha + 8 = \dfrac{\alpha + 2\gamma}{3}$, $\gamma = \alpha + 12$

따라서 $h(x) = (x - \alpha)^2 (x - \alpha - 12)$이다.

$\therefore g(\beta + 1) - f(\beta + 1)$

$\quad = -h(\beta + 1)$

$\quad = -h(\alpha + 9)$

$\quad = -\{9^2 \times (-3)\} = 243$

답 243

05. 미분의 활용

01 ④	**02** ④	**03** ①	**04** 38
05 $24\sqrt{3}$ cm³	**06** $\dfrac{2\sqrt{3}}{9}$	**07** $\left(\dfrac{5}{2},\ \dfrac{25}{8}\right)$	
08 $\dfrac{16\sqrt{3}}{9}$	**09** $\dfrac{10\sqrt{3}}{3}$	**10** ②	**11** ②	**12** ②
13 ②	**14** ③	**15** ⑤	**16** ①
17 $0 < t < 0$	**18** 4	**19** ①	**20** 22
21 ②	**22** ②	**23** $f(x)=x^3-3x^2+3$	**24** ④
25 ②	**26** 22	**27** ②	**28** ③	**29** $\dfrac{1}{2}<t<4$
30 $a=-6,\ b=9$	**31** ①		

01

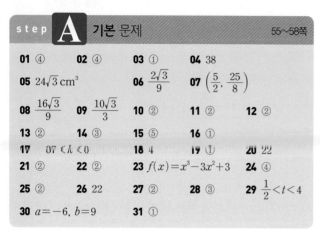

$$f'(x)=3x^2-6x$$
$$=3x(x-2)$$

$f'(x)=0$에서 $x=0$ 또는 $x=2$

$1\le x\le 4$에서

$$f(1)=-2+a$$
$$f(2)=-4+a$$
$$f(4)=16+a$$

이므로 그래프는 그림과 같다.

$$\therefore M=16+a,\ m=-4+a$$

$M+m=20$이므로

$$(16+a)+(-4+a)=20\qquad \therefore a=4 \qquad \text{답 ④}$$

02

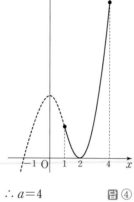

$$f'(x)=4ax^3-12ax^2$$
$$=4ax^2(x-3)$$

$f'(x)=0$에서 $x=0$ 또는 $x=3$

$1\le x\le 4$에서

$$f(1)=-3a+b$$
$$f(3)=-27a+b$$
$$f(4)=b$$

$a>0$이므로 그래프는 그림과 같다.

최댓값이 3이므로 $b=3$

최솟값이 -6이므로

$-27a+b=-6$에서 $a=\dfrac{1}{3}$

$$\therefore ab=\dfrac{1}{3}\times 3=1 \qquad \text{답 ④}$$

03

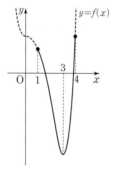

$$g(x)=x^2-2x=(x-1)^2-1\ge -1$$

이므로 $g(x)=t$라 하면 $t\ge -1$이고

$$f(g(x))=f(t)=t^3-3t+4$$
$$f'(t)=3t^2-3=3(t+1)(t-1)$$

$f'(t)=0$에서 $t=-1$ 또는 $t=1$

$$f(-1)=6,\ f(1)=2$$

$y=f(t)$의 그래프는 그림과 같으므로 $t\ge -1$에서 최솟값은
$f(1)=2$　　　　　　　　　답 ①

04

하루에 x개 생산한다고 하면 이윤 y는

$$y=(1200-2x)x-(x^3-59x^2+1200x+400)$$
$$=-x^3+57x^2-400$$
$$y'=-3x^2+114x=-3x(x-38)$$

$y'=0$에서 $x=38$ ($\because x>0$)

x	0	…	38	…
y'		+	0	−
y		↗	극대	↘

y는 $x=38$일 때 극대이고 최대이다.　　　　답 38

05

잘라 낸 정사각형의 한 변의 길이를 x cm, 상자의 부피를
$V(x)$ cm³라 하면

$$V(x)=x(6-2x)(12-2x)=4x^3-36x^2+72x$$
$$V'(x)=12x^2-72x+72=12(x^2-6x+6)$$

$0<x<3$이므로 $V'(x)=0$에서 $x=3-\sqrt{3}$

x	0	…	$3-\sqrt{3}$	…	3
$V'(x)$		+	0	−	
$V(x)$		↗	극대	↘	

$V(x)$는 $x=3-\sqrt{3}$일 때 극대이고 최대이다.

따라서 상자 부피의 최댓값은

$$V(3-\sqrt{3})=24\sqrt{3}\ (\text{cm}^3) \qquad \text{답 } 24\sqrt{3}\ \text{cm}^3$$

06

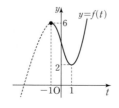

직선 OP의 기울기가 $\dfrac{2}{t}$, 선분 OP

의 중점이 $\left(\dfrac{t}{2},\ 1\right)$이므로 선분 OP

의 수직이등분선의 방정식은

$$y=-\dfrac{t}{2}\left(x-\dfrac{t}{2}\right)+1$$

$$\therefore B\left(0,\ \dfrac{t^2}{4}+1\right)$$

$\overline{AB}=2-\left(\dfrac{t^2}{4}+1\right)=1-\dfrac{t^2}{4}$이므로

$$f(t)=\dfrac{1}{2}t\left(1-\dfrac{t^2}{4}\right)=\dfrac{1}{2}\left(t-\dfrac{t^3}{4}\right)$$

$$f'(t)=\dfrac{1}{2}\left(1-\dfrac{3t^2}{4}\right)$$

$0<t<2$이므로 $f'(t)=0$에서 $t=\dfrac{2\sqrt{3}}{3}$

t	0	…	$\dfrac{2\sqrt{3}}{3}$	…	2
$f'(t)$		+	0	−	
$f(t)$		↗	극대	↘	

$f(t)$는 $t=\dfrac{2\sqrt{3}}{3}$일 때 극대이고 최대이다.

따라서 $f(t)$의 최댓값은 $f\left(\dfrac{2\sqrt{3}}{3}\right)=\dfrac{2\sqrt{3}}{9}$　　　　답 $\dfrac{2\sqrt{3}}{9}$

07

$A\left(t,\dfrac{1}{2}t^2\right)$이라 하면 $\dfrac{1}{2}x^2=-x+10$에서

$x^2+2x-20=0$　　$\therefore x=-1\pm\sqrt{21}$

곡선 $y=\dfrac{1}{2}x^2$과 직선 $y=-x+10$은 $x=-1\pm\sqrt{21}$일 때 만나

므로 $0<t<-1+\sqrt{21}$이다.

$\therefore D\left(10-\dfrac{1}{2}t^2,\ \dfrac{1}{2}t^2\right)$

직사각형의 넓이를 $S(t)$라 하면

$S(t)=\left(10-\dfrac{1}{2}t^2-t\right)\times\dfrac{1}{2}t^2=-\dfrac{1}{4}t^4-\dfrac{1}{2}t^3+5t^2$

$S'(t)=-t^3-\dfrac{3}{2}t^2+10t=-\dfrac{t}{2}(2t-5)(t+4)$

$0<t<-1+\sqrt{21}$이므로 $S'(t)=0$에서 $t=\dfrac{5}{2}$

t	0	$\cdots$	$\dfrac{5}{2}$	$\cdots$	$-1+\sqrt{21}$
$S'(t)$		$+$	0	$-$	
$S(t)$		↗	극대	↘	

$S(t)$는 $t=\dfrac{5}{2}$일 때 극대이고 최대이다.

따라서 직사각형의 넓이가 최대일 때 점 A의 좌표는 $\left(\dfrac{5}{2},\ \dfrac{25}{8}\right)$

이다.　　　　답 $\left(\dfrac{5}{2},\ \dfrac{25}{8}\right)$

08

곡선 $y=4x-x^2$과 직선 $y=t$의 교점

의 x좌표는 $4x-x^2=t$에서

$x^2-4x+t=0$의 해이다.

따라서 두 근을 $\alpha,\ \beta$라 하면

$\alpha+\beta=4,\ \alpha\beta=t$이므로

$(\alpha-\beta)^2=(\alpha+\beta)^2-4\alpha\beta$

$=16-4t$

$\overline{AB}=|\alpha-\beta|=\sqrt{16-4t}$이므로 삼각형 AOB의 넓이는

$\dfrac{1}{2}t\sqrt{16-4t}=\sqrt{t^2(4-t)}$

$f(t)=t^2(4-t)=-t^3+4t^2$이라 하면

$f'(t)=-3t^2+8t=-t(3t-8)$

$0<t<4$이므로 $f'(t)=0$에서 $t=\dfrac{8}{3}$

t	0	$\cdots$	$\dfrac{8}{3}$	$\cdots$	4
$f'(t)$		$+$	0	$-$	
$f(t)$		↗	극대	↘	

$f(t)$는 $t=\dfrac{8}{3}$일 때 극대이고 최대이다.

따라서 삼각형 AOB 넓이의 최댓값은

$\sqrt{\left(\dfrac{8}{3}\right)^2\times\dfrac{4}{3}}=\dfrac{16\sqrt{3}}{9}$　　　　답 $\dfrac{16\sqrt{3}}{9}$

09

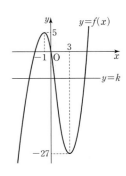

구의 중심을 O, O에서 원기둥의 밑면에 내린 수선의 발을 H, 밑면의 반지름의 길이를 r, 원기둥의 높이를 $2h$라 하자. $h=\sqrt{5^2-r^2}$, $r^2=25-h^2$이므로 원기둥의 부피를 $V(h)$라 하면

$V(h)=\pi r^2\times 2h=2\pi(25h-h^3)$

$V'(h)=2\pi(25-3h^2)$

$0<h<5$이므로 $V'(h)=0$에서 $h=\dfrac{5\sqrt{3}}{3}$

h	0	$\cdots$	$\dfrac{5\sqrt{3}}{3}$	$\cdots$	5
$V'(h)$		$+$	0	$-$	
$V(h)$		↗	극대	↘	

$V(h)$는 $h=\dfrac{5\sqrt{3}}{3}$일 때 극대이고 최대이므로 원기둥의 높이는

$2h=2\times\dfrac{5\sqrt{3}}{3}=\dfrac{10\sqrt{3}}{3}$　　　　답 $\dfrac{10\sqrt{3}}{3}$

Note

원기둥의 부피를 r에 대한 함수로 나타내어 구할 수도 있다.

10

$x^3-3x^2-9x=k$에서

$f(x)=x^3-3x^2-9x$라 하면

$f'(x)=3x^2-6x-9$

$=3(x+1)(x-3)$

$f'(x)=0$에서 $x=-1$ 또는 $x=3$

$f(-1)=5,\ f(3)=-27$이므로

$y=f(x)$의 그래프는 그림과 같다.

이때 곡선 $y=f(x)$와 직선 $y=k$가

세 점에서 만나면

$-27<k<5$

따라서 정수 k의 최댓값은 4이다.　　답 ②

다른 풀이

$f(x)=x^3-3x^2-9x-k$라 하자.

방정식 $f(x)=0$의 서로 다른 실근이 3개이면 $f(x)$의 극댓값과 극솟값의 부호가 반대이다.

$f'(x)=3x^2-6x-9=3(x+1)(x-3)$

$f'(x)=0$에서 $x=-1$ 또는 $x=3$

극댓값은 $f(-1)=-k+5$

극솟값은 $f(3)=-k-27$

$f(-1)f(3)<0$이므로

$(-k+5)(-k-27)<0$　　$\therefore -27<k<5$

따라서 정수 k의 최댓값은 4이다.

11

$3x^4-8x^3-6x^2+24x=-a$에서
$f(x)=3x^4-8x^3-6x^2+24x$라 하면
$$f'(x)=12x^3-24x^2-12x+24$$
$$=12(x^3-2x^2-x+2)$$
$$=12(x+1)(x-1)(x-2)$$
$f'(x)=0$에서 $x=\pm1$ 또는 $x=2$
$f(-1)=-19$, $f(1)=13$, $f(2)=8$이
므로 $y=f(x)$의 그래프는 그림과 같다.

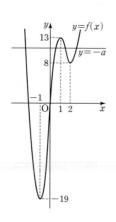

곡선 $y=f(x)$와 직선 $y=-a$가 서로 다
른 네 점에서 만나면
$$8<-a<13 \qquad \therefore -13<a<-8$$
따라서 정수 a의 최댓값은 -9이다. 답 ②

12

$f(x)=x^3-3x+1$이라 하면
$$f'(x)=3x^2-3=3(x+1)(x-1)$$
$f'(x)=0$에서 $x=-1$ 또는 $x=1$
$f(-1)=3$, $f(1)=-1$이므로 $y=f(x)$와 $y=|f(x)|$의 그래
프는 그림과 같다.

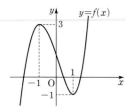 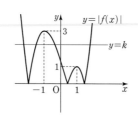

$|f(x)|=k$의 해가 서로 다른 네 실근이면 $y=|f(x)|$의 그래
프와 직선 $y=k$가 서로 다른 네 점에서 만나므로
$$1<k<3$$
따라서 정수 $k=2$이다. 답 ②

13

$f(x)=g(x)$에서
$$x^4+x^2-6x+2a=0$$
따라서 $x^4+x^2-6x=-2a$에서
$h(x)=x^4+x^2-6x$라 하면
$$h'(x)=4x^3+2x-6$$
$$=2(x-1)(2x^2+2x+3)$$
$h'(x)=0$에서 $x=1$
$h(1)=-4$이므로 $y=h(x)$의 그래프는 그림과 같다.
곡선 $y=h(x)$와 직선 $y=-2a$가 한 점에서 만나면
$$-2a=-4 \qquad \therefore a=2$$ 답 ②

Note

$h(x)=x^4+x^2-6x+2a$라 하고, $y=h(x)$의 그래프가 x축과 한 점에서 만
날 조건을 찾아도 된다.

14

삼차함수의 그래프와 직선이 서로 다른
두 점에서 만나면 그림과 같이 한 점에
서 접한다.
접점의 x좌표를 a라 하고,
$$f(x)=mx+8$$
$$g(x)=x^3+2x^2-3x$$
라 하면
$f(a)=g(a)$에서
$$ma+8=a^3+2a^2-3a \qquad \cdots ❶$$
$f'(a)=g'(a)$에서
$$m=3a^2+4a-3 \qquad \cdots ❷$$
❷를 ❶에 대입하면
$$a(3a^2+4a-3)+8=a^3+2a^2-3a$$
$$(a+2)(a^2-a+2)=0$$
a는 실수이므로 $a=-2$
$$\therefore m=1$$ 답 ③

다른 풀이

교점의 x좌표는 방정식 $mx+8=x^3+2x^2-3x$, 곧
$x^3+2x^2-(m+3)x-8=0$의 해이다. 그런데 교점이 2개이므
로 해는 중근과 나머지 한 근이다.
중근을 α, 나머지 한 근을 β라 하면
$$x^3+2x^2-(m+3)x-8=(x-\alpha)^2(x-\beta)$$
$$(우변)=x^3-(2\alpha+\beta)x^2+(\alpha^2+2\alpha\beta)x-\alpha^2\beta$$
이므로
$$2\alpha+\beta=-2 \qquad \cdots ❶$$
$$\alpha^2+2\alpha\beta=-m-3 \qquad \cdots ❷$$
$$\alpha^2\beta=8 \qquad \cdots ❸$$
❶에서 $\beta=-2-2\alpha$를 ❸에 대입하고 정리하면
$$\alpha^3+\alpha^2+4=0, (\alpha+2)(\alpha^2-\alpha+2)=0$$
α는 실수이므로 $\alpha=-2$, $\beta=2$
❷에 대입하면 $m=1$

15

$x^3-3x^2-9x=a$에서
$f(x)=x^3-3x^2-9x$라 하면
$$f'(x)=3x^2-6x-9$$
$$=3(x+1)(x-3)$$
$f'(x)=0$에서 $x=-1$ 또는 $x=3$
$f(-1)=5$, $f(3)=-27$이므로
$y=f(x)$의 그래프는 그림과 같다.
곡선 $y=f(x)$와 직선 $y=a$는
$x>0$일 때 한 점, $x<0$일 때 두 점에서 만나므로
$$0<a<5$$ 답 ⑤

16

$f(x)=g(x)$에서
$$3x^3-x^2-3x=x^3-4x^2+9x+a$$
따라서 $2x^3+3x^2-12x=a$에서

$h(x)=2x^3+3x^2-12x$라 하면
$$h'(x)=6x^2+6x-12$$
$$=6(x+2)(x-1)$$
$h'(x)=0$에서 $x=-2$ 또는 $x=1$
$h(-2)=20$, $h(1)=-7$이므로
$y=h(x)$의 그래프는 그림과 같다.

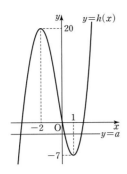

곡선 $y=h(x)$와 직선 $y=a$는 $x>0$
일 때 두 점, $x<0$일 때 한 점에서 만
나므로 $-7<a<0$
따라서 정수 a의 개수는 6이다.   답 ①

17

$f(x)=g(x)$에서
$$x^5+x^3-3x^2+k=x^3-5x^2+3$$
따라서 $x^5+2x^2-3=-k$에서
$h(x)=x^5+2x^2-3$이라 하면
$$h'(x)=5x^4+4x=x(5x^3+4)$$
$1<x<2$에서 $h'(x)>0$이므로 $h(x)$는 증가
한다.
$h(1)=0$, $h(2)=37$이므로 $y=h(x)$의 그
래프는 그림과 같다.

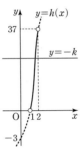

구간 $(1, 2)$에서 곡선 $y=h(x)$와 직선
$y=-k$가 적어도 한 점에서 만나므로
$$0<-k<37$$
$$\therefore -37<k<0$$
    답 $-37<k<0$

18

$x^3-12x+22-4k=0$에서
$$x^3-12x+22=4k$$
$g(x)=x^3-12x+22$라 하면
$$g'(x)$$
$$=3x^2-12$$
$$=3(x+2)(x-2)$$
$g'(x)=0$에서
$$x=-2 \text{ 또는 } x=2$$
$g(-2)=38$, $g(2)=6$이므로
$y=g(x)$의 그래프는 그림과
같다.

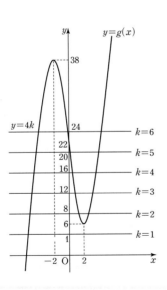

$f(k)$는 곡선 $y=g(x)$와 직선
$y=4k$가 제1사분면에서 만나
는 교점의 개수이다.
$k=2, 3, 4, 5$일 때 $f(k)=2$이므로 k의 개수는 4이다.   답 4

19

$f(x)=x^4-4x-a^2+a+9$라 하면
$$f'(x)=4x^3-4$$
$$=4(x-1)(x^2+x+1)$$
$f'(x)=0$에서 $x=1$
$f(x)$는 $x=1$에서 극소이고 최소이다.

모든 실수 x에 대하여 $f(x)\geq0$이려면
$f(1)\geq0$이므로 $-a^2+a+6\geq0$ $\therefore -2\leq a\leq3$
따라서 정수 a의 개수는 6이다.   답 ①

20

$h(x)=f(x)-g(x)$라 하면
$$h(x)=(5x^3-10x^2+k)-(5x^2+2)$$
$$=5x^3-15x^2+k-2$$
$$h'(x)=15x^2-30x=15x(x-2)$$
$0<x<3$이므로 $h'(x)=0$에서 $x=2$

x	0	$\cdots$	2	$\cdots$	3
$h'(x)$		$-$	0	$+$	
$h(x)$		$\searrow$	극소	$\nearrow$	

$h(x)$는 $x=2$일 때 극소이고 최소이다.
$0<x<3$에서 $f(x)\geq g(x)$, 곧 $h(x)\geq0$이려면 $h(2)\geq0$이므
로
$$k-22\geq0 \quad \therefore k\geq22$$
따라서 k의 최솟값은 22이다.   답 22

21

$h(x)=f(x)-g(x)$라 하면
$$h(x)=(x^3+5x)-(4x^2+k)$$
$$=x^3-4x^2+5x-k$$

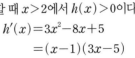

라 할 때 $x>2$에서 $h(x)>0$이다.
$$h'(x)=3x^2-8x+5$$
$$=(x-1)(3x-5)$$
$h'(x)=0$에서 $x=1$ 또는 $x=\dfrac{5}{3}$
$x>2$에서 $f(x)>g(x)$, 곧 $h(x)>0$이려면 $h(2)\geq0$이므로
$$2-k\geq0 \quad \therefore k\leq2$$
따라서 정수 k의 최댓값은 2이다.   답 ②

22

임의의 실수 x_1, x_2에 대하여
$f(x_1)\geq g(x_2)$이면
$\{f(x)$의 최솟값$\}\geq\{g(x)$의 최댓값$\}$
이다.
$$f'(x)=4x^3-4x$$
$$=4x(x+1)(x-1)$$
$f'(x)=0$에서 $x=0$ 또는 $x=\pm1$

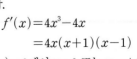

$f(0)=-4$, $f(-1)=-5$, $f(1)=-5$이므로 $y=f(x)$의 그래
프는 그림과 같다.
또 $g(x)=-(x-3)^2+k+9$
$f(x)$의 최솟값은 -5, $g(x)$의 최댓값은 $k+9$이므로
$$-5\geq k+9 \quad \therefore k\leq-14$$
따라서 k의 최댓값은 -14이다.   답 ②

23

(가), (나)에서 $y=|f(x)|$의 그래프는 그림과 같다.

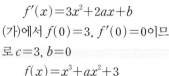

따라서 $f(x)$의 극솟값이 -1이다.

$f(x)=x^3+ax^2+bx+c$라 하면
$$f'(x)=3x^2+2ax+b$$

(가)에서 $f(0)=3$, $f'(0)=0$이므로 $c=3$, $b=0$

$$f(x)=x^3+ax^2+3$$
$$f'(x)=3x^2+2ax=x(3x+2a)$$

따라서 $f(x)$는 $x=-\dfrac{2}{3}a$일 때 극소이다.

$f\left(-\dfrac{2}{3}a\right)=-1$이므로

$$-\dfrac{8}{27}a^3+\dfrac{4}{9}a^3+3=-1,\ a^3=-27$$

a는 실수이므로 $a=-3$

$$\therefore f(x)=x^3-3x^2+3$$

답 $f(x)=x^3-3x^2+3$

24

$f(-x)=-f(x)$이므로 $y=f(x)$의 그래프는 원점에 대칭이다.
또 x^3의 계수가 1이므로 그래프는 다음 두 가지 꼴이다.

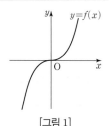
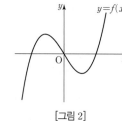

[그림 1]　　　　　　[그림 2]

이때 $|f(x)|=2$의 서로 다른 실근이 4개인 경우는 [그림 2]이고 $y=|f(x)|$의 그래프는 아래와 같다.

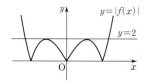

따라서 함수 $f(x)$의 극솟값은 -2, 극댓값은 2이다.
$f(-x)=-f(x)$이므로 $f(x)=x^3-bx$라 하면
$$f'(x)=3x^2-b$$

$f'(x)=0$에서 $x=\pm\sqrt{\dfrac{b}{3}}$

$f\left(\sqrt{\dfrac{b}{3}}\right)=-2$이므로

$$\left(\sqrt{\dfrac{b}{3}}\right)^3-b\times\sqrt{\dfrac{b}{3}}=-2$$
$$b\sqrt{b}=3\sqrt{3}\qquad\therefore b=3$$

따라서 $f(x)=x^3-3x$이므로 $f(3)=18$

답 ④

Note

$f(-x)=-f(x)$를 만족시키는 함수를 기함수라 하며 기함수의 그래프는 원점에 대칭이다.

25

시각 t에서 점 P의 속도는
$$\dfrac{dx}{dt}=-2t+4$$

$t=a$에서 P의 속도가 0이므로
$$-2a+4=0\qquad\therefore a=2$$

답 ②

26

시각 t에서 P의 속도를 v, 가속도를 a라 하면
$$v=\dfrac{dx}{dt}=-t^2+6t,\ a=\dfrac{dv}{dt}=-2t+6$$

점 P의 가속도가 0일 때 시각은
$$-2t+6=0\qquad\therefore t=3$$

이때 점 P의 위치는 40이므로
$$-\dfrac{1}{3}\times3^3+3\times3^2+k=40\qquad\therefore k=22$$

답 22

27

지면에 떨어지면 $h=0$이므로 그때의 시각은
$$100+40t-5t^2=0,\ (t+2)(t-10)=0$$

$t>0$이므로 $t=10$ (초)

시각 t에서 물체의 속도를 $v(t)$ m/s라 하면
$$v(t)=\dfrac{dh}{dt}=40-10t$$이므로 물체가 지면에 떨어지는 순간의 속도는
$$v(10)=-60\ (\text{m/s})$$

답 ②

28

시각 t에서 두 점 P, Q의 속도는 각각
$$P'(t)=3t^2+4t-12,\ Q'(t)=9t$$

$P'(t)=Q'(t)$에서
$$3t^2+4t-12=9t,\ 3t^2-5t-12=0,\ (3t+4)(t-3)=0$$

$t>0$이므로 $t=3$

$P(3)=10$, $Q(3)=\dfrac{69}{2}$이므로 두 점 사이의 거리는

$$\dfrac{69}{2}-10=\dfrac{49}{2}$$

답 ③

29

시각 t에서 두 점 P, Q의 속도는 각각
$$P'(t)=4t-2,\ Q'(t)=2t-8$$

두 점 P, Q가 서로 반대 방향으로 움직이면 $P'(t)Q'(t)<0$이다.
$$(4t-2)(2t-8)=4(2t-1)(t-4)<0$$
$$\therefore \dfrac{1}{2}<t<4$$

답 $\dfrac{1}{2}<t<4$

30

시각 t에서 점 P의 속도를 $v(t)$, 가속도를 $v'(t)$라 하면
$$v(t)=\dfrac{dx}{dt}=3t^2+2at+b,\ v'(t)=\dfrac{dv}{dt}=6t+2a$$

$t=1$에서 점 P의 운동 방향이 바뀌므로
$$v(1)=3+2a+b=0\qquad\cdots ❶$$

$t=2$에서 점 P의 가속도가 0이므로

$$v'(2)=12+2a=0 \qquad \cdots ❷$$

❷에서 $a=-6$이고 ❶에서 $b=9$이다.   답 $a=-6$, $b=9$

31

시각 t에서 점 P의 속도는

$$\frac{dx}{dt}=3t^2-10t+a$$

점 P가 움직이는 방향이 바뀌지 않으면 속도의 부호가 바뀌지 않으므로 $3t^2-10t+a=0$의 해가 중근 또는 허근이다.

$$\frac{D}{4}=25-3a\le 0 \qquad \therefore a\ge\frac{25}{3}$$

따라서 자연수 a의 최솟값은 9이다.   답 ①

step **B** 실력 문제   59~63쪽

01 ⑤	02 ⑤	03 ②	04 $\frac{3}{2}$	05 $1+\frac{\sqrt{6}}{6}$
06 9	07 ④	08 ②	09 $-3\le k\le 17$	
10 ③	11 ④	12 ③	13 6	14 ⑤
15 ②	16 ⑤	17 3	18 ④	19 ②
20 ⑤	21 ③	22 15	23 ①	24 ⑤
25 ③	26 ⑤	27 ④	28 5	29 ⑤
30 ③				

01

[전략] 구간 $[-a, a]$에서 극값부터 조사한다.

$$f'(x)=3x^2+2ax-a^2=(x+a)(3x-a)$$

이므로 $f'(x)=0$에서 $x=-a$ 또는 $x=\frac{a}{3}$

구간 $[-a, a]$에서 $f(x)$의 증감을 조사하면 다음과 같다.

x	$-a$	$\cdots$	$\frac{a}{3}$	$\cdots$	a
$f'(x)$		$-$	0	$+$	
$f(x)$	$f(-a)$	↘	극소	↗	$f(a)$

$f(x)$는 $x=\frac{a}{3}$일 때 극소이고 최소이다. 최솟값이 $\frac{14}{27}$이므로

$$f\left(\frac{a}{3}\right)=-\frac{5}{27}a^3+2=\frac{14}{27}, \frac{5}{27}a^3=\frac{40}{27}$$

$$a^3=8 \qquad \therefore a=2$$

이때 $f(-a)=f(-2)=10$, $f(a)=f(2)=10$

이므로 최댓값은 $M=10$

$$\therefore a+M=12$$ 답 ⑤

02

[전략] 점 A의 좌표를 구하고, 삼각형 OBC와 삼각형 ABC의 넓이의 합을 생각한다.

$x^3=-x^3+2x$에서 $x(x+1)(x-1)=0$

$$\therefore x=0 \text{ 또는 } x=\pm 1$$

따라서 점 A의 x좌표는 1이다.

점 O와 변 BC 사이의 거리는 k, 점 A와 변 BC 사이의 거리는 $1-k$이므로

(사각형 OBAC의 넓이)

$$=\triangle OBC+\triangle ABC$$

$$=\frac{1}{2}\overline{BC}\times k+\frac{1}{2}\overline{BC}\times(1-k)=\frac{1}{2}\overline{BC}$$

$$=\frac{1}{2}\{(-k^3+2k)-k^3\}=-k^3+k$$

$f(k)=-k^3+k$라 하면 $f'(k)=-3k^2+1$

$0<k<1$이므로 $f'(k)=0$에서 $k=\frac{\sqrt{3}}{3}$

k	0	$\cdots$	$\frac{\sqrt{3}}{3}$	$\cdots$	1
$f'(k)$		$+$	0	$-$	
$f(k)$		↗	극대	↘	

$f(k)$는 $k=\frac{\sqrt{3}}{3}$일 때 극대이고 최대이므로 사각형 OBAC의 넓이가 최대일 때 $k=\frac{\sqrt{3}}{3}$이다.   답 ⑤

03

[전략] 점 B가 원점인 좌표평면을 잡고 P의 x좌표를 t로 놓은 다음, 삼각형의 넓이를 t로 나타낸다.

점 B가 원점, 변 BC가 x축 위에 있는 좌표평면을 생각하자.

포물선의 꼭짓점이 $(2, 0)$이므로 $y=a(x-2)^2$이라 하자.

점 $A(0, 4)$를 지나므로

$$4=a\times(0-2)^2 \qquad \therefore a=1$$

따라서 포물선의 방정식은 $y=(x-2)^2$이다.

또 직선 AF의 방정식은 $y=-\frac{1}{2}x+4$

포물선 $y=(x-2)^2$과 직선 $y=-\frac{1}{2}x+4$에서

$$(x-2)^2=-\frac{1}{2}x+4, 2x^2-7x=0$$

따라서 교점의 x좌표는 $x=0$, $x=\frac{7}{2}$이므로 $G\left(\frac{7}{2}, \frac{9}{4}\right)$

점 P의 x좌표를 $t\left(0<t<\frac{7}{2}\right)$라 하면

$$P\left(t, -\frac{1}{2}t+4\right), Q(t, (t-2)^2)$$

삼각형 AQP의 넓이를 $S(t)$라 하면

$$S(t)=\frac{1}{2}t\left\{-\frac{1}{2}t+4-(t-2)^2\right\}=-\frac{1}{4}(2t^3-7t^2)$$

$$S'(t)=-\frac{1}{4}(6t^2-14t)=-\frac{1}{2}t(3t-7)$$

$0<t<\frac{7}{2}$이므로 $S'(t)=0$에서 $t=\frac{7}{3}$

t	0	$\cdots$	$\frac{7}{3}$	$\cdots$	$\frac{7}{2}$
$S'(t)$		$+$	0	$-$	
$S(t)$		↗	극대	↘	

$S(t)$는 $t=\frac{7}{3}$일 때 극대이고 최대이므로 삼각형 AQP 넓이의

최댓값은

$$S\left(\frac{7}{3}\right)=-\frac{1}{4}\times\left\{2\times\left(\frac{7}{3}\right)^3-7\times\left(\frac{7}{3}\right)^2\right\}=\frac{343}{108}$$ 답 ②

04

[전략] 두 점 P, Q의 x좌표는 각각 $x^2(3-x)=mx$의 해이다. 두 근을 α, β로 놓고 근과 계수의 관계를 이용한다.

곡선 $y=x^2(3-x)$와 직선 $y=mx$에서

$$x^2(3-x)=mx$$
$$x(x^2-3x+m)=0$$

따라서

$$x^2-3x+m=0 \quad \cdots \text{❶}$$

의 두 근을 α, β $(\alpha<\beta)$라 하면 두 점 P, Q의 x좌표는 각각 α, β이다.

❶이 서로 다른 두 실근을 가지므로 $D=9-4m>0$

$m>0$이므로 $0<m<\frac{9}{4}$

P$(\alpha, m\alpha)$, Q$(\beta, m\beta)$이므로 △APQ의 넓이를 $S(m)$이라 하면

$$S(m)=\triangle OAQ-\triangle OAP$$
$$=\frac{1}{2}\times3\times m\beta-\frac{1}{2}\times3\times m\alpha=\frac{3m}{2}(\beta-\alpha)$$

❶에서 $\beta-\alpha=\sqrt{(\alpha+\beta)^2-4\alpha\beta}=\sqrt{9-4m}$이므로

$$S(m)=\frac{3}{2}\sqrt{-4m^3+9m^2}$$

$f(m)=-4m^3+9m^2$이라 하면

$$f'(m)=-12m^2+18m=-6m(2m-3)$$

$0<m<\frac{9}{4}$이므로 $f'(m)=0$에서 $m=\frac{3}{2}$

m	0	$\cdots$	$\frac{3}{2}$	$\cdots$	$\frac{9}{4}$
$f'(m)$		+	0	−	
$f(m)$		↗	극대	↘	

$f(m)$은 $m=\frac{3}{2}$일 때 극대이고 최대이므로 삼각형 APQ의 넓이가 최대일 때 $m=\frac{3}{2}$이다. 답 $\frac{3}{2}$

05

[전략] 구간 $[t, t+1]$에서 $f(x)$가 극댓값을 가지는 경우와 $f(x)$가 증가 또는 감소하는 경우로 나눈다.

$$f'(x)=6x^2-18x+12=6(x-1)(x-2)$$

$f'(x)=0$에서 $x=1$ 또는 $x=2$

따라서 극댓값은 $f(1)=3$, 극솟값은 $f(2)=2$이므로 $y=f(x)$의 그래프는 그림과 같다.

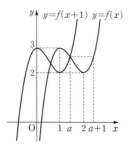

$1<x<2$에서 $f(x)=f(x+1)$을 만족시키는 x의 값을 a라 하자.

$t<0$일 때 $f(x)$는 구간 $[t, t+1]$에서 증가하므로 최댓값은 $f(t+1)$

$0\le t<1$일 때 최댓값은 $f(1)$

$1\le t<a$일 때 최댓값은 $f(t)$

$t\ge a$일 때 최댓값은 $f(t+1)$

$$\therefore g(t)=\begin{cases} f(t+1) & (t<0) \\ 3 & (0\le t<1) \\ f(t) & (1\le t<a) \\ f(t+1) & (t\ge a) \end{cases}$$

곡선 $y=f(t+1)$은 곡선 $y=f(t)$를 t축 방향으로 -1만큼 평행이동한 것이므로 $y=g(t)$의 그래프는 그림과 같다.

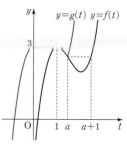

따라서 함수 $g(t)$는 $t=a$에서 미분가능하지 않다.

$f(a)=f(a+1)$에서

$$2a^3-9a^2+12a-2$$
$$=2(a+1)^3-9(a+1)^2+12(a+1)-2$$
$$6a^2-12a+5=0$$

$1<a<2$이므로 $a=1+\frac{\sqrt{6}}{6}$ 답 $1+\frac{\sqrt{6}}{6}$

Note

$t=0$, $t=1$일 때 $g(t)$는 미분가능하고 $g'(0)=g'(1)=f'(1)=0$이다.

06

[전략] $g(x)=\{f(x)\}^3-3f(x)$에서 $g(x)=0$인 $f(x)$의 값부터 구한다.

$$f'(x)=3x^2-3=3(x+1)(x-1)$$

$f'(x)=0$에서 $x=-1$ 또는 $x=1$

$f(-1)=2$, $f(1)=-2$이므로 $y=f(x)$의 그래프는 그림과 같다.

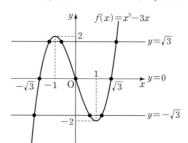

$g(x)=0$에서

$$\{f(x)\}^3-3f(x)=0$$
$$f(x)\{f(x)+\sqrt{3}\}\{f(x)-\sqrt{3}\}=0$$
$$\therefore f(x)=0 \text{ 또는 } f(x)=\pm\sqrt{3}$$

$y=f(x)$의 그래프는 세 직선 $y=0$, $y=\sqrt{3}$, $y=-\sqrt{3}$과 각각 세 점에서 만나므로 방정식 $g(x)=0$의 서로 다른 실근의 개수는 9이다. 답 9

07

[전략] $x^3-3x^2=-\frac{k}{n}$에서 곡선 $y=x^3-3x^2$과 직선 $y=-\frac{k}{n}$의 교점의 개수를 생각한다.

$n(x^3-3x^2)+k=0$에서 $x^3-3x^2=-\frac{k}{n}$

$f(x)=x^3-3x^2$이라 하면 $f'(x)=3x^2-6x=3x(x-2)$

$f'(x)=0$에서 $x=0$ 또는 $x=2$

$f(0)=0$, $f(2)=-4$이므로 $y=f(x)$의 그래프는 그림과 같다.

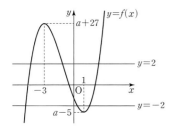

곡선 $f(x)=x^3-3x^2$과 직선 $y=-\dfrac{k}{n}$

가 서로 다른 세 점에서 만나면

$$-4<-\dfrac{k}{n}<0$$

$$\therefore 0<k<4n$$

따라서 정수 k의 개수는 $a_n=4n-1$이다.

$$\therefore \sum_{n=1}^{10} a_n=\sum_{n=1}^{10}(4n-1)=4\times\dfrac{10\times11}{2}-10=210 \qquad \text{답 ④}$$

08

[전략] $x^3+3x^2-9x+a=\pm2$에서 곡선 $y=x^3+3x^2-9x+a$가 두 직선 $y=2$, $y=-2$와 각각 서로 다른 세 점에서 만날 조건을 찾는다.

$|x^3+3x^2-9x+a|=2$에서 $x^3+3x^2-9x+a=\pm2$

$f(x)=x^3+3x^2-9x+a$라 하면

$$f'(x)=3x^2+6x-9=3(x+3)(x-1)$$

$f'(x)=0$에서 $x=-3$ 또는 $x=1$

$f(-3)=a+27$, $f(1)=a-5$이므로 $y=f(x)$의 그래프는 그림과 같다.

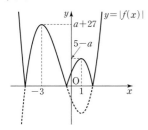

곡선 $y=f(x)$가 두 직선 $y=2$, $y=-2$와 6개의 점에서 만나므로

$$a-5<-2,\ a+27>2 \qquad \therefore -25<a<3$$

따라서 정수 a의 개수는 27이다. 　　　답 ②

Note

$y=|f(x)|$의 그래프는 그림과 같다.

따라서 $|f(1)|>2$, $|f(-3)|>2$일 조건을 찾아도 된다.

09

[전략] 직선 AB의 방정식을 $y=h(x)$라 하면 방정식 $f(x)=h(x)$는 $0\le x\le3$에서 적어도 하나의 해를 갖는다.

직선 AB의 방정식은 $y=x+1$이다.

따라서 $x^3-2x-k=x+1$의 해가 $0\le x\le3$에서 적어도 하나 존재한다.

$x^3-3x-1=k$에서 $g(x)=x^3-3x-1$이라 하면

$$g'(x)=3x^2-3=3(x+1)(x-1)$$

$g'(x)=0$에서 $x=-1$ 또는 $x=1$

$g(-1)=1$, $g(1)=-3$이므로 $y=g(x)$의 그래프는 그림과 같다.

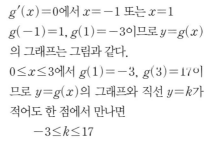
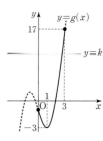

$0\le x\le3$에서 $g(1)=-3$, $g(3)=17$이므로 $y=g(x)$의 그래프와 직선 $y=k$가 적어도 한 점에서 만나면

$$-3\le k\le17$$

답 $-3\le k\le17$

10

[전략] 접점의 x좌표를 t라 하고 접선의 방정식을 구한 다음, 점 $(0, a)$를 지날 때 t의 값이 3개인 경우를 찾는다.

$f(x)=x^3-6x^2+11x-5$라 하면 $f'(x)=3x^2-12x+11$

곡선 $y=f(x)$ 위의 점 $(t, f(t))$에서 접선의 방정식은

$$y-t^3+6t^2-11t+5=(3t^2-12t+11)(x-t)$$

이 직선이 점 $(0, a)$를 지나므로

$$a-t^3+6t^2-11t+5=-3t^3+12t^2-11t$$

$$2t^3-6t^2+5=-a$$

$g(t)=2t^3-6t^2+5$라 하면

$$g'(t)=6t^2-12t=6t(t-2)$$

$g'(t)=0$에서 $t=0$ 또는 $t=2$

$g(0)=5$, $g(2)=-3$이므로 $y=g(t)$의 그래프는 그림과 같다.

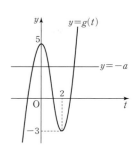

곡선 $y=g(t)$와 직선 $y=-a$가 세 점에서 만나면

$$-3<-a<5 \qquad \therefore -5<a<3 \qquad \text{답 ③}$$

11

[전략] $x^3-x^2-3=ax$에서 곡선 $y=x^3-x^2-3$과 직선 $y=ax$의 교점의 개수를 생각한다.

$x^3-x^2-ax-3=0$에서 $x^3-x^2-3=ax$이므로

$f(x)=x^3-x^2-3$이라 하면

$$f'(x)=3x^2-2x=x(3x-2)$$

$f'(x)=0$에서 $x=0$ 또는 $x=\dfrac{2}{3}$

$f(0)=-3$, $f\left(\dfrac{2}{3}\right)=-\dfrac{85}{27}$이므로

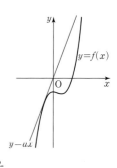

$y=f(x)$의 그래프는 그림과 같다.

직선 $y=ax$는 원점을 지나므로 곡선 $y=f(x)$에 접하는 경우보다 기울기가 클 때 곡선과 직선이 세 점에서 만난다.

접점을 $(t, f(t))$라 하면 접선의 방정식은

$$y-t^3+t^2+3=(3t^2-2t)(x-t)$$

원점을 지나므로

$$-t^3+t^2+3=-3t^3+2t^2$$

$$2t^3-t^2+3=0,\ (t+1)(2t^2-3t+3)=0$$

실근은 $t=-1$이므로 접선의 방정식은 $y=5x$이다.

따라서 $a>5$일 때 곡선과 직선이 서로 다른 세 점에서 만나므로 한 자리 자연수 a는 6, 7, 8, 9의 4개이다. 　　　답 ④

12

[전략] 점 P에서의 접선에 수직이고 점 P를 지나는 직선의 방정식을 $y=h(x)$라 할 때, 방정식 $f(x)=h(x)$의 실근이 3개이다.

$f'(x)=(x-1)(ax+1)+x(ax+1)+ax(x-1)$

에서 $f'(1)=a+1$

$a=-1$이면 $f(x)=-x(x-1)^2$이므로 P에서의 접선에 수직인 직선은 $x=1$이고 곡선 $y=f(x)$와 한 점에서만 만난다.

따라서 $a\neq-1$이고 점 $(1,0)$에서의 접선에 수직인 직선의 방정식은

$$y=-\frac{1}{a+1}(x-1)$$

이 직선과 곡선 $y=f(x)$가 만나므로

$$x(x-1)(ax+1)=-\frac{1}{a+1}(x-1)$$

$$(x-1)\left\{x(ax+1)+\frac{1}{a+1}\right\}=0$$

직선과 곡선 $y=f(x)$가 서로 다른 세 점에서 만나므로

$ax^2+x+\dfrac{1}{a+1}=0$이 $x=1$이 아닌 서로 다른 두 실근을 가져야 한다.

$a(a+1)x^2+(a+1)x+1=0$에서

(i) $a(a+1)\neq0$ ∴ $a\neq0$, $a\neq-1$

(ii) $D=(a+1)^2-4a(a+1)>0$

$(a+1)(3a-1)<0$ ∴ $-1<a<\dfrac{1}{3}$

(iii) $x=1$이 근이 아니어야 하므로

$a(a+1)+a+1+1\neq0$, $a^2+2a+2\neq0$

이 식은 a가 실수일 때 항상 성립한다.

(i), (ii), (iii)에서 $-1<a<0$ 또는 $0<a<\dfrac{1}{3}$ 🄐 ③

13

[전략] $x^3-7x=-k$에서 곡선 $y=x^3-7x$와 직선 $y=-k$가 세 점에서 만날 때, 교점의 x좌표로 가능한 정수부터 찾는다.

$$x^3-7x+k=0 \quad \cdots \text{❶}$$

에서 $x^3-7x=-k$이므로 $f(x)=x^3-7x$라 하면

$f'(x)=3x^2-7$이므로

$f'(x)=0$에서 $x=\pm\dfrac{\sqrt{21}}{3}$

따라서 $y=f(x)$의 그래프는 그림과 같다.

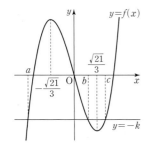

곡선 $y=f(x)$와 직선 $y=-k$의 교점의 x좌표가 ❶의 해이다.

❶의 해가 a, b, c이므로 교점의 x좌표가 a, b, c이고

$-\dfrac{\sqrt{21}}{3}<b<\dfrac{\sqrt{21}}{3}$이므로 정수 b가 될 수 있는 수는 -1, 0, 1

이다.

(i) $b=-1$일 때

❶에 $x=-1$을 대입하면 $k=-6$

이때 ❶은 $x^3-7x-6=0$

$(x+1)(x+2)(x-3)=0$

∴ $a=-2$, $b=-1$, $c=3$

(ii) $b=0$일 때

❶에 $x=0$을 대입하면 $k=0$

이때 ❶은 $x^3-7x=0$, $x(x^2-7)=0$

따라서 한 근만 정수이다.

(iii) $b=1$일 때

❶에 $x=1$을 대입하면 $k=6$

이때 ❶은 $x^3-7x+6=0$

$(x-1)(x-2)(x+3)=0$

∴ $a=-3$, $b=1$, $c=2$

(i), (ii), (iii)에서 $|a|+|b|+|c|=6$ 🄐 6

14

[전략] $g(x)$가 $x=a$에서 연속이므로 $\displaystyle\lim_{x\to a-}g(x)=\lim_{x\to a+}g(x)$일 조건부터 찾는다.

$g(x)$가 $x=a$에서 연속이므로

$$\lim_{x\to a-}g(x)=\lim_{x\to a+}g(x), \quad \lim_{x\to a-}f(x)=\lim_{x\to a+}\{t-f(x)\}$$

$$f(a)=t-f(a) \quad ∴ f(a)=\frac{t}{2}$$

$f(a)=a^3+3a^2-9a$이므로

$$f'(a)=3a^2+6a-9=3(a+3)(a-1)$$

$f'(a)=0$에서 $a=-3$ 또는 $a=1$

$f(-3)=27$, $f(1)=-5$이므로

$y=f(a)$의 그래프는 그림과 같다.

따라서 $h(t)$는 방정식 $f(a)=\dfrac{t}{2}$를 만족시키는 실수 a의 개수이므로 곡선 $y=f(a)$와 직선 $y=\dfrac{t}{2}$의 교점의 개수이다.

직선 $y=\dfrac{t}{2}$의 교점이 3개이면

$$-5<\frac{t}{2}<27 \quad ∴ -10<t<54$$

따라서 정수 t의 개수는 63이다. 🄐 ⑤

15

[전략] 접점을 $(p,\ p^3-ap^2+9p)$라 하고 접선의 방정식을 구하면, p에 대한 방정식이 나온다. 따라서 t의 값에 따라 가능한 p의 개수를 센다.

$f(x)=x^3-ax^2+9x$라 하면 $f'(x)=3x^2-2ax+9$

따라서 곡선 위의 점 $(p, f(p))$에서 접선의 방정식은

$$y-p^3+ap^2-9p=(3p^2-2ap+9)(x-p)$$

점 $(0, t)$를 지나므로

$$t-p^3+ap^2-9p=-3p^3+2ap^2-9p, \quad 2p^3-ap^2=-t$$

$h(p)=2p^3-ap^2$이라 하면
$$h'(p)=6p^2-2ap=2p(3p-a)$$
$h'(p)=0$에서 $p=0$ 또는 $p-\dfrac{a}{3}$

$a>0$이고, $h(0)=0$이므로 $y=h(p)$의 그래프는 그림과 같다.

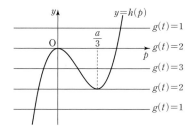

곡선 $y=h(p)$와 직선 $y=-t$의 교점의 개수가 $g(t)$이므로 직선 $y=-t$가 극대점이나 극소점을 지날 때, $g(t)$가 불연속이다.
$t=0$일 때 직선 $y=0$은 극대점을 지난다. $t=1$일 때, 직선 $y=-1$이 극소점을 지나므로 극솟값이 -1이다.
$$h\left(\dfrac{a}{3}\right)=-1, \ -\dfrac{a^3}{27}=-1 \qquad \therefore a=3$$
답 ②

16

[전략] $y=|f(x)|$가 $x=a$에서 미분가능하고 $f(a)=0$이면 $(x-a)^2$은 $f(x)$의 인수이다.

(나)에서 곡선 $y=f(x)$는 $3\leq x\leq 5$에서 x축과 적어도 한 점에서 만난다. 그런데 (가)에서 $|f(x)|$는 x축과 만나는 점에서 미분가능하므로 곡선은 x축에 접한다.
따라서 곡선의 개형은 그림과 같고,
$$f(x)=a(x+1)(x-k)^2 \ (단, a\neq 0, 3\leq k\leq 5)$$
으로 놓을 수 있다.

(i) $a>0$인 경우 (ii) $a<0$인 경우

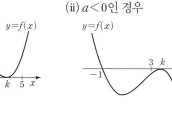

$$f'(x)=a(x-k)^2+2a(x+1)(x-k)$$
$$=a\{3x^2-2(2k-1)x+k^2-2k\}$$
$$\therefore \dfrac{f'(0)}{f(0)}=\dfrac{a(k^2-2k)}{ak^2}=1-\dfrac{2}{k}$$

그런데 $3\leq k\leq 5$이므로 $\dfrac{f'(0)}{f(0)}$은 $k=5$일 때 최대이고 $k=3$일 때 최소이다.
최댓값은 $1-\dfrac{2}{5}=\dfrac{3}{5}$, 최솟값은 $1-\dfrac{2}{3}=\dfrac{1}{3}$이므로 그 곱은
$$\dfrac{3}{5}\times\dfrac{1}{3}=\dfrac{1}{5}$$
답 ⑤

17

[전략] $\overline{AP}=\overline{BP}$이면 P는 $\overline{AB}$의 수직이등분선 위에 있다.

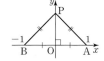

두 점 A, B에 이르는 거리가 같은 점은 선분 AB의 수직이등분선, 곧 y축 위에 있다.
따라서 $P(x, f(x))$에서 $x\geq 0$이면 $\overline{AP}\leq\overline{BP}$, $x<0$이면 $\overline{AP}>\overline{BP}$이다.
$$\therefore g(x)=\begin{cases}f(x) & (x\geq 0)\\ -f(x) & (x<0)\end{cases}$$
$$f'(x)=4x^3-12x^2=4x^2(x-3)$$
$f'(x)=0$에서 $x=0$ 또는 $x=3$

x	$\cdots$	0	$\cdots$	3	$\cdots$
$f'(x)$	$-$	0	$-$	0	$+$
$f(x)$	$\searrow$	a	$\searrow$	$a-27$ (극소)	$\nearrow$

$f(0)=a$, $f(3)=a-27$이므로 $y=f(x)$와 $y=g(x)$의 그래프는 그림과 같다.

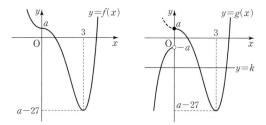

$y=g(x)$의 그래프와 직선 $y=k$가 서로 다른 세 점에서 만나면
$$a-27<k<-a$$
a가 정수이고 정수 k가 20개이므로
$$-a-(a-27)-1=20 \qquad \therefore a=3$$
답 3

18

[전략] $f(0)<f(2)$이고 $y=f(x)$의 그래프가 직선 $x=2$에 대칭이므로
$f(x)$는 $x=2$에서 극대이고, $f(x)$의 두 극솟값은 같다.

$f(x)$는 $f(0)<f(2)$이고, 최고차항의 계수가 1인 사차함수이고 $y=f(x)$의 그래프가 직선 $x=2$에 대칭이다.
따라서 $f(x)$는 $x=2$에서 극대이고 두 극솟값이 같다.

(i) $f(x)$가 $x<0$에서 극솟값을 가질 때

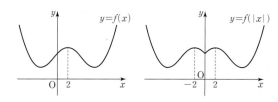

$y=f(|x|)$의 그래프는 위와 같으므로 $f(|x|)=1$의 실근이 3개일 수 없다.

(ii) $f(x)$가 $0<x<2$에서 극솟값을 가질 때

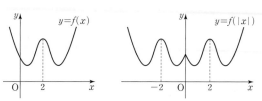

$y=f(|x|)$의 그래프는 위와 같으므로 $f(|x|)=1$의 실근이 3개일 수 없다.

(iii) $f(x)$가 $x=0$에서 극소일 때 세 실근을 갖는다.

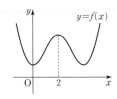 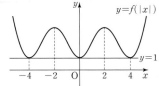

$f'(2)=0$이므로

$f(x)-f(2)=(x-2)^2(x^2+ax+b)$로 놓으면

$f'(x)=2(x-2)(x^2+ax+b)+(x-2)^2(2x+a)$

$x=0$에서 극소이며 $x=4$에서도 극소이므로

$f'(0)=-4b+4a=0$

$f'(4)=4(16+4a+b)+4(8+a)=0$

연립하여 풀면 $a=b=-4$

$\therefore f(x)-f(2)=(x-2)^2(x^2-4x-4)$

극댓값은 $f(2)$이고 $f(0)=1$이므로 $x=0$을 대입하면

$1-f(2)=-16$ $\qquad \therefore f(2)=17$ **目 ④**

Note

$f(x)=1$의 양근을 α라 하면 $x=\pm\alpha$는 $f(|x|)=1$의 해이다.

따라서 $f(|x|)=1$의 해가 3개이면 $f(x)=1$은 양근 한 개와 0을 근으로 갖는다. (음근은 상관없다.)

따라서 $y=f(x)$의 그래프와 직선 $y=1$이 $x=0$일 때와 x좌표가 양수인 점에서 만날 조건을 찾아도 된다.

19

[전략] $f'(x)=0$은 이차방정식이므로 두 실근을 가질 때에는 $f(x)$가 극댓값, 극솟값을 가지지만, 중근이나 허근을 가질 때에는 극값을 갖지 않는다.

$f'(x)=0$은 이차방정식이다.

ㄱ. $f'(x)=0$이 중근을 가지므로 $f(x)$는 증가하거나 감소한다. 따라서 $f(x)=0$의 실근은 한 개이다. 이때 실근은 삼중근일 수도 있지만, 실근과 허근 두 개일 수도 있다.

[반례] $f(x)=x^3+1$이면 $f'(x)=0$은 $x=0$이 중근이지만 $f(x)=0$의 근은 실근 $x=-1$과 허근 $x=\dfrac{1\pm\sqrt{3}i}{2}$이다.

(거짓)

ㄴ. $f'(x)=0$이 허근을 가지면, $f(x)$는 증가 또는 감소하고, 삼중근을 갖지 않으므로 $f(x)=0$은 하나의 실근과 서로 다른 두 허근을 갖는다. (참)

ㄷ. [반례] 극댓값과 극솟값의 부호가 같으면 $y=f(x)$의 그래프는 x축과 한 점에서 만나므로 $f(x)=0$의 실근은 한 개이다. (거짓)

따라서 옳은 것은 ㄴ이다. **目 ②**

Note

ㄴ. $f(x)=0$이 삼중근을 가지면 $f(x)=a(x-p)^3$ 꼴이다. 이때 $f'(x)=3a(x-p)^2$이므로 $f'(x)=0$은 중근을 갖는다.

20

[전략] $f(x)$가 다항식일 때 $f(\alpha)=0,\ f'(\alpha)=0$이면 $f(x)$는 $(x-\alpha)^2$을 인수로 갖는다.

ㄱ. $f(x)$를 $(x-\alpha)^2$으로 나눈 몫을 $Q(x)$, 나머지를 $ax+b$라 하면

$f(x)=(x-\alpha)^2 Q(x)+ax+b$

$f(\alpha)=0$이므로 $a\alpha+b=0$ $\qquad \cdots$ ❶

$f'(x)=2(x-\alpha)Q(x)+(x-\alpha)^2 Q'(x)+a$

$f'(\alpha)=0$이므로 $x=\alpha$를 대입하면 $a=0$

❶에서 $b=0$

나머지가 0이므로 $f(x)$는 $(x-\alpha)^2$으로 나누어떨어진다.

(참)

ㄴ. $f'(\alpha)=0$일 때, $y=f(x)$의 그래프가 점 $(\alpha,\ 0)$에서 접하고 $(\beta,\ 0)$을 지나므로 다음과 같이 $\alpha,\ \beta$가 중근이거나 중근 α와 두 실근을 갖는다.

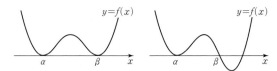

$f'(\beta)=0$일 때에도 마찬가지로 허근을 갖지 않는다. (참)

ㄷ. $f'(\alpha)f'(\beta)>0$이면 $f'(\alpha)$와 $f'(\beta)$의 부호가 같으므로 $x=\alpha$와 $x=\beta$에서 같이 증가하거나 같이 감소한다. 따라서 가능한 그래프는 다음과 같고, x축과 네 점에서 만난다.

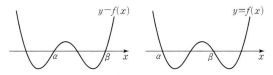

곧, 방정식 $f(x)=0$은 서로 다른 네 실근을 갖는다. (참)

따라서 옳은 것은 ㄱ, ㄴ, ㄷ이다. **目 ⑤**

21

[전략] $y=x^4+2ax^2-4(a+1)x+a^2$의 최솟값은 0 이상이다.

$f(x)=x^4+2ax^2-4(a+1)x+a^2$이라 하면

$f'(x)=4x^3+4ax-4(a+1)$

$\qquad =4(x-1)(x^2+x+a+1)$

$a>0$이면 $x^2+x+a+1=\left(x+\dfrac{1}{2}\right)^2+a+\dfrac{3}{4}>0$이므로

$f'(x)=0$에서 $x=1$

x	$\cdots$	1	$\cdots$
$f'(x)$	$-$	0	$+$
$f(x)$	$\searrow$	극소	$\nearrow$

$f(x)$는 $x=1$에서 극소이고 최소이다.

부등식 $f(x)\geq 0$이 항상 성립하므로

$f(1)=a^2-2a-3\geq 0$, $(a+1)(a-3)\geq 0$

$a>0$이므로 $a\geq 3$

따라서 양수 a의 최솟값은 3이다. **目 ③**

22

[전략] $x\geq 0$에서 $y=x^n-nx+k-7$의 최솟값은 0 이상이다.

$x\geq 0$에서 $x^n-nx+k-7\geq 0$이 성립하는 정수 k의 최솟값이 21이라 해도 된다.

$f(x)=x^n-nx+k-7$이라 하면

$f'(x)=nx^{n-1}-n=n(x^{n-1}-1)$

$x\geq 0$에서 $f'(x)=0$의 실근은 $x=1$

x	0	$\cdots$	1	$\cdots$
$f'(x)$		$-$	0	$+$
$f(x)$		$\searrow$	극소	$\nearrow$

$f(x)$는 $x=1$에서 극소이고 최소이므로

$f(x) \geq 0$이면 $f(1) \geq 0$에서

$\quad -n+k-6 \geq 0,\ k \geq n+6$

따라서 k의 최솟값이 21일 때, $n=15$이다.   🔲 15

23

[전략] $x \geq 0$에서 $y=x^3-2-3k(x^2-2k)$의 그래프를 생각한다.

$x \geq 0$에서 $x^3-2-3k(x^2-2k) \geq 0$일 조건을 찾으면 된다.

$f(x)=x^3-2-3k(x^2-2k)$라 하면

$\quad f'(x)=3x^2-6kx=3x(x-2k)$

$f'(x)=0$에서 $x=0$ 또는 $x=2k$

x	0	$\cdots$	$2k$	$\cdots$
$f'(x)$		$-$	0	$+$
$f(x)$		$\searrow$	극소	$\nearrow$

$x \geq 0$일 때 $f(x)$는 $x=2k$에서 극소이고 최소이다.

$f(2k) \geq 0$이므로

$\quad -4k^3+6k^2-2 \geq 0,\ 2k^3-3k^2+1 \leq 0$

$g(k)=2k^3-3k^2+1$이라 하면

$\quad g'(k)=6k^2-6k=6k(k-1)$

$g'(k)=0$에서 $k=0$ 또는 $k=1$

$g(0)=1$, $g(1)=0$이므로 $y=g(k)$의
그래프는 그림과 같다.

따라서 $g(k) \leq 0$을 만족시키는 양수 k
는 1이다.

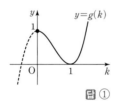

     🔲 ①

24

[전략] $a>0$에서 $f(b)$가 $f(a)$의 최솟값보다 작거나 같다.

임의의 양수 a에 대하여 $f(a) \geq f(b)$이면

$\quad \{f(a)$의 최솟값$\} \geq f(b)$

$\quad f'(x)=3x^2-3=3(x+1)(x-1)$

$f'(x)=0$에서 $x=-1$ 또는 $x=1$

$x>0$에서 $f(x)$는 $x=1$일 때 극소이고 최소이다.

따라서 $a>0$에서 $f(a)$의 최솟값이 $f(1)=-2$이므로

$\quad -2 \geq f(b),\ f(b)+2 \leq 0$

$\quad b^3-3b+2 \leq 0,\ (b-1)^2(b+2) \leq 0$

$b<0$일 때, $(b-1)^2>0$이므로 $b+2 \leq 0$

따라서 b의 최댓값은 -2이다.   🔲 ⑤

25

[전략] $y=g(x-t)$의 그래프는 $y=g(x)$의 그래프를 x축 방향으로 t만큼
평행이동한 꼴이다.

$\quad f'(x)=-12x^3-12x^2+24x=-12x(x-1)(x+2)$

$f'(x)=0$에서 $x=-2$ 또는 $x=0$ 또는 $x=1$

x	$\cdots$	-2	$\cdots$	0	$\cdots$	1	$\cdots$
$f'(x)$	$+$	0	$-$	0	$+$	0	$-$
$f(x)$	$\nearrow$	극대	$\searrow$	극소	$\nearrow$	극대	$\searrow$

$f(-2)=a+32$, $f(0)=a$,

$f(1)=a+5$이므로 $y=f(x)$,

$y=g(x)$의 그래프는 그림과 같다.

곡선 $y=g(x-t)$는 곡선 $y=g(x)$를
x축 방향으로 t만큼 평행이동한 꼴이
다.

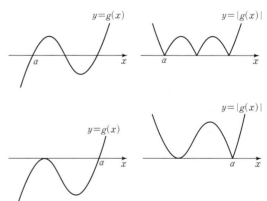

따라서 임의의 실수 t에 대하여 곡선
$y=f(x)$가 곡선 $y=g(x-t)$와 만나
지 않으면 $f(x)$의 최댓값이 $g(x)$의 최솟값보다 작다.

$f(x)$의 최댓값은 $f(-2)=a+32$이고,

$g(x)=(x+1)^2+2a-1$이므로 $g(x)$의 최솟값은 $2a-1$이다.

$\quad a+32 < 2a-1 \qquad \therefore a>33$

따라서 자연수 a의 최솟값은 34이다.   🔲 ③

26

[전략] $g(x)$가 삼차함수일 때, $|g(x)|$가 실수 전체의 집합에서 미분가능하
면 $g(x)=a(x-a)^3$ 꼴이다.

삼차함수 $y=g(x)$의 그래프가 다음과 같으면 $y=|g(x)|$는
$x=a$에서 미분가능하지 않다.

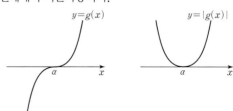

그러나 $g(x)=a(x-a)^3$ 꼴이면 다음과 같이 $y=|g(x)|$는 실
수 전체에서 미분가능하다.

(가)에서 $f(x)-4x=(x-a)^3$이라 하면

$\quad f(x)=(x-a)^3+4x$

(나)에서 모든 실수 x에 대하여 $xf(x) \geq 0$이므로

$x \geq 0$일 때 $f(x) \geq 0$, $x<0$일 때 $f(x) \leq 0$이다.

그런데 $f(x)$는 연속이므로 $f(0)=0$이다.

따라서 $(-a)^3=0$, 곧 $a=0$이다.

이때 $f(x)=x^3+4x$이고 $xf(x)=x^4+4x^2 \geq 0$

$\quad \therefore f(4)=80$ 🔲 ⑤

27

[전략] 속도의 부호가 바뀌는 시각에서 운동 방향이 바뀐다.

점 P의 시각 t에서의 속도는

$$\frac{dx}{dt}=3t^2-12=3(t+2)(t-2)$$

$t>0$이므로 $t=2$일 때, 속도의 부호가 바뀐다.

곧, $t=2$일 때 P가 원점에 있으므로

$$2^3-12\times 2+k=0,\ k-16=0$$

$$\therefore k=16$$

답 ④

28

[전략] 기차가 멈추는 순간의 속도 $v=0$이다.

제동을 걸고 나서 t초 동안 달린 거리를 $x(t)$ m라 하면

$$x(t)=20t-\frac{1}{10}ct^2$$

시각 t에서 열차의 속도를 $v(t)$라 하면

$$v(t)=\frac{dx}{dt}=20-\frac{1}{5}ct$$

정지할 때 $v=0$이므로 $20-\frac{1}{5}ct=0$에서 $t=\frac{100}{c}$

정지할 때까지 열차가 달린 거리는

$$x\left(\frac{100}{c}\right)=\frac{1000}{c}$$

정지선을 넘지 않으려면 $\frac{1000}{c}\leq 200$에서 $c\geq 5$

따라서 c의 최솟값은 5이다.

답 5

29

[전략] $x'(t)$를 구하고, $x(t)$의 그래프를 생각한다.

시각 t에서 점 P의 속도는 $x'(t)$이고

$$x'(t)=3t^2-16t+16$$
$$=(3t-4)(t-4)$$

$x'(t)=0$에서 $t=\frac{4}{3}$ 또는 $t=4$

$x(0)=0$, $x(4)=0$이므로

$y=x(t)$의 그래프는 그림과 같다.

ㄱ. $t=2$일 때 점 P의 속도는

$$x'(2)=-4\ (참)$$

ㄴ. $t=\frac{4}{3}$와 $t=4$에서 운동 방향을 바꾼다. (참)

ㄷ. $x(4)=0$이므로 $t=4$에서 원점을 다시 지난다. (참)

따라서 옳은 것은 ㄱ, ㄴ, ㄷ이다.

답 ⑤

Note

ㄴ. $t=\frac{4}{3}$와 $t=4$의 좌우에서 속도 $x'(t)$의 부호가 바뀌므로 점 P는 $t=\frac{4}{3}$

와 $t=4$에서 운동 방향을 바꾼다.

30

[전략] $t=20$의 전후에서 A, B의 속도를 생각한다.

(가)에서 $t=20$일 때, A와 B는 같은 위치에 있다.

$10<t<20$에서 B의 속도가 더 빠르고 $t=20$에서 만나므로 B가 A의 뒤에서 따라온다.

$20<t<30$에서도 B의 속도가 더 빠르므로 B가 A보다 앞선다.

따라서 $t=20$에서 B가 A를 추월한다.

답 ③

step C 최상위 문제 64쪽

01 ④   **02** ⑤   **03** 최솟값 : -8, 최댓값 : 1

04 ③

01

[전략] $f(x)$의 절댓값 기호 안의 식을 $h(x)$로 놓고,

$t\leq 0$일 때와 $t\geq 4$일 때로 나누어 $g(t)$를 구한다.

$h(x)=4x^3-3tx$라 하면 $h'(x)=12x^2-3t=3(4x^2-t)$

(i) $t\leq 0$일 때

$h'(x)\geq 0$이므로 $h(x)$는 증가한다.

$h(0)=0$이므로 $0\leq x\leq 1$일 때 $|h(x)|$의 최댓값은

$$g(t)=|h(1)|=|4-3t|$$

따라서 $g(t)$의 최솟값은 $a=g(0)=4$

(ii) $t\geq 4$일 때

$h'(x)=0$에서 $x=\pm\frac{\sqrt{t}}{2}$

$h(x)$는 $x=-\frac{\sqrt{t}}{2}$에서 극

대, $x=\frac{\sqrt{t}}{2}$에서 극소이다.

또 $t\geq 4$이면

$$-\frac{\sqrt{t}}{2}<-1,\ \frac{\sqrt{t}}{2}\geq 1$$이고 $h(0)=0$이므로

$0\leq x\leq 1$일 때 $|h(x)|$의 최댓값은

$$g(t)=|h(1)|=|4-3t|$$

따라서 $g(t)$의 최솟값은 $b=g(4)=8$

$$\therefore ab=4\times 8=32$$

답 ④

02

[전략] (가), (나)에서 $f(x)$에 대한 조건을 찾은 다음,

$y=f(x)-f'(x)$의 그래프를 생각한다.

$f(x)=x^3+ax^2+bx+c$라 하면

$$f'(x)=3x^2+2ax+b$$

(나)에서 $f(0)=f'(0)$이므로 $b=c$

$$\therefore f(x)-f'(x)=x^3+(a-3)x^2+(b-2a)x$$

$g(x)=f(x)-f'(x)$라 하면 $y=g(x)$의 그래프는 원점을 지나므로 다음과 같은 세 가지 경우를 생각할 수 있다.

(다)에서 $x\geq -1$일 때, $g(x)\geq 0$이므로 (iii)만 가능하다. 곧,

$y=g(x)$의 그래프는 $x=0$에서 x축과 접한다.

$g'(x)=3x^2+2(a-3)x+b-2a$이고 $g'(0)=0$이므로

$$b-2a=0 \quad \therefore b=2a$$

이때 $g(x)=x^3+(a-3)x^2$

또 $x\geq-1$일 때 $g(-1)\geq0$이므로

$\quad g(-1)=a-4\geq0 \quad \therefore a\geq4$

$\quad\quad \therefore f(x)=x^3+ax^2+2ax+2a, f(2)=10a+8$

$a\geq4$이므로 $f(2)$의 최솟값은 48이다. $\qquad\qquad$ 답 ⑤

03

[전략] $f'(x)$를 구한 후, 방정식에 대입하여 $g(x)$를 구한다.

$f'(x)=3x^2-6x+6$이므로

$4f'(x)+12x-18=f'(g(x))$에서

$\quad 4(3x^2-6x+6)+12x-18=3\{g(x)\}^2-6g(x)+6$

$\quad 12x^2-12x+6=3\{g(x)\}^2-6g(x)+6$

$\quad \{g(x)\}^2-2g(x)-4x^2+4x=0$

$\quad \{g(x)-2x\}\{g(x)+2x-2\}=0$

$\quad \therefore g(x)=2x$ 또는 $g(x)=-2x+2$

(i) $g(x)=2x$일 때

$\quad f(2x)=x$이므로

$\quad\quad 8x^3-12x^2+12x+k=x, 8x^3-12x^2+11x+k=0$

$\quad h_1(x)=8x^3-12x^2+11x+k$라 하면

$\quad\quad h_1{}'(x)=24x^2-24x+11$

$\quad \dfrac{D}{4}=12^2-24\times11<0$이므로 $h_1{}'(x)>0$이고 $h_1(x)$는 증

$\quad$가한다. 따라서 구간 $[0, 1]$에서 실근을 가지면

$\quad h_1(0)\leq0$이고 $h_1(1)\geq0$

$\quad k\leq0$이고 $k+7\geq0 \quad \therefore -7\leq k\leq0$

(ii) $g(x)=-2x+2$일 때

$\quad f(-2x+2)=x$이므로

$\quad\quad (-2x+2)^3-3(-2x+2)^2+6(-2x+2)+k=x$

$\quad\quad 8x^3-12x^2+13x-8-k=0$

$\quad h_2(x)=8x^3-12x^2+13x-8-k$라 하면

$\quad\quad h_2{}'(x)=24x^2-24x+13$

$\quad \dfrac{D}{4}=12^2-24\times13<0$이므로 $h_2{}'(x)>0$이고 $h_2(x)$는 증

$\quad$가한다. 따라서 구간 $[0, 1]$에서 실근을 가지면

$\quad h_2(0)\leq0$이고 $h_2(1)\geq0$

$\quad -8-k\leq0$이고 $1-k\geq0 \quad \therefore -8\leq k\leq1$

(i), (ii)에서 k의 최솟값은 -8이고, 최댓값은 1이다.

$\qquad\qquad\qquad$ 답 최솟값 : -8, 최댓값 : 1

04

[전략] $g(x)$의 절댓값 기호 안의 식을 $h(x)$로 놓고,
$\quad y=|h(x)|$가 미분가능한 꼴을 찾는다.

$h(x)=f(x)+2x+k$라 할 때 삼차함수 $y=h(x)$의 그래프가
다음과 같으면 $y=|h(x)|$는 $x=\alpha$에서 미분가능하지 않다.

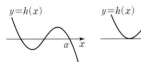

그러나 $h(x)=-(x-\alpha)^3$ 꼴이면 $y=|h(x)|$는 실수 전체의
집합에서 미분가능하다.

$\quad f(x)+2x+k=-(x-\alpha)^3$

$\quad\quad \therefore f(x)=-(x-\alpha)^3-2x-k$

이때 $f'(x)=-3(x-\alpha)^2-2<0$이므로 $f(x)$는 실수 전체의
집합에서 감소한다.

(나)에서 모든 실수 x에 대하여 $(x-1)f(x)\leq0$이므로

$x>1$이면 $x-1>0$이므로 $f(x)\leq0$,

$x<1$이면 $x-1<0$이므로 $f(x)\geq0$이다.

그런데 $f(x)$는 연속함수이므로 $f(1)=0$

$\quad f(1)=-(1-\alpha)^3-2-k=0 \qquad \cdots$ ❶

또 $g(x)=|-(x-\alpha)^3|=\begin{cases}-(x-\alpha)^3 & (x<\alpha)\\(x-\alpha)^3 & (x\geq\alpha)\end{cases}$이므로

$\quad g'(x)=\begin{cases}-3(x-\alpha)^2 & (x<\alpha)\\3(x-\alpha)^2 & (x\geq\alpha)\end{cases}$

$g'(1)=3>0$이므로

$\quad g'(1)=3(1-\alpha)^2=3 \qquad \therefore \alpha=0$ 또는 $\alpha=2$

$\alpha\leq1$이므로 $\alpha=0$

이것을 ❶에 대입하면 $k=-3$ $\qquad\qquad$ 답 ③

III. 적분

06. 부정적분과 정적분

01 12	**02** 35	**03** ④	**04** ④	**05** ⑤
06 ②	**07** ③	**08** ①	**09** 198	**10** ②
11 ②	**12** ④	**13** ②	**14** ②	**15** ②
16 ④	**17** 11	**18** $\dfrac{13}{2}$	**19** 13	**20** ①
21 10	**22** 55	**23** ①	**24** ⑤	**25** ②
26 ⑤	**27** ①	**28** $\dfrac{2}{3}$	**29** $\dfrac{5}{2}$	**30** ①
31 ①	**32** ②			

01

$$f(x)=\int f'(x)dx=\int(6x^2+4)dx$$
$$=2x^3+4x+C$$

함수 $y=f(x)$의 그래프가 점 $(0, 6)$을 지나므로 $C=6$

따라서 $f(x)=2x^3+4x+6$이므로 $f(1)=12$　　답 12

02

$$f(x)=\int f'(x)dx=\int(3x^2-12)dx$$
$$=x^3-12x+C$$

이때 $f'(x)=3x^2-12=3(x+2)(x-2)$이므로

$f'(x)=0$에서 $x=-2$ 또는 $x=2$

x	$\cdots$	-2	$\cdots$	2	$\cdots$
$f'(x)$	$+$	0	$-$	0	$+$
$f(x)$	↗	극대	↘	극소	↗

$f(x)$는 $x=2$에서 극솟값 3을 가지므로

$$f(2)=8-24+C=3 \quad \therefore C=19$$

따라서 $f(x)=x^3-12x+19$이므로 $f(x)$의 극댓값은

$$f(-2)=35$$　　답 35

03

$$\frac{d}{dx}\int\{f(x)-x^2+4\}dx=f(x)-x^2+4$$
$$\int\frac{d}{dx}\{2f(x)-3x+1\}dx=2f(x)-3x+C$$

이므로

$$f(x)-x^2+4=2f(x)-3x+C$$
$$\therefore f(x)=-x^2+3x+4-C$$

$f(1)=3$이므로

$$6-C=3 \quad \therefore C=3$$

따라서 $f(x)=-x^2+3x+1$이므로 $f(0)=1$　　답 ④

04

$$f(x)=\int\left(\frac{1}{2}x^3+2x+1\right)dx-\int\left(\frac{1}{2}x^3+x\right)dx$$
$$=\int(x+1)dx=\frac{1}{2}x^2+x+C$$

$f(0)=1$이므로 $C=1$

따라서 $f(x)=\frac{1}{2}x^2+x+1$이므로 $f(4)=13$　　답 ④

05

$f(x)=\int(x-1)(x^2-3x+4)dx$의 양변을 x에 대하여 미분하면

$$f'(x)=(x-1)(x^2-3x+4)$$
$$\therefore \lim_{h\to0}\frac{f(3+h)-f(3-h)}{h}$$
$$=\lim_{h\to0}\left\{\frac{f(3+h)-f(3)}{h}+\frac{f(3-h)-f(3)}{-h}\right\}$$
$$=2f'(3)=2\times8=16$$　　답 ⑤

06

$F'(x)=f(x)$이므로

주어진 식의 양변을 x에 대하여 미분하면

$$f(x)=f(x)+xf'(x)+12x^3-4x$$
$$xf'(x)=-12x^3+4x \quad \therefore f'(x)=-12x^2+4$$
$$\therefore f(x)=\int f'(x)dx=\int(-12x^2+4)dx$$
$$=-4x^3+4x+C$$

$f(0)=3$이므로 $C=3$

따라서 $f(x)=-4x^3+4x+3$이므로 $f(-1)=3$　　답 ②

07

$$\int_0^1(2x+a)dx=\Big[x^2+ax\Big]_0^1=1+a$$

이므로

$$1+a=4 \quad \therefore a=3$$　　답 ③

08

$$\int_0^a(3x^2-4)dx=\Big[x^3-4x\Big]_0^a=a^3-4a$$

이므로

$$a^3-4a=0, a(a+2)(a-2)=0$$

따라서 $a>0$이므로 $a=2$　　답 ①

09

$$\int_0^9\frac{x^3}{x+2}dx+\int_0^9\frac{8}{x+2}dx$$
$$=\int_0^9\frac{x^3+8}{x+2}dx$$

$$=\int_0^9 \frac{(x+2)(x^2-2x+4)}{x+2}dx$$

$$-\int_0^9 (x^2-2x+4)dx$$

$$=\left[\frac{1}{3}x^3-x^2+4x\right]_0^9=198 \qquad \text{답 } 198$$

10

$x^2-x=x(x-1)$에서

$$|x^2-x|=\begin{cases} -x^2+x & (0<x<1) \\ x^2-x & (x\le 0 \text{ 또는 } x\ge 1) \end{cases}$$

이므로

$$\int_0^2 |x^2-x|dx=\int_0^1 (-x^2+x)dx+\int_1^2 (x^2-x)dx$$

$$=\left[-\frac{1}{3}x^3+\frac{1}{2}x^2\right]_0^1+\left[\frac{1}{3}x^3-\frac{1}{2}x^2\right]_1^2$$

$$=\frac{1}{6}+\frac{5}{6}=1 \qquad \text{답 } ②$$

11

$f(x)$가 $x=1$에서 연속이므로

$$f(1)=\lim_{x\to 1+} f(x)=\lim_{x\to 1-} f(x)$$

$$f(1)=2a-3$$

$$\lim_{x\to 1+} f(x)=\lim_{x\to 1+}(x^2-4x+2a)=2a-3$$

$$\lim_{x\to 1-} f(x)=\lim_{x\to 1-}(ax+1)=a+1$$

이므로 $a+1=2a-3$ $\quad \therefore a=4$

따라서 $f(x)=\begin{cases} 4x+1 & (x<1) \\ x^2-4x+8 & (x\ge 1) \end{cases}$ 이므로

$$\int_{-1}^3 f(x)dx=\int_{-1}^1 (4x+1)dx+\int_1^3 (x^2-4x+8)dx$$

$$=\left[2x^2+x\right]_{-1}^1+\left[\frac{1}{3}x^3-2x^2+8x\right]_1^3$$

$$=2+\frac{26}{3}=\frac{32}{3} \qquad \text{답 } ②$$

12

$$\int_0^2 f'(x)dx=\left[f(x)\right]_0^2=f(2)-f(0)$$이고

$$f(0)=\int_0^1 (t^3+1)dt=\left[\frac{1}{4}t^4+t\right]_0^1=\frac{5}{4}$$

$$f(2)=\int_2^3 (t^3+1)dt=\left[\frac{1}{4}t^4+t\right]_2^3=\frac{69}{4}$$

이므로

$$\int_0^2 f'(x)dx=\frac{69}{4}-\frac{5}{4}=16 \qquad \text{답 } ④$$

13

$$\int_{-1}^1 (x^3+3x^2+5)dx=2\int_0^1 (3x^2+5)dx$$

$$=2\left[x^3+5x\right]_0^1=12 \qquad \text{답 } ②$$

14

$$\int_{-a}^a (5x^3+3x^2+4x+a)dx$$

$$=2\int_0^a (3x^2+a)dx=2\left[x^3+ax\right]_0^a=2a^3+2a^2$$

이므로

$$2a^3+2a^2=(a+1)^2, \; 2a^2(a+1)-(a+1)^2=0$$

$$(2a+1)(a+1)(a-1)=0$$

$$\therefore a=-1 \text{ 또는 } a=-\frac{1}{2} \text{ 또는 } a=1$$

따라서 실수 a값의 합은 $-\frac{1}{2}$이다. \qquad 답 ②

15

$f(x)=ax+b$라 하면

$$\int_{-1}^1 xf(x)dx=\int_{-1}^1 x(ax+b)dx=2\int_0^1 ax^2 dx$$

$$=2\left[\frac{1}{3}ax^3\right]_0^1=\frac{2}{3}a$$

이므로 $\frac{2}{3}a=2$ $\quad \therefore a=3$

$$\int_{-1}^1 x^2 f(x)dx=\int_{-1}^1 x^2(ax+b)dx=2\int_0^1 bx^2 dx$$

$$=2\left[\frac{1}{3}bx^3\right]_0^1=\frac{2}{3}b$$

이므로 $\frac{2}{3}b=-4$ $\quad \therefore b=-6$

따라서 $f(x)=3x-6$이므로 $f(4)=6$ \qquad 답 ②

16

$$\int_{-1}^1 \{f(x)\}^2 dx=\int_{-1}^1 (x+1)^2 dx=\int_{-1}^1 (x^2+2x+1)dx$$

$$=2\int_0^1 (x^2+1)dx=2\left[\frac{1}{3}x^3+x\right]_0^1=\frac{8}{3}$$

또

$$\int_{-1}^1 f(x)dx=\int_{-1}^1 (x+1)dx$$

$$=2\int_0^1 1 dx=2\left[x\right]_0^1=2$$

따라서 조건에서 $\frac{8}{3}=4k$ $\quad \therefore k=\frac{2}{3}$ \qquad 답 ④

17

$f(0)=-1$이므로 $f(x)=ax^2+bx-1$이라 하면

$$\int_{-1}^1 (ax^2+bx-1)dx=2\int_0^1 (ax^2-1)dx$$

$$=2\left[\frac{1}{3}ax^3-x\right]_0^1=\frac{2}{3}a-2$$

$$\int_{-1}^0 (ax^2+bx-1)dx=\left[\frac{1}{3}ax^3+\frac{1}{2}bx^2-x\right]_{-1}^0$$

$$=\frac{1}{3}a-\frac{1}{2}b-1$$

$$\int_0^1 (ax^2+bx-1)dx=\left[\frac{1}{3}ax^3+\frac{1}{2}bx^2-x\right]_0^1$$

$$=\frac{1}{3}a+\frac{1}{2}b-1$$

이므로

$$\frac{2}{3}a-2=\frac{1}{3}a-\frac{1}{2}b-1=\frac{1}{3}a+\frac{1}{2}b-1$$

$\frac{1}{3}a-\frac{1}{2}b-1=\frac{1}{3}a+\frac{1}{2}b-1$에서 $b=0$

또, $\frac{2}{3}a-2=\frac{1}{3}a-1$에서 $a=3$

따라서 $f(x)=3x^2-1$이므로 $f(2)=11$ 답 11

Note

$\int_{-1}^{1}f(x)dx=\int_{-1}^{0}f(x)dx+\int_{0}^{1}f(x)dx$이므로

$$\int_{-1}^{1}f(x)dx=\int_{-1}^{0}f(x)dx=\int_{0}^{1}f(x)dx$$

이면

$$\int_{-1}^{1}f(x)dx=\int_{-1}^{0}f(x)dx=\int_{0}^{1}f(x)dx=0$$

임을 이용할 수도 있다.

18

$f(x)=f(6-x)$에서 $f(x+3)=f(3-x)$이므로
함수 $y=f(x)$의 그래프는 직선 $x=3$에 대칭이다.
조건에서

$$\int_{3}^{6}f(x)dx=\int_{0}^{3}f(x)dx=10$$

$$\int_{3}^{5}f(x)dx=2\int_{3}^{5}f(x)dx=7$$

이므로 $\int_{3}^{5}f(x)dx=\frac{7}{2}$

$$\therefore \int_{5}^{6}f(x)dx=\int_{3}^{6}f(x)dx-\int_{3}^{5}f(x)dx$$

$$=10-\frac{7}{2}=\frac{13}{2}$$

답 $\frac{13}{2}$

19

(가)에서 $f(x)$는 증가함수이고 (나)에서 $f(3)=0$이므로
$0\le x\le 3$이면 $f(x)\le 0$, $3\le x\le 6$이면 $f(x)\ge 0$이다.

(나)에서 $\int_{0}^{3}\{-f(x)\}dx=2$, $\int_{3}^{6}f(x)dx=15$

곧, $\int_{0}^{3}f(x)dx=-2$이므로

$$\int_{0}^{6}f(x)dx=\int_{0}^{3}f(x)dx+\int_{3}^{6}f(x)dx$$

$$=-2+15=13$$

답 13

20

$0\le x\le 1$일 때 $g(x)\le 0$,
$1\le x\le 3$일 때 $g(x)\ge 0$,
$3\le x\le 6$일 때 $g(x)\le 0$
이므로 $S(x)$의 최댓값은 $S(3)$, 최솟값은 $S(6)$이다.

$$S(3)=\int_{0}^{3}g(x)dx$$

$$=\int_{0}^{1}g(x)dx+\int_{1}^{3}g(x)dx$$

$$=-1+2=1$$

$$S(6)=\int_{0}^{6}g(x)dx$$

$$=\int_{0}^{1}g(x)dx+\int_{1}^{3}g(x)dx+\int_{3}^{6}g(x)dx$$

$$=-1+2-5=-4$$

따라서 최댓값 $M=1$, 최솟값 $m=-4$이므로
$M-m=5$ 답 ①

21

$$f(x)=\begin{cases} -(x-1)^2+1 & (0\le x<1) \\ -x+2 & (1\le x<2) \end{cases}$$

이고, $f(x)=f(x+2)$이므로
$y=f(x)$의 그래프는 그림과 같이
주기가 2인 함수이다.

$$\therefore \int_{0}^{17}f(x)dx$$

$$=9\int_{0}^{1}(-x^2+2x)dx+8\int_{1}^{2}(-x+2)dx$$

$$=9\left[-\frac{1}{3}x^3+x^2\right]_{0}^{1}+8\left[-\frac{1}{2}x^2+2x\right]_{1}^{2}$$

$$=6+4=10$$

답 10

22

$F'(x)=f(x)$라 하면

$$\lim_{x\to 2}\frac{1}{x-2}\int_{2}^{x}f(t)dt=\lim_{x\to 2}\frac{F(x)-F(2)}{x-2}$$

$$=F'(2)=f(2)=55$$

답 55

23

$F'(x)=f(x)$라 하면

$$\lim_{x\to 1}\frac{1}{x-1}\int_{1}^{x}f(t)dt=\lim_{x\to 1}\frac{F(x)-F(1)}{x-1}$$

$$=F'(1)=f(1)=1+a+b$$

$1+a+b=1$에서 $a+b=0$ ··· ❶

$$\int_{0}^{1}(x^2+ax+b)dx=\left[\frac{1}{3}x^3+\frac{1}{2}ax^2+bx\right]_{0}^{1}$$

$$=\frac{1}{3}+\frac{1}{2}a+b$$

$\frac{1}{3}+\frac{1}{2}a+b=0$에서 $\frac{1}{2}a+b=-\frac{1}{3}$ ··· ❷

❶, ❷를 연립하여 풀면

$$a=\frac{2}{3}, b=-\frac{2}{3}$$

$$\therefore ab=-\frac{4}{9}$$

답 ①

24

$$\int_{1}^{x}f(t)dt=x^3+ax^2-3x+1 \quad ··· ❶$$

의 양변에 $x=1$을 대입하면
$0=1+a-3+1$ $\therefore a=1$
❶의 양변을 x에 대하여 미분하면
$f(x)=3x^2+2ax-3=3x^2+2x-3$
$\therefore f(a)=f(1)=2$

답 ⑤

25

$$xf(x)=\int_{-1}^{x}\{f(t)+2t^2+t\}dt \quad \cdots ❶$$

의 양변에 $x=-1$을 대입하면

$$-f(-1)=0 \qquad \therefore f(-1)=0$$

❶의 양변을 x에 대하여 미분하면

$$f(x)+xf'(x)=f(x)+2x^2+x$$

$$\therefore f'(x)=2x+1$$

$$f(x)=\int f'(x)dx=\int(2x+1)dx=x^2+x+C$$

$f(-1)=0$이므로 $C=0$

따라서 $f(x)=x^2+x$이므로 $f(3)=12$ 답 ②

26

$$\int_{1}^{x}\left\{\frac{d}{dt}f(t)\right\}dt=x^3+ax^2-2 \quad \cdots ❶$$

의 양변에 $x=1$을 대입하면

$$0=1+a-2 \qquad \therefore a=1$$

❶의 양변을 x에 대하여 미분하면

$$f'(x)=3x^2+2ax=3x^2+2x$$

$$\therefore f'(a)=f'(1)=5$$ 답 ⑤

27

$$x^2\int_{1}^{x}f(t)dt-\int_{1}^{x}t^2f(t)dt=x^4+ax^3+bx^2 \quad \cdots ❶$$

의 양변에 $x=1$을 대입하면

$$0=1+a+b \quad \cdots ❷$$

❶의 양변을 x에 대하여 미분하면

$$2x\int_{1}^{x}f(t)dt+x^2f(x)-x^2f(x)=4x^3+3ax^2+2bx$$

$$2x\int_{1}^{x}f(t)dt=4x^3+3ax^2+2bx$$

$$2\int_{1}^{x}f(t)dt=4x^2+3ax+2b \quad \cdots ❸$$

의 양변에 $x=1$을 대입하면

$$0=4+3a+2b \quad \cdots ❹$$

❷, ❹를 연립하여 풀면

$$a=-2,\ b=1$$

❸의 양변을 x에 대하여 미분하면

$$2f(x)=8x+3a=8x-6$$

따라서 $f(x)=4x-3$이므로 $f(5)=17$ 답 ①

28

$$\int_{0}^{1}f(t)dt=k$$ 라 하면

$$\int_{0}^{x}f(t)dt=x^3-2x^2-2kx$$

양변을 x에 대하여 미분하면

$$f(x)=3x^2-4x-2k$$

이므로

$$k=\int_{0}^{1}f(t)dt=\int_{0}^{1}(3t^2-4t-2k)dt$$

$$=\left[t^3-2t^2-2kt\right]_{0}^{1}=-1-2k$$

$$\therefore k=-\frac{1}{3}$$

따라서 $f(x)=3x^2-4x+\dfrac{2}{3}$이므로 $f(0)=\dfrac{2}{3}$ 답 $\dfrac{2}{3}$

29

$$\int_{0}^{1}f(x)dx=k$$ 라 하면

$$f(x)=\frac{3}{4}x^2+k^2$$이므로

$$k=\int_{0}^{1}f(x)dx=\int_{0}^{1}\left(\frac{3}{4}x^2+k^2\right)dx$$

$$=\left[\frac{1}{4}x^3+k^2x\right]_{0}^{1}=k^2+\frac{1}{4}$$

$$k^2-k+\frac{1}{4}=0,\ \left(k-\frac{1}{2}\right)^2=0 \qquad \therefore k=\frac{1}{2}$$

따라서 $f(x)=\dfrac{3}{4}x^2+\dfrac{1}{4}$이므로

$$\int_{0}^{2}f(x)dx=\int_{0}^{2}\left(\frac{3}{4}x^2+\frac{1}{4}\right)dx$$

$$=\left[\frac{1}{4}x^3+\frac{1}{4}x\right]_{0}^{2}=\frac{5}{2}$$ 답 $\dfrac{5}{2}$

30

$$\int_{0}^{2}g(t)dt=a,\ \int_{-1}^{1}f(t)dt=b$$ 라 하면

$$f(x)=x^3-3x^2+a,\ g(x)=3x^2+2+b$$

이므로

$$a=\int_{0}^{2}g(t)dt=\int_{0}^{2}(3t^2+2+b)dt$$

$$=\left[t^3+(2+b)t\right]_{0}^{2}=2b+12 \quad \cdots ❶$$

$$b=\int_{-1}^{1}f(t)dt=\int_{-1}^{1}(t^3-3t^2+a)dt$$

$$=2\int_{0}^{1}(-3t^2+a)dt$$

$$=2\left[-t^3+at\right]_{0}^{1}=2a-2 \quad \cdots ❷$$

❶, ❷를 연립하여 풀면

$$a=-\frac{8}{3},\ b=-\frac{22}{3}$$

$$\therefore f(x)+g(x)=\left(x^3-3x^2-\frac{8}{3}\right)+\left(3x^2-\frac{16}{3}\right)$$

$$=x^3-8$$ 답 ①

31

주어진 식에서

$$x\int_{1}^{x}f(t)dt-\int_{1}^{x}tf(t)dt=x^4+ax^2-10x+6 \quad \cdots ❶$$

의 양변에 $x=1$을 대입하면

$$0=1+a-10+6 \qquad \therefore a=3$$

❶의 양변에 $a=3$을 대입하고 x에 대하여 미분하면

$$\int_1^x f(t)dt+xf(x)-xf(x)=4x^3+6x-10$$

$$\therefore \int_1^x f(t)dt=4x^3+6x-10$$

다시 양변을 x에 대하여 미분하면

$$f(x)=12x^2+6 \qquad \therefore f(1)=18 \qquad \text{답 ①}$$

32

주어진 식에서

$$f(x)+x\int_0^x f'(t)dt-\int_0^x tf'(t)dt=x^3+4x^2+2x-1$$

$$\cdots ❶$$

의 양변에 $x=0$을 대입하면

$$f(0)=-1$$

❶의 양변을 x에 대하여 미분하면

$$f'(x)+\int_0^x f'(t)dt+xf'(x)-xf'(x)=3x^2+8x+2$$

$$f'(x)+\int_0^x f'(t)dt=3x^2+8x+2 \qquad \cdots ❷$$

이때 $\int_0^x f'(t)dt$가 이차식이므로 $f'(x)$는 일차식이다.

$f(0)=-1$이므로 $f(x)=ax^2+bx-1$이라 하면

$$f'(x)=2ax+b$$

❷의 양변에 $x=0$을 대입하면 $f'(0)=2$

$$\therefore b=2$$

$f(x)=ax^2+2x-1$, $f'(x)=2ax+2$를 ❷에 대입하면

$$2ax+2+ax^2+2x-1+1=3x^2+8x+2$$

$$ax^2+(2a+2)x=3x^2+8x \qquad \therefore a=3$$

따라서 $f(x)=3x^2+2x-1$이므로 $f(2)=15$ $\qquad$ 답 ②

---

step B 실력 문제
71~75쪽

01 ②	**02** ③	**03** ①	**04** ③	**05** ④
06 ②	**07** 7	**08** ③	**09** ④	**10** ①
11 ④	**12** $\frac{13}{4}$	**13** 45	**14** ②	**15** ②
16 ⑤	**17** ①	**18** ①	**19** ①	**20** ③
21 71	**22** ①	**23** 42		
24 극댓값 : -4, 극솟값 : $-\frac{17}{4}$		**25** 2	**26** ①	
27 ②	**28** 57	**29** $\frac{1}{6}$	**30** ④	**31** $\frac{37}{6}$

01

[전략] $g(x)=\int\{x^2+f(x)\}dx$이므로 다항식 $g(x)$가 n차식이면

$x^2+f(x)$는 $n-1$차식이다.

$f(x)$는 이차함수, $f(x)g(x)$는 사차함수이므로 $g(x)$는 이차함수이다.

또 $g(x)=\int\{x^2+f(x)\}dx$에서 $x^2+f(x)$는 일차함수이므로

$f(x)=-x^2+ax+b$라 하면

$$g(x)=\int\{x^2+f(x)\}dx=\int(ax+b)dx$$

$$=\frac{a}{2}x^2+bx+C$$

이때 $f(x)g(x)=-2x^4+8x^3$에서

$$(-x^2+ax+b)\left(\frac{a}{2}x^2+bx+C\right)=-2x^4+8x^3$$

x^4의 계수를 비교하면 $-\frac{a}{2}=-2 \qquad \therefore a=4$

$$(-x^2+4x+b)(2x^2+bx+C)=-2x^4+8x^3$$

x^3의 계수를 비교하면 $-b+8=8 \qquad \therefore b=0$

$$(-x^2+4x)(2x^2+C)=-2x^4+8x^3$$

x의 계수를 비교하면 $4C=0 \qquad \therefore C=0$

따라서 $g(x)=2x^2$이므로 $g(1)=2$ $\qquad$ 답 ②

02

[전략] $\int\left\{\frac{d}{dx}f(x)\right\}dx=f(x)+C$ (C는 적분상수)임을 이용하여

$f(x)+g(x)$와 $f(x)g(x)$부터 구한다.

조건에서

$$f(x)+g(x)=\int(2x+2)dx=x^2+2x+C_1$$

$$f(x)g(x)=\int(3x^2+4x+4)dx=x^3+2x^2+4x+C_2$$

$f(0)=3$, $g(0)=1$이므로 $C_1=4$, $C_2=3$

이때 $f(x)g(x)=x^3+2x^2+4x+3$이고 $f(x)$, $g(x)$는 상수함수가 아닌 다항함수이므로 $f(x)$, $g(x)$ 중 하나는 이차함수이고 다른 하나는 일차함수이다.

$$x^3+2x^2+4x+3=(x+1)(x^2+x+3)$$

$f(0)=3$, $g(0)=1$이므로

$$f(x)=x^2+x+3, g(x)=x+1$$

$$\therefore f(1)-g(1)=3 \qquad \text{답 ③}$$

03

[전략] 부정적분을 이용하여 $x\geq2$일 때 $f(x)$와 $x<2$일 때 $f(x)$를 구한 다음, 적분상수를 구한다.

$$\int k\,dx=kx+C_1, \int(x+2)dx=\frac{1}{2}x^2+2x+C_2$$이므로

$$f(x)=\begin{cases}kx+C_1 & (x\geq2) \\ \frac{1}{2}x^2+2x+C_2 & (x<2)\end{cases}$$

$f(2)=-1$이므로

$$2k+C_1=-1 \qquad \cdots ❶$$

$f(x)$는 $x=2$에서 연속이므로

$$2k+C_1=6+C_2 \qquad \cdots ❷$$

❷$-$❶을 하면 $C_2=-7$

$$\therefore f(0)=C_2=-7 \qquad \text{답 ①}$$

Note

$f(x)$가 $x=2$에서 미분가능하므로

$$\lim_{x\to2-}\frac{f(x)-f(2)}{x-2}=\lim_{x\to2+}\frac{f(x)-f(2)}{x-2}$$

$$2+2=k \qquad \therefore k=4$$

04

[전략] $f'(x)=\displaystyle\lim_{h\to 0}\frac{f(x+h)-f(x)}{h}$에서 (나)를 이용하여 분자를 정리한다.

(나)에서 $x=0$, $y=0$을 대입하면
$$f(0)=f(0)+f(0)+0-3 \qquad \therefore f(0)=3$$
이때
$$f'(x)=\lim_{h\to 0}\frac{f(x+h)-f(x)}{h}$$
$$=\lim_{h\to 0}\frac{f(x)+f(h)+xh(x+h)-3-f(x)}{h}$$
$f(0)=3$이므로
$$f'(x)=\lim_{h\to 0}\left\{\frac{f(h)-f(0)}{h}+x(x+h)\right\}$$
$$=f'(0)+x^2$$
(가)에서 $f'(1)=2$이므로 $x=1$을 대입하면
$$2=f'(0)+1 \qquad \therefore f'(0)=1$$
$f'(x)=x^2+1$이므로
$$f(x)=\int f'(x)dx=\int(x^2+1)dx=\frac{1}{3}x^3+x+C$$
$f(0)=3$이므로 $C=3$

따라서 $f(x)=\dfrac{1}{3}x^3+x+3$이므로 $f(3)=15$ 답 ③

05

[전략] 방정식 $f(x)=f(4)$가 서로 다른 두 실근을 가지려면 곡선 $y=f(x)$와 직선 $y=f(4)$가 두 점에서 만나야 한다.

(가)에서 $f'\left(\dfrac{11}{3}\right)<0$이므로 $f(x)$는 $x=\dfrac{11}{3}$ 부근에서 감소한다. 그런데 (나)에서 $f(x)$는 $x=2$에서 극댓값을 가지므로 $x>\dfrac{11}{3}$에서 극솟값을 갖는다.

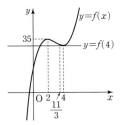

또 (다)에서 곡선 $y=f(x)$와 직선 $y=f(4)$는 두 점에서 만나므로 한 점에서 접한다.

따라서 곡선 $y=f(x)$는 그림과 같고 $x=4$에서 극솟값을 갖는다.

$f'(2)=f'(4)=0$이고 $f'(x)$는 최고차항의 계수가 3인 이차함수이므로
$$f'(x)=3(x-2)(x-4)=3x^2-18x+24$$
$$\therefore f(x)=\int f'(x)dx=\int(3x^2-18x+24)dx$$
$$=x^3-9x^2+24x+C$$
$f(2)=35$이므로 $C+20=35 \qquad \therefore C=15$

따라서 $f(x)=x^3-9x^2+24x+15$이므로 $f(0)=15$ 답 ④

06

[전략] a가 양의 실수이므로
$$\int_{-a}^{a}f(x)dx=\int_{-a}^{0}(2x+2)dx+\int_{0}^{a}(-x^2+2x+2)dx \text{이다.}$$

$g(a)=\displaystyle\int_{-a}^{a}f(x)dx$라 하면
$$g(a)=\int_{-a}^{0}(2x+2)dx+\int_{0}^{a}(-x^2+2x+2)dx$$
$$=\left[x^2+2x\right]_{-a}^{0}+\left[-\frac{1}{3}x^3+x^2+2x\right]_{0}^{a}$$
$$=-a^2+2a-\frac{1}{3}a^3+a^2+2a$$
$$=-\frac{1}{3}a^3+4a$$
$$\therefore g'(a)=-a^2+4=-(a+2)(a-2)$$
$a>0$이므로 $g'(a)=0$에서 $a=2$

a	(0)	$\cdots$	2	$\cdots$
$g'(a)$		$+$	0	$-$
$g(a)$		↗	$\dfrac{16}{3}$	↘

따라서 $g(a)$는 $a=2$에서 극대이면서 최대이므로 최댓값은
$$g(2)=\frac{16}{3}$$ 답 ②

07

[전략] $f(x)-g(x)\geq 0$일 때와 $f(x)-g(x)<0$일 때로 나누어 절댓값 기호를 없애고 계산한다.

$$f(x)-g(x)=2x-4$$

(i) $x\geq 2$일 때, $f(x)-g(x)\geq 0$이므로
$$\frac{f(x)+g(x)+|f(x)-g(x)|}{2}=f(x)$$
(ii) $x<2$일 때, $f(x)-g(x)<0$이므로
$$\frac{f(x)+g(x)+|f(x)-g(x)|}{2}=g(x)$$
$$\therefore \int_{0}^{3}\frac{f(x)+g(x)+|f(x)-g(x)|}{2}dx$$
$$=\int_{0}^{2}g(x)dx+\int_{2}^{3}f(x)dx$$
$$=\int_{0}^{2}(x^2-2x+2)dx+\int_{2}^{3}(x^2-2)dx$$
$$=\left[\frac{1}{3}x^3-x^2+2x\right]_{0}^{2}+\left[\frac{1}{3}x^3-2x\right]_{2}^{3}$$
$$=\frac{8}{3}+\frac{13}{3}=7$$ 답 7

08

[전략] 함수의 증감을 이용하여 $f'(x)$가 양수인 구간과 음수인 구간을 구한 다음 계산한다.

$f'(1)=0$, $f'(3)=0$이므로
$x<1$일 때 $f'(x)>0$
$1<x<3$일 때 $f'(x)<0$
$x>3$일 때 $f'(x)>0$
$$\therefore \int_{0}^{3}|f'(x)|dx=\int_{0}^{1}f'(x)dx-\int_{1}^{3}f'(x)dx$$
$$=\left[f(x)\right]_{0}^{1}-\left[f(x)\right]_{1}^{3}$$
$$=f(1)-f(0)-f(3)+f(1)$$
$$=2f(1)-f(0)-f(3)$$
$$=2+3+3=8$$ 답 ③

09

[전략] $x>3$이므로 $t<3$이면 $|t-x|=x-t$이다.

$x>3$이므로

$$\int_0^3 |t-x|\,dt = \int_0^3 (x-t)\,dt = \left[xt-\frac{1}{2}t^2\right]_0^3 = 3x-\frac{9}{2}$$

$$\int_0^x |t-3|\,dt = \int_0^3 (3-t)\,dt + \int_3^x (t-3)\,dt$$
$$= \left[3t-\frac{1}{2}t^2\right]_0^3 + \left[\frac{1}{2}t^2-3t\right]_3^x$$
$$= \frac{9}{2}+\frac{1}{2}x^2-3x+\frac{9}{2} = \frac{1}{2}x^2-3x+9$$

$3x-\frac{9}{2}=\frac{1}{2}x^2-3x+9$이므로

$$x^2-12x+27=0, \quad (x-3)(x-9)=0$$

따라서 $x>3$이므로 $x=9$ 답 ④

10

[전략] $a<1$, $a=1$, $a>1$일 때로 나누어 $y=f(x)$의 그래프를 그리고 극대인 x의 값을 찾는다.

$$f(x)=\begin{cases}(x-1)(x-a) & (x\geq a)\\ -(x-1)(x-a) & (x<a)\end{cases}$$

이므로 $y=f(x)$의 그래프는 그림과 같다.

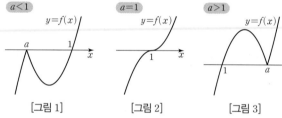

[그림 1]   [그림 2]   [그림 3]

조건에서 $f(x)$의 극댓값이 1이므로 그래프는 [그림 3]과 같다.

$x<a$일 때 $f(x)=-x^2+(a+1)x-a$이므로

$f(x)$는 $x=\dfrac{a+1}{2}$에서 극댓값 $\dfrac{(a-1)^2}{4}$을 갖는다.

$$\frac{(a-1)^2}{4}=1, \quad (a-1)^2=4$$

$a>1$이므로 $a=3$이고, 그림에서 색칠한 두 도형의 넓이가 같으므로

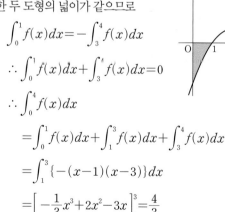

$$\int_0^1 f(x)\,dx = -\int_3^4 f(x)\,dx$$

$$\therefore \int_0^1 f(x)\,dx + \int_3^4 f(x)\,dx = 0$$

$$\therefore \int_0^4 f(x)\,dx$$
$$= \int_0^1 f(x)\,dx + \int_1^3 f(x)\,dx + \int_3^4 f(x)\,dx$$
$$= \int_1^3 \{-(x-1)(x-3)\}\,dx$$
$$= \left[-\frac{1}{3}x^3+2x^2-3x\right]_1^3 = \frac{4}{3}$$ 답 ①

Note

$$\int_0^4 f(x)\,dx = \int_0^3 \{-(x-1)(x-3)\}\,dx + \int_3^4 (x-1)(x-3)\,dx$$

를 계산해도 된다.

11

[전략] $y=f(x)$의 그래프를 그리고 $t\leq x\leq t+1$에서 $f(x)$의 최댓값 $g(t)$를 생각한다.

$f(x)=2x^3-3x^2-36x+3$에서
$$f'(x)=6x^2-6x-36=6(x+2)(x-3)$$
$f'(x)=0$에서 $x=-2$ 또는 $x=3$

따라서 $y=f(x)$의 그래프는 그림과 같다.

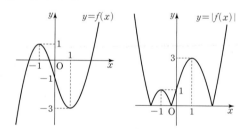

$-3<t\leq-2$인 때,

$f(x)$의 최댓값은 $f(-2)$이므로

$$g(t)=f(-2)=47$$

$-2<t\leq1$일 때,

$f(x)$는 감소하므로 $g(t)=f(t)$

$$\therefore \int_{-3}^1 g(t)\,dt = \int_{-3}^{-2} 47\,dt + \int_{-2}^1 f(t)\,dt$$
$$= \left[47t\right]_{-3}^{-2} + \left[\frac{1}{2}t^4-t^3-18t^2+3t\right]_{-2}^1$$
$$= 47+\frac{93}{2} = \frac{187}{2}$$ 답 ④

12

[전략] $y=f(x)$와 $y=|f(x)|$의 그래프를 그리고 $-1\leq x\leq t$에서 $|f(x)|$의 최댓값 $g(t)$를 구한다.

$f(x)=x^3-3x-1$에서 $f'(x)=3x^2-3=3(x+1)(x-1)$

$f'(x)=0$에서 $x=-1$ 또는 $x=1$

$f(-1)=1$, $f(1)=-3$이므로 $y=f(x)$와 $y=|f(x)|$의 그래프는 그림과 같다.

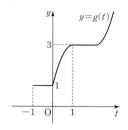

$-1\leq x\leq t$에서 $|f(x)|$의 최댓값 $g(t)$는

$$g(t)=\begin{cases}1 & (-1\leq t\leq 0)\\ -t^3+3t+1 & (0\leq t\leq 1)\end{cases}$$

$$\therefore \int_{-1}^1 g(t)\,dt = \int_{-1}^0 1\,dt + \int_0^1 (-t^3+3t+1)\,dt$$
$$= \left[t\right]_{-1}^0 + \left[-\frac{1}{4}t^4+\frac{3}{2}t^2+t\right]_0^1$$
$$= 1+\frac{9}{4} = \frac{13}{4}$$ 답 $\dfrac{13}{4}$

Note

$y=g(t)$의 그래프는 그림과 같다.

13

[전략] 두 구간 $[0, 2]$와 $[2, 3]$에서 $f(x)$의 부호부터 생각한다.

$f(0)=0$이므로

(가)에서 $0 \leq x \leq 2$일 때 $f(x) \leq 0$

(나)에서 $2 \leq x \leq 3$일 때 $f(x) \geq 0$

곧, $f(2)=0$이므로

$$f(x)=kx(x-2) \ (k>0)$$

로 놓을 수 있다.

$$\int_0^2 |f(x)|\,dx = -\int_0^2 (kx^2-2kx)\,dx$$
$$= -\left[\frac{1}{3}kx^3-kx^2\right]_0^2 = \frac{4}{3}k$$

이므로 (가)에서 $\frac{4}{3}k=4$ $\therefore k=3$

따라서 $f(x)=3x(x-2)$이므로 $f(5)=45$ **답 45**

14

[전략] $f(x)-p=0$의 서로 다른 실근이 2개이면 곡선 $y=f(x)$와 직선 $y=p$는 곡선 $y=f(x)$가 극값을 갖는 점에서 접한다.

(나)에서 $f(x)-p=0$의 서로 다른 실근이 2개이면 곡선 $y=f(x)$와 직선 $y=p$는 곡선 $y=f(x)$가 극값을 갖는 점에서 접한다.

그리고 p가 최대이면 직선 $y=p$는 곡선 $y=f(x)$의 극대점을 지난다.

또 (가)에서 $f(2)=f(5)$이므로 곡선 $y=f(x)$와 직선 $y=p$는 $x=2$에서 접하고 $x=5$에서 만난다.

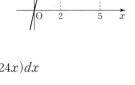

곧, $f(x)-p=(x-2)^2(x-5)$라 하면 $f(0)=0$이므로 $p=20$

$\therefore f(x)=(x-2)^2(x-5)+20$
$= x^3-9x^2+24x$

$\therefore \int_0^2 f(x)\,dx = \int_0^2 (x^3-9x^2+24x)\,dx$
$= \left[\frac{1}{4}x^4-3x^3+12x^2\right]_0^2 = 28$ **답 ②**

15

[전략] $f(x)=-f(-x)$이고 $f(x)$는 최고차항의 계수가 1인 삼차함수이므로 $f(x)=x^3+ax$ 꼴이다.

$f(x)$는 최고차항의 계수가 1인 삼차함수이고, 모든 실수 x에 대하여 $f(x)=-f(-x)$이므로 곡선 $y=f(x)$는 원점에 대칭이다.

따라서 $f(x)=x^3+ax$라 하면

$$\int_{-1}^1 f(x)\,dx=0$$

또 $\int_{-1}^1 f(x)\,dx=\int_0^2 f(x)\,dx$이므로

$\int_0^2 f(x)\,dx=0$에서

$$\int_0^2 (x^3+ax)\,dx = \left[\frac{1}{4}x^4+\frac{a}{2}x^2\right]_0^2 = 4+2a=0$$

$a=-2$이므로 $f(x)=x^3-2x$

$\therefore f(4)=56$ **답 ②**

16

[전략] $f'(-x)=-f'(x)$이고 $f'(x)$는 삼차함수이므로
$f'(x)=ax^3+bx$ 꼴이다.

ㄱ. $f'(-x)=-f'(x)$이고 $f'(1)=0$이므로
$f'(-1)=-f'(1)=0$ (참)

ㄴ. $f(x)$는 x^4의 계수가 1인 사차함수이므로
$f'(x)$는 x^3의 계수가 4인 삼차함수이고
$f'(-x)=-f'(x)$이므로
$f'(x)=4x^3+ax$라 하면
$f'(1)=0$이므로 $4+a=0$ $\therefore a=-4$
$\therefore f'(x)=4x^3-4x$
$f(x)=\int f'(x)\,dx=\int (4x^3-4x)\,dx$
$= x^4-2x^2+C$
$f(1)=2$이므로 $C=3$
$\therefore f(x)=x^4-2x^2+3$
이때 $y=f(x)$의 그래프는 y축에 대칭이므로
$$\int_{-k}^0 f(x)\,dx=\int_0^k f(x)\,dx \text{ (참)}$$

ㄷ. 함수 $f(x)=x^4-2x^2+3$의 그래프는 그림과 같다.
두 직선 $x=-t$, $x=t$와 x축 및 $y=f(x)$의 그래프로 둘러싸인 부분의 넓이 $\int_{-t}^t f(x)\,dx$는 두 직선 $x=-t$, $x=t$와 x축 및 직선 $y=3$으로 둘러싸인 직사각형의 넓이 $6t$보다 작다.

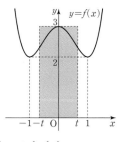

$\therefore \int_{-t}^t f(x)\,dx < 6t$ (참)

따라서 옳은 것은 ㄱ, ㄴ, ㄷ이다. **답 ⑤**

다른 풀이

ㄷ. $\int_{-t}^t f(x)\,dx = 2\int_0^t (x^4-2x^2+3)\,dx$
$= 2\left[\frac{1}{5}x^5-\frac{2}{3}x^3+3x\right]_0^t$
$= \frac{2}{5}t^5-\frac{4}{3}t^3+6t$

$g(t)=\int_{-t}^t f(x)\,dx-6t$라 하면

$g(t)=\frac{2}{5}t^5-\frac{4}{3}t^3$, $g'(t)=2t^4-4t^2=2t^2(t^2-2)$

$0<t<1$일 때 $g'(t)<0$이므로 $g(t)$는 감소한다.

또 $g(0)=0$이므로 $g(t)<0$

$\therefore \int_{-t}^t f(x)\,dx<6t$

17

[전략] $f(-x)=-f(x)$, $g(-x)=g(x)$에서 $h(-x)=-h(x)$이므로
$y=h(x)$의 그래프는 원점에 대칭이다.

$f(-x)=-f(x)$, $g(-x)=g(x)$이므로
$h(-x)=f(-x)g(-x)=-f(x)g(x)=-h(x)$

곧, $y=h(x)$의 그래프는 원점에 대칭이고
$$h(x)=a_nx^{2n-1}+a_{n-1}x^{2n-3}+\cdots+a_1x \qquad \cdots ❶$$
꼴이다.
$$h'(x)=(2n-1)a_nx^{2n-2}+(2n-3)a_{n-1}x^{2n-4}+\cdots+a_1$$
이므로 $y=h'(x)$의 그래프는 y축에 대칭이다.

$$\therefore \int_{-3}^{3}(x+5)h'(x)dx$$
$$=\int_{-3}^{3}xh'(x)dx+\int_{-3}^{3}5h'(x)dx$$
$$=0+10\int_{0}^{3}h'(x)dx$$
$$=10\Big[h(x)\Big]_{0}^{3}$$
$$=10\{h(3)-h(0)\}$$

❶에서 $h(0)=0$이고 $\int_{-3}^{3}(x+5)h'(x)dx=10$이므로
$$10h(3)=10 \qquad \therefore h(3)=1 \qquad\qquad \text{답} ①$$

Note
$f(x)$가 미분가능할 때, 우함수를 미분하면 기함수이고 기함수를 미분하면 우함수이다. 곧,
$f(x)=f(-x)$이면 $f'(x)=-f'(-x)$
$f(x)=-f(-x)$이면 $f'(x)=f'(-x)$

18
[전략] $f(x)=px^2+qx+r$라 하고 주어진 등식이 p, q, r의 값에 관계없이 성립할 조건을 찾는다.

$f(x)$가 이차 이하의 다항함수이므로
$f(x)=px^2+qx+r$라 하면
$f(0)=r$, $f(1)=p+q+r$, $f(2)=4p+2q+r$이고
$$\int_{0}^{2}f(x)dx=\int_{0}^{2}(px^2+qx+r)dx$$
$$=\Big[\frac{p}{3}x^3+\frac{q}{2}x^2+rx\Big]_{0}^{2}=\frac{8}{3}p+2q+2r$$
이므로
$$\frac{8}{3}p+2q+2r=ar+b(p+q+r)+c(4p+2q+r)$$
$$=(b+4c)p+(b+2c)q+(a+b+c)r$$
모든 p, q, r에 대하여 등식이 성립하므로
$$b+4c=\frac{8}{3},\ b+2c=2,\ a+b+c=2$$
연립하여 풀면 $a=\frac{1}{3}$, $b=\frac{4}{3}$, $c=\frac{1}{3}$
$$\therefore abc=\frac{4}{27} \qquad\qquad \text{답} ①$$

19
[전략] $g(x)=px+q$라 할 때, 모든 p, q에 대하여 $\int_{-2}^{2}f(x)g(x)dx=0$이 성립한다.

$f(0)=0$이므로
$f(x)=ax^3+bx^2+cx$라 하면
$f'(x)=3ax^2+2bx+c$
$f'(0)=1$이므로 $c=1$

$g(x)=px+q$라 하면
$$\int_{-2}^{2}f(x)g(x)dx$$
$$=\int_{-2}^{2}(ax^3+bx^2+x)(px+q)dx$$
$$=\int_{-2}^{2}\{apx^4+(aq+bp)x^3+(bq+p)x^2+qx\}dx$$
$$=2\int_{0}^{2}\{apx^4+(bq+p)x^2\}dx$$
$$=2\Big[\frac{1}{5}apx^5+\frac{1}{3}(bq+p)x^3\Big]_{0}^{2}$$
$$=\frac{64}{5}ap+\frac{16}{3}(bq+p)=0$$
이므로
$$(12a+5)p+5bq=0$$
모든 p, q에 대하여 등식이 성립하므로
$$a=-\frac{5}{12},\ b=0$$
따라서 $f(x)=-\frac{5}{12}x^3+x$이므로 $f(1)=\frac{7}{12}$ $\qquad$ 답 ①

20
[전략] $f(x)$가 실수 전체의 집합에서 연속이므로 $\lim\limits_{x\to 2-}f(x)=f(2)$이다.

(가)에서 $f(0)=0$
(나)에서 $f(2)=f(0)+2=2$
$f(x)$가 실수 전체의 집합에서 연속이므로
$$\lim_{x\to 2-}f(x)=f(2)에서\ 4a=2 \qquad \therefore a=\frac{1}{2}$$
따라서 $f(x)=\frac{1}{2}x^2$이고 $f(x+2)=f(x)+2$이므로 $y=f(x)$의 그래프는 그림과 같다.

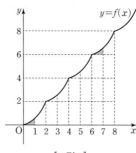

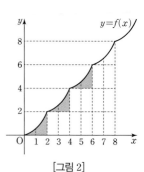

[그림 1]   [그림 2]

[그림 1]에서 색칠한 두 부분의 넓이가 같으므로
$$\int_{6}^{7}f(x)dx=\int_{0}^{1}f(x)dx+6$$
[그림 2]에서 색칠한 부분의 넓이가 같으므로
$$\int_{1}^{7}f(x)dx=3\int_{0}^{2}f(x)dx+4+8+6$$
$$=3\int_{0}^{2}\frac{1}{2}x^2dx+18$$
$$=3\Big[\frac{1}{6}x^3\Big]_{0}^{2}+18=22 \qquad \text{답} ③$$

Note
$$\int_{n+2}^{n+4}f(x)dx=\int_{n}^{n+2}f(x+2)dx=\int_{n}^{n+2}\{f(x)+2\}dx$$
$$=\int_{n}^{n+2}f(x)dx+4$$

21

[전략] 모든 정수 m에 대하여 $\int_m^{m+2} f(x)dx=4$이므로

$$\cdots=\int_0^2 f(x)dx=\int_2^4 f(x)dx=\int_4^6 f(x)dx=\cdots=4$$이다.

(가)에서

$$\int_0^2 f(x)dx=\int_2^4 f(x)dx=\int_4^6 f(x)dx$$
$$=\int_6^8 f(x)dx=\cdots$$

이므로

$$\int_1^{10} f(x)dx=\int_0^{10} f(x)dx-\int_0^1 f(x)dx$$
$$=\int_0^2 f(x)dx+\int_2^4 f(x)dx+\int_4^6 f(x)dx$$
$$\quad+\int_6^8 f(x)dx+\int_8^{10} f(x)dx-\int_0^1 f(x)dx$$
$$=5\int_0^2 f(x)dx-\int_0^1(x^3-6x^2+8x)dx$$
$$=5\times4-\left[\frac{1}{4}x^4-2x^3+4x^2\right]_0^1$$
$$=20-\frac{9}{4}=\frac{71}{4}$$

$$\therefore 4\int_1^{10} f(x)dx=71 \qquad \text{답 } 71$$

22

[전략] $f(x+3)=f(x)$이므로

$$\cdots=\int_{-6}^{-3} f(x)dx=\int_{-3}^0 f(x)dx$$
$$=\int_0^3 f(x)dx=\int_3^6 f(x)dx=\int_6^9 f(x)dx=\cdots \text{이다.}$$

$f(x+3)=f(x)$이므로 $y=f(x)$의 그래프는 그림과 같다.

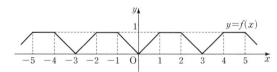

$y=f(x)$의 그래프는 그림과 같이 y축에 대칭이므로

$$\int_{-a}^a f(x)dx=2\int_0^a f(x)dx$$

$\int_{-a}^a f(x)dx=13$에서 $\int_0^a f(x)dx=\frac{13}{2}$

$$\int_0^3 f(x)dx=\int_3^6 f(x)dx=\int_6^9 f(x)dx=\cdots=2$$

이므로 $\int_0^9 f(x)dx=3\int_0^3 f(x)dx=3\times2=6$

$$\therefore \int_0^a f(x)dx=\int_0^9 f(x)dx+\int_9^a f(x)dx$$
$$=6+\int_9^a f(x)dx=\frac{13}{2}$$

이므로 $\int_9^a f(x)dx=\frac{1}{2}$

따라서 $\int_0^1 f(x)dx=\int_9^{10} f(x)dx=\frac{1}{2}$이므로 $a=10$ $\qquad$ 답 ①

23

[전략] (나)에서 $\lim_{x\to\infty} xf\left(\dfrac{1}{x}\right)$과 $\lim_{x\to0}\dfrac{f(x+1)}{x}$의 극한이 존재하므로 각각을 미분계수를 이용하여 나타낸다.

$F'(x)=f(x)$라 하면

(가)에서 $\lim_{x\to-2}\dfrac{F(x)-F(-2)}{x-(-2)}=12$

$$\therefore F'(-2)=f(-2)=12 \qquad \cdots \text{❶}$$

(나)에서 $\lim_{x\to\infty} xf\left(\dfrac{1}{x}\right)$과 $\lim_{x\to0}\dfrac{f(x+1)}{x}$의 극한이 존재하므로

$\lim_{x\to\infty} xf\left(\dfrac{1}{x}\right)$에서 $\dfrac{1}{x}=t$라 하면

$x\to\infty$일 때 $t\to0$이고

$$\lim_{x\to\infty} xf\left(\frac{1}{x}\right)=\lim_{t\to0}\frac{f(t)}{t}$$

이므로 $f(0)=0$이고 $\lim_{t\to0}\dfrac{f(t)}{t}=f'(0)$

또 $\lim_{x\to0}\dfrac{f(x+1)}{x}$에서 $f(1)=0$이므로

$$\lim_{x\to0}\frac{f(x+1)}{x}=\lim_{x\to0}\frac{f(x+1)-f(1)}{x}=f'(1)$$

(나)에서

$$f'(0)+f'(1)=1 \qquad \cdots \text{❷}$$

$f(0)=0$, $f(1)=0$이므로

$f(x)=x(x-1)(ax+b)$라 하면

❶에서 $6(-2a+b)=12$, $-2a+b=2$ $\qquad \cdots$ ❸

또 $f'(x)=(x-1)(ax+b)+x(ax+b)+ax(x-1)$이므로

❷에서 $-b+a+b=1$ $\qquad \cdots$ ❹

❸, ❹를 연립하여 풀면 $a=1$, $b=4$

따라서 $f(x)=x(x-1)(x+4)$이므로

$$f(3)=42 \qquad \text{답 } 42$$

다른 풀이

$f(x)=ax^3+bx^2+cx+d$라 하면

(가)에서 $f(-2)=12$이므로

$$-8a+4b-2c+d=12 \qquad \cdots \text{❶}$$

(나)에서

$$\lim_{x\to\infty} xf\left(\frac{1}{x}\right)+\lim_{x\to0}\frac{f(x+1)}{x}$$
$$=\lim_{t\to0}\frac{f(t)}{t}+\lim_{x\to0}\frac{f(x+1)}{x}$$
$$=\lim_{x\to0}\frac{f(x)+f(x+1)}{x}$$
$$=1$$

이므로 $f(0)=0$, $f(1)=0$

$$\therefore f(0)=d=0, f(1)=a+b+c+d=0 \qquad \cdots \text{❷}$$

$f'(x)=3ax^2+2bx+c$이므로

$$f'(0)+f'(1)=c+3a+2b+c=1 \qquad \cdots \text{❸}$$

❶, ❷, ❸을 연립하여 풀면

$$a=1, b=3, c=-4, d=0$$

따라서 $f(x)=x^3+3x^2-4x$이므로

$$f(3)=42$$

24

[전략] $\int_1^x f(t)dt = xf(x) - 3x^4 + 2x^3 + 4$의 양변을 x에 대하여 미분한다.

$$\int_1^x f(t)dt = xf(x) - 3x^4 + 2x^3 + 4 \quad \cdots ❶$$

의 양변에 $x=1$을 대입하면

$$0 = f(1) + 3 \qquad \therefore f(1) = -3$$

❶의 양변을 x에 대하여 미분하면

$$f(x) = f(x) + xf'(x) - 12x^3 + 6x^2$$

$$\therefore f'(x) = 12x^2 - 6x = 6x(2x-1)$$

$f'(x) = 0$에서 $x = 0$ 또는 $x = \frac{1}{2}$

x	$\cdots$	0	$\cdots$	$\frac{1}{2}$	$\cdots$
$f'(x)$	$+$	0	$-$	0	$+$
$f(x)$	↗	극대	↘	극소	↗

$f(x)$는 $x=0$에서 극댓값을 갖고, $x=\frac{1}{2}$에서 극솟값을 갖는다.

$$f(x) = \int f'(x)dx = \int (12x^2 - 6x)dx = 4x^3 - 3x^2 + C$$

$f(1) = -3$이므로 $C = -4$

따라서 $f(x) = 4x^3 - 3x^2 - 4$이므로

극댓값은 $f(0) = -4$, 극솟값은 $f\left(\frac{1}{2}\right) = -\frac{17}{4}$

🔲 극댓값 : -4, 극솟값 : $-\frac{17}{4}$

25

[전략] $F'(x)$를 구하고 $F'(x)$의 부호 변화를 조사한다.

$F(x) = \int_0^x f(t)dt$의 양변을 x에 대하여 미분하면

$$F'(x) = f(x) = x^3 - 3x + a$$

$F(x)$의 극값이 하나이므로 삼차방정식 $f(x) = 0$은 실근이 하나이거나 중근과 실근을 갖는다.

$$f'(x) = 3x^2 - 3 = 3(x+1)(x-1)$$

$f'(x) = 0$에서 $x = -1$ 또는 $x = 1$이므로 $f(x)$는 극댓값과 극솟값을 갖는다.

따라서 삼차방정식 $f(x) = 0$이 실근을 하나 갖거나 중근과 실근을 가지려면 그림과 같이 극댓값이 0 이하이거나 극솟값이 0 이상이어야 한다.

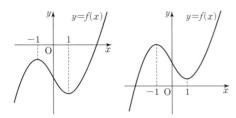

곧, $f(-1) \leq 0$ 또는 $f(1) \geq 0$이므로

$$a + 2 \leq 0 \text{ 또는 } a - 2 \geq 0$$

$$\therefore a \leq -2 \text{ 또는 } a \geq 2$$

따라서 양수 a의 최솟값은 2이다. 🔲 2

26

[전략] $f(x) = x + a$라 하고 a의 범위를 나누어 $y = |g'(x)|$의 그래프를 생각한다.

$f(x)$는 x의 계수가 1인 일차함수이므로 $f(x) = x + a$라 하자.

$g(x) = \int_0^x (t^2 - 6t + 9)f(t)dt$의 양변을 x에 대하여 미분하면

$$g'(x) = (x^2 - 6x + 9)f(x) = (x-3)^2(x+a)$$

$a < -3$, $a = -3$, $a > -3$일 때 $y = |g'(x)|$의 그래프는 그림과 같다.

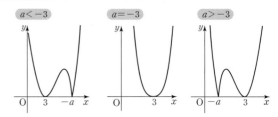

$a < -3$ 또는 $a > -3$이면 $x = -a$에서 $y = |g'(x)|$는 미분가능하지 않으므로 $y = |g'(x)|$가 실수 전체의 집합에서 미분가능하면 $a = -3$이다.

따라서 $g'(x) = (x-3)^3$이므로 $g'(4) = 1$ 🔲 ①

27

[전략] $\int_0^1 \{f(t) + g(t)\}dt = C_1$, $\int_0^1 \{f(t) - g(t)\}dt = C_2$로 놓고, $f(x) = 2x + C_1$, $g(x) = 3x^2 + C_2$를 주어진 정적분에 대입한다.

$\int_0^1 \{f(t) + g(t)\}dt = C_1$, $\int_0^1 \{f(t) - g(t)\}dt = C_2$라 하면

$$f(x) = 2x + C_1, \quad g(x) = 3x^2 + C_2$$

이때

$$C_1 = \int_0^1 \{f(t) + g(t)\}dt$$

$$= \int_0^1 (3t^2 + 2t + C_1 + C_2)dt$$

$$= \Big[t^3 + t^2 + (C_1 + C_2)t\Big]_0^1 = 2 + C_1 + C_2$$

$$\therefore C_2 = -2$$

$$C_2 = \int_0^1 \{f(t) - g(t)\}dt$$

$$= \int_0^1 (-3t^2 + 2t + C_1 - C_2)dt$$

$$= \Big[-t^3 + t^2 + (C_1 - C_2)t\Big]_0^1 = C_1 - C_2$$

$C_2 = -2$이므로 $C_1 = -4$

따라서 $f(x) = 2x - 4$, $g(x) = 3x^2 - 2$이므로

$$f(1) + g(2) = 8$$ 🔲 ②

28

[전략] $\int_0^x (x-t)^2 h(t)dt$

$$= x^2\int_0^x h(t)dt - 2x\int_0^x t\,h(t)dt + \int_0^x t^2 h(t)dt$$

와 같이 정리하고 양변을 x에 대하여 미분한다.

$g(x)$가 이차함수이므로

$g(x)=ax^2+bx+c$라 하면

$$f(x)=g(x)+\int_0^x (x-t)^2 h(t)dt$$
$$=g(x)+x^2\int_0^x h(t)dt-2x\int_0^x t\,h(t)dt$$
$$+\int_0^x t^2 h(t)dt \qquad \cdots ❶$$

❶의 양변에 $x=0$을 대입하면

$$f(0)=g(0)$$

$f(x)=(x-1)^4(x+1)$에서 $f(0)=1$이므로

$$g(0)=1 \qquad \therefore g(x)=ax^2+bx+1 \qquad \cdots ❷$$

또 ❶을 x에 대하여 미분하면

$$f'(x)=g'(x)+2x\int_0^x h(t)dt+x^2 h(x)$$
$$-2\int_0^x t\,h(t)dt-2x^2 h(x)+x^2 h(x)$$
$$=g'(x)+2x\int_0^x h(t)dt-2\int_0^x t\,h(t)dt \qquad \cdots ❸$$

❸의 양변에 $x=0$을 대입하면

$$f'(0)=g'(0)$$
$$f'(x)=4(x-1)^3(x+1)+(x-1)^4$$
$$=(x-1)^3(5x+3)$$

에서 $f'(0)=-3$이므로

$$g'(0)=-3 \qquad \therefore g'(x)=2ax-3 \;(\because ❷)$$

❸에서

$$(x-1)^3(5x+3)$$
$$=2ax-3+2x\int_0^x h(t)dt-2\int_0^x t\,h(t)dt \qquad \cdots ❹$$

❹의 양변을 x에 대하여 미분하면

$$3(x-1)^2(5x+3)+(x-1)^3\times 5$$
$$=2a+2\int_0^x h(t)dt+2xh(x)-2xh(x)$$
$$\therefore (x-1)^2(20x+4)=2a+2\int_0^x h(t)dt \qquad \cdots ❺$$

❺의 양변에 $x=0$을 대입하면 $4=2a$

$$\therefore a=2$$

❺의 양변을 x에 대하여 미분하면

$$2(x-1)(20x+4)+(x-1)^2\times 20=2h(x)$$
$$\therefore h(x)=6(x-1)(5x-1)$$

또 $g(x)=2x^2-3x+1$이므로

$$g(2)+h(2)=3+54=57 \qquad \qquad 目\;57$$

29

[전략] $f(x)\geq 0$일 때, $g(t)=\int_t^{t+1} f(x)dx$는 구간 $[t,\,t+1]$에서 곡선 $y=f(x)$와 x축으로 둘러싸인 부분의 넓이이다.

$f(x)$가 $x=1$에서 연속이므로

$$3+a+b=2,\; a+b+1=0 \qquad \cdots ❶$$
$$g(t)=\int_t^{t+1} f(x)dx \qquad \cdots ❷$$

❷의 양변에 $t=0$을 대입하면

$$g(0)=\int_0^1 f(x)dx=\int_0^1 (3x^2+ax+b)dx$$
$$=\left[x^3+\frac{1}{2}ax^2+bx\right]_0^1=\frac{1}{2}a+b+1$$

❷의 양변에 $t=1$을 대입하면

$$g(1)=\int_1^2 f(x)dx=\int_1^2 2x\,dx$$
$$=\left[x^2\right]_1^2=3$$

이때 $g(0)+g(1)=\dfrac{7}{2}$이므로

$$\frac{1}{2}a+b+4=\frac{7}{2} \qquad \cdots ❸$$

❶, ❸을 연립하여 풀면 $a=-1,\,b=0$

곧, $f(x)=\begin{cases}3x^2-x & (x<1)\\ 2x & (x\geq 1)\end{cases}$ 이므로

$y=f(x)$의 그래프는 그림과 같다.

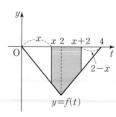

따라서 $g(t)$가 최소이면 구간 $[t,\,t+1]$

이 구간 $\left(0,\,\dfrac{1}{3}\right)$을 포함해야 하므로

$t\leq 0$이다. 이때

$$g(t)=\int_t^{t+1} f(x)dx=\int_t^{t+1}(3x^2-x)dx$$
$$=\left[x^3-\frac{1}{2}x^2\right]_t^{t+1}=3t^2+2t+\frac{1}{2}$$
$$=3\left(t+\frac{1}{3}\right)^2+\frac{1}{6}$$

따라서 $g(t)$의 최솟값은 $g\left(-\dfrac{1}{3}\right)=\dfrac{1}{6}$ $\qquad 目\;\dfrac{1}{6}$

30

[전략] $g(x)$는 구간 $[x,\,x+2]$에서 $f(x)\geq 0$이면 $y=f(x)$의 그래프와 x축 으로 둘러싸인 부분의 넓이이고, $f(x)<0$이면 $y=f(x)$의 그래프와 x축으로 둘러싸인 부분의 넓이에 $-$ 부호가 붙은 값이다.

ㄱ. $\displaystyle\int_{-1}^0 f(t)dt=\frac{1}{2},\;\int_0^1 f(t)dt=-\frac{1}{2}$ 이므로

$g(x)=\displaystyle\int_x^{x+2} f(t)dt$의 양변에 $x=-1$을 대입하면

$$g(-1)=\int_{-1}^1 f(t)dt=0 \;(참)$$

ㄴ. 그림에서 $1<x\leq 2$이면 색칠한 부 분의 넓이 $S(x)$는 줄어든다.

그런데 $g(x)=-S(x)$이므로

$g(x)$는 구간 $(1,\,2)$에서 증가한 다. (거짓)

ㄷ. $\displaystyle\int_{-4}^{-2} f(t)dt=2,\;\int_{-2}^0 f(t)dt=2,$

$\displaystyle\int_4^6 f(t)dt=2,\;\int_6^8 f(t)dt=2$

이므로 $-4\leq x\leq 6$에서 방정식 $g(x)=2$의 실근은 -4, -2, 4, 6이다.

따라서 모든 실근의 합은 4이다. (참)

따라서 옳은 것은 ㄱ, ㄷ이다. $\qquad 目\;④$

31

[전략] $0 \le a \le 4$이므로 $\int_a^{a+4} f(x)dx = \int_a^4 f(x)dx + \int_4^{a+4} f(x)dx$이다.

$y = f(x)$의 그래프는 그림과 같고, $g(a) = \int_a^{a+4} f(x)dx$라 하면

$$g(a) = \int_a^4 (4x - x^2)dx$$
$$+ \int_4^{a+4} (x-4)dx$$
$$= \left[2x^2 - \frac{1}{3}x^3 \right]_a^4 + \left[\frac{1}{2}x^2 - 4x \right]_4^{a+4}$$
$$= \left(\frac{1}{3}a^3 - 2a^2 + \frac{32}{3} \right) + \frac{1}{2}a^2$$
$$= \frac{1}{3}a^3 - \frac{3}{2}a^2 + \frac{32}{3}$$
$$\therefore g'(a) = a^2 - 3a = a(a-3)$$

$g'(a) = 0$에서 $a = 0$ 또는 $a = 3$

a	0	$\cdots$	3	$\cdots$	4
$g'(a)$	0	$-$	0	$+$	
$g(a)$		$\searrow$	극소	$\nearrow$	

따라서 $0 \le a \le 4$일 때 $g(a)$는 $a = 3$에서 극소이면서 최소이므로 $g(a)$의 최솟값은 $g(3) = \dfrac{37}{6}$　　답 $\dfrac{37}{6}$

01

[전략] $f'(x) = \lim\limits_{h \to 0} \dfrac{f(x+h) - f(x)}{h}$임을 이용하여 $f(x)$와 $f'(x)$ 사이의 관계식을 구한다.

(가), (나)에서

$$f'(x) = \lim_{h \to 0} \frac{f(x+h) - f(x)}{h}$$
$$= \lim_{h \to 0} \frac{\dfrac{f(x) + f(h)}{1 + f(x)f(h)} - f(x)}{h}$$
$$= \lim_{h \to 0} \frac{f(h) \times [1 - \{f(x)\}^2]}{h \times \{1 + f(x)f(h)\}}$$
$$= \lim_{h \to 0} \left[\frac{f(h) - f(0)}{h} \times \frac{1 - \{f(x)\}^2}{1 + f(x)f(h)} \right]$$
$$= f'(0) \times [1 - \{f(x)\}^2] = 1 - \{f(x)\}^2$$

곧, $\{f(x)\}^2 = 1 - f'(x)$이므로

$$\int_0^1 \{f(x)\}^2 dx = \int_0^1 \{1 - f'(x)\}dx$$
$$= \left[x - f(x) \right]_0^1 = 1 - f(1) \quad \cdots ❶$$

(나)에서 $x = 1$, $y = -1$을 대입하면

$$f(0) = \frac{f(1) + f(-1)}{1 + f(1)f(-1)}$$
$$0 = \frac{f(1) + k}{1 + kf(1)} \quad \therefore f(1) = -k$$

따라서 ❶에 대입하면 $\int_0^1 \{f(x)\}^2 dx = 1 + k$　　답 ④

02

[전략] $f'(x) = ax(x-k)$ $(a > 0)$라 하고 k값의 범위를 나누어 생각한다.

(가)에서 $f(x)$가 $x = 0$에서 극대, $x = k$에서 극소이고 최고차항의 계수가 양수이므로 $k > 0$이고 $f'(x) = ax(x-k)$ $(a > 0)$로 놓을 수 있다.

(i) $k > 1$일 때

$1 < t < k$인 t에 대하여 $0 < x < t$에서 $f'(x) < 0$이므로

$$\int_0^t |f'(x)|dx = -\int_0^t f'(x)dx$$
$$= -\left[f(x) \right]_0^t$$
$$= -f(t) + f(0)$$

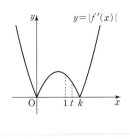

이고, (나)를 만족시키지 않는다.

(ii) $k \le 1$일 때

$1 < t$인 t에 대하여 $0 < x < k$에서 $f'(x) < 0$, $k < x < t$에서 $f'(x) > 0$이므로

$$\int_0^t |f'(x)|dx$$
$$= -\int_0^k f'(x)dx + \int_k^t f'(x)dx$$
$$= -\left[f(x) \right]_0^k + \left[f(x) \right]_k^t$$
$$= -f(k) + f(0) + f(t) - f(k)$$
$$= f(t) - 2f(k) + f(0)$$

이고, (나)에서 $f(k) = 0$이다.

ㄱ. (ii)에서 $0 \le x \le k$일 때 $f'(x) \le 0$이므로

$$\int_0^k f'(x)dx < 0 \text{ (참)}$$

ㄴ. $k > 0$이고 (i), (ii)에서 $k \le 1$이므로 $0 < k \le 1$이다. (참)

ㄷ. (가)에서 $f(x)$는 $x = k$에서 극소이고 (ii)에서 $f(k) = 0$이므로 $f(x)$의 극솟값은 0이다. (참)

따라서 옳은 것은 ㄱ, ㄴ, ㄷ이다.　　답 ⑤

03

[전략] $f(x) - k < 0$일 때와 $f(x) - k \ge 0$일 때로 나누어 $y = g(x)$의 그래프를 그린 다음, 조건을 만족시키는 $g(x)$를 구한다.

$$g(x) = \frac{f(x) + |f(x) - k|}{2}$$에서

(ⅰ) $f(x)-k<0$, 곧 $f(x)<k$일 때 $g(x)=\dfrac{k}{2}$

(ⅱ) $f(x)-k\geq0$, 곧 $f(x)>k$일 때 $g(x)=f(x)-\dfrac{k}{2}$

이므로 $y=g(x)$의 그래프는 $y=f(x)$의 그래프를 y축의 방향으로 $-\dfrac{k}{2}$만큼 평행이동한 그래프이다.

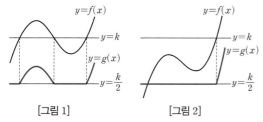

[그림 1]   [그림 2]

[그림 1]과 같이 곡선 $y=f(x)$가 직선 $y=k$와 세 점에서 만나는 경우 $g(x)$가 미분가능하지 않은 점이 3개이다.

[그림 2]와 같이 극대점이 직선 $y=k$의 아래쪽에 있는 경우 $g(x)$가 미분가능하지 않은 점은 한 개이지만 이 점의 x좌표가 0이면 $g(0)=g(2)$일 수 없다.

따라서 곡선 $y=f(x)$는 [그림 3]과 같이 직선 $y=k$와 $x=0$에서 만나고 $x=2$에서 접한다.

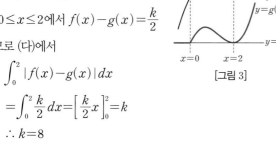

[그림 3]

또 $0\leq x\leq2$에서 $f(x)-g(x)=\dfrac{k}{2}$

이므로 (다)에서

$$\int_0^2 |f(x)-g(x)|dx$$
$$=\int_0^2 \dfrac{k}{2}dx=\left[\dfrac{k}{2}x\right]_0^2=k$$
$$\therefore k=8$$

곡선 $y=f(x)$와 직선 $y=8$의 교점의 x좌표가 $x=0$과 $x=2$ (중근)일 때이므로

$$f(x)-8=x(x-2)^2, f(x)=x(x-2)^2+8$$

$x<0$일 때 $f(x)<k$이므로

$$g(x)=\dfrac{k}{2}=4$$

$x\geq0$일 때 $f(x)\geq k$이므로

$$g(x)=f(x)-\dfrac{k}{2}=x(x-2)^2+4$$
$$\therefore g(1)+g(-1)=5+4=9 \qquad \boxed{\text{답}}\ 9$$

다른 풀이

$f(x)-x^3+ax^2+bx+c$라 하면
$$f'(x)=3x^2+2ax+b$$

$f(0)=f(2)=8, f'(2)=0$이므로 $c=8$
$$8+4a+2b+c=8 \qquad \cdots\ \text{❶}$$
$$12+4a+b=0 \qquad \cdots\ \text{❷}$$

❶, ❷를 연립하여 풀면 $a=-4, b=4$

함수 $f(x)=x^3-4x^2+4x+8$이므로

$$g(x)=\begin{cases} 4 & (x<0) \\ x^3-4x^2+4x+4 & (x\geq0) \end{cases}$$
$$\therefore g(1)+g(-1)=9$$

04

[전략] t값의 범위를 나누어 $y=f(x)$의 그래프를 그린 다음, $f(x)$의 최댓값을 구한다.

$f(x)=x^2-2|x-t|$에서 $f(x)=\begin{cases} x^2+2x-2t & (x<t) \\ x^2-2x+2t & (x\geq t) \end{cases}$이므로 $y=f(x)$의 그래프는 그림과 같다.

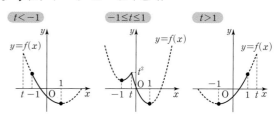

이때 $f(x)$의 최댓값은

$t<-1$일 때 $f(-1)$, $-1\leq t\leq1$일 때 $f(t)$, $t>1$일 때 $f(1)$

이므로

$$g(t)=\begin{cases} 2t+3 & (t<-1) \\ t^2 & (-1\leq t\leq1) \\ 3-2t & (t>1) \end{cases}$$

$$\therefore \int_0^{\frac{3}{2}} g(t)dt=\int_0^1 t^2 dt+\int_1^{\frac{3}{2}} (3-2t)dt$$
$$=\left[\dfrac{1}{3}t^3\right]_0^1+\left[3t-t^2\right]_1^{\frac{3}{2}}$$
$$=\dfrac{1}{3}+\dfrac{1}{4}=\dfrac{7}{12} \qquad \boxed{\text{답}}\ \dfrac{7}{12}$$

05

[전략] $x=1$과 $x=2$에서 $g(x)$가 연속이고 미분가능한 것을 이용하여 $\int_0^3 g(x)dx$가 최솟값을 가지는 $y=g(x)$의 그래프를 구한다.

$f(x)=x^4+ax^3+bx^2$에서
$$f'(x)=4x^3+3ax^2+2bx$$

(ⅰ) $g(x)$는 $x=1$에서 연속이므로
$$\lim_{x\to1-} g(x)=\lim_{x\to1+} g(x) \qquad \therefore f(1)=f(0)+k$$
$$f(0)=0이므로 f(1)=k, g(1)=k$$

$g(x)$는 $x=1$에서 미분가능하므로
$$\lim_{x\to1-} \dfrac{g(x)-g(1)}{x-1}=g'(1)=f'(1)$$
$$\lim_{x\to1+} \dfrac{g(x)-g(1)}{x-1}=f'(0)$$

그런데 $f'(0)=0$이므로 $f'(1)=0$, $g'(1)=0$

(ⅱ) $g(x)$는 $x=2$에서 연속이므로
$$g(2)-\lim_{x\to2-} g(x)=f(1)+k=2k$$

$g(x)$는 $x=2$에서 미분가능하므로
$$g'(2)=\lim_{x\to2-} \dfrac{g(x)-g(2)}{x-2}=f'(1)=0$$

(ⅲ) 조건 (가)에서 $g'(x)\geq0$이고

$1<x<2$일 때 $g'(x)=f'(x-1)$이므로

$0<x<1$, $1<x<2$일 때 $y=g(x)$는 증가하고 같은 꼴이다.

또 $\int_0^3 g(x)dx$가 최소이면 $2<x<3$에서 $g(x)$는 상수함수 이므로 $y=g(x)$의 그래프는 그림과 같다.

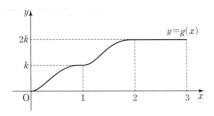

(iv) $f'(x)$에서 x^3의 계수가 4이고 $f'(0)=f'(1)=0$이므로
$f'(x)=4x(x-1)(x-p)$라 하면
$0<x<1$에서 $g'(x)=f'(x)$이고 $g'(x)>0$이므로 $p>1$
$$f(x)=\int f'(x)dx=\int 4x(x-1)(x-p)dx$$
$$=x^4-\frac{4(p+1)}{3}x^3+2px^2+C$$
$f(0)=0$이므로 $C=0$
$$\therefore f(x)=x^4-\frac{4(p+1)}{3}x^3+2px^2$$
$$\int_0^1 g(x)dx=\int_0^1 f(x)dx$$
$$=\int_0^1 \left\{x^4-\frac{4(p+1)}{3}x^3+2px^2\right\}dx$$
$$=\left[\frac{1}{5}x^5-\frac{p+1}{3}x^4+\frac{2p}{3}x^3\right]_0^1$$
$$=\frac{p}{3}-\frac{2}{15}$$

이 값이 최소일 때, $\int_0^3 g(x)dx$도 최소이다.

$p\geq 1$이므로 $p=1$이고
$$\int_0^1 g(x)dx=\frac{1}{3}-\frac{2}{15}=\frac{1}{5}$$

(v) $p=1$일 때 $f(1)=\frac{1}{3}$ $\therefore k=\frac{1}{3}$
$$\int_1^2 g(x)dx=\int_0^1 g(x)dx+k=\frac{1}{5}+\frac{1}{3}=\frac{8}{15}$$
$$\int_2^3 g(x)dx=2k=\frac{2}{3}$$
$$\therefore \int_0^3 g(x)dx$$
$$=\int_0^1 g(x)dx+\int_1^2 g(x)dx+\int_2^3 g(x)dx$$
$$=\frac{1}{5}+\frac{8}{15}+\frac{2}{3}=\frac{7}{5}$$ 답 $\frac{7}{5}$

06

[전략] $\int_0^t |f'(x)+1|dx=f(t)+t$의 양변을 t에 대하여 미분하여 $f'(t)$의
조건을 찾고, $f'(0)=f'(1)=0$임을 이용한다.

$$\int_0^t |f'(x)+1|dx=f(t)+t \quad \cdots ❶$$

❶의 양변에 $t=0$을 대입하면
$0=f(0)+0$ $\therefore f(0)=0$
❶의 양변을 t에 대하여 미분하면
$|f'(t)+1|=f'(t)+1$ $\therefore f'(t)\geq -1$
(가)에서 $f'(0)=0, f'(1)=0$이므로
$$f'(x)=ax(x-1)=a\left(x-\frac{1}{2}\right)^2-\frac{1}{4}a \text{ (단, } a>0)$$

$f'(x)\geq -1$이므로
$$-\frac{1}{4}a\geq -1 \quad \therefore a\leq 4$$
$$f(x)=\int f'(x)dx$$
$$=\int (ax^2-ax)dx$$
$$=\frac{1}{3}ax^3-\frac{1}{2}ax^2+C$$

$f(0)=0$이므로 $C=0$
$$\therefore f(x)=\frac{1}{3}ax^3-\frac{1}{2}ax^2$$

이때 $f(x)$의 극솟값은 $f(1)=\frac{a}{3}-\frac{a}{2}=-\frac{a}{6}$이고, $0<a\leq 4$이
므로
$$-\frac{2}{3}\leq -\frac{a}{6}<0$$

따라서 $f(x)$의 극솟값의 최솟값은 $-\frac{2}{3}$이다.   답 $-\frac{2}{3}$

07

[전략] $\int_0^x f(t)dt$는 사차함수이므로 조건을 만족시키는 그래프를 그린 다음,
극대, 극소를 생각한다.

$$h(x)=\int_0^x f(t)dt=x^4-8x^3+18x^2-8kx$$

라 하면 $h(x)$는 사차함수이므로 $y=h(x)$의 그래프와 직선
$y=c$가 다음과 같은 꼴일 때, $g(x)$는 실수 전체의 집합에서 연
속이고 한 점에서 미분가능하지 않다.
단, [그림 5]에서는 $h'(x)=0$은 중근 $x=b$,
[그림 6]에서 $h'(x)=0$은 중근 $x=a$를 갖는다.

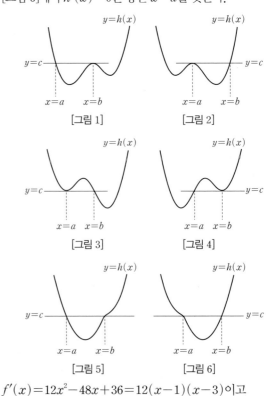

$$f'(x)=12x^2-48x+36=12(x-1)(x-3)$$이고

(ⅰ) [그림 1]인 경우

$h(x)$가 극댓값을 가지므로 $h'(x)=0$

즉, $f(x)=0$이 서로 다른 세 실근을 갖는다.

$f(1)=16-8k>0$, $f(3)=-8k<0$이므로 $0<k<2$

k는 정수이므로 $k=1$

$\therefore h(x)=x^4-8x^3+18x^2-8x$

이때

$f(x)=4x^3-24x^2+36x-8$

$\qquad =4(x-2)(x^2-4x+1)$ ··· ❶

이므로 $h(x)$는 $x=2$에서 극대이다. $\quad\therefore b=2$

$c=h(2)=8$

$h(a)=8$이므로 $x^4-8x^3+18x^2-8x=8$

$(x-2)^2(x^2-4x-2)=0$

$a<2$이므로 $a=2-\sqrt{6}$

(ⅱ) [그림 2]인 경우

[그림 1]에서 $a=2$이고 $b>a$인 경우이므로

$b=2+\sqrt{6}$, $c=8$, $k=1$

(ⅲ) [그림 3], [그림 4]인 경우

❶에서 $f(x)=0$일 때 $x=2\pm\sqrt{3}$이므로

$h(x)$는 $x=2\pm\sqrt{3}$에서 극소이다.

그런데 $h(2+\sqrt{3})=h(2-\sqrt{3})$이므로 $a=2-\sqrt{3}$ 또는

$b=2+\sqrt{3}$이면 $g(x)$는 모든 실수 x에서 미분가능하다.

따라서 조건을 만족시키지 않는다.

(ⅳ) [그림 5]인 경우

$h'(x)=0$, 곧 $f(x)=0$이 $x=b$에서 중근을 갖는다.

$f(b)=0$, $f'(b)=0$이므로 $b=3$이다.

$f(3)=0$이므로 $-8k=0$ $\quad\therefore k=0$

$\therefore h(x)=x^4-8x^3+18x^2$

$\therefore c=h(3)=27$

$h(a)=27$이므로 $x^4-8x^3+18x^2-27=0$

$(x-3)^3(x+1)=0$ $\quad\therefore a=-1$

(ⅴ) [그림 6]인 경우

$f(a)=0$, $f'(a)=0$이므로 $a=1$이다.

$f(1)=0$이므로 $16-8k=0$ $\quad\therefore k=2$

$\therefore h(x)=x^4-8x^3+18x^2-16x$

$\therefore c=h(1)=-5$

$h(b)=-5$이므로 $x^4-8x^3+18x^2-16x+5=0$

$(x-1)^3(x-5)=0$ $\quad\therefore b=5$

(ⅰ)~(ⅴ)에서 구하는 k, a, b, c의 쌍은

$k=0$, $a=-1$, $b=3$, $c=27$

$k=1$, $a=2-\sqrt{6}$, $b=2$, $c=8$

$k=1$, $a=2$, $b=2+\sqrt{6}$, $c=8$

$k=2$, $a=1$, $b=5$, $c=-5$

> 🗒 $k=0$, $a=-1$, $b=3$, $c=27$
> $k=1$, $a=2-\sqrt{6}$, $b=2$, $c=8$
> $k=1$, $a=2$, $b=2+\sqrt{6}$, $c=8$
> $k=2$, $a=1$, $b=5$, $c=-5$

08

[전략] $y=f^{2n}(x)$의 그래프를 그린 다음, 그래프와 x축으로 둘러싸인 부분의 넓이를 정적분으로 나타낸다.

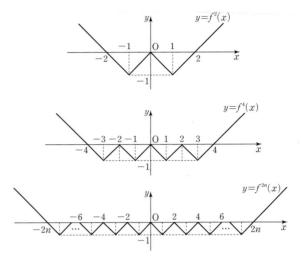

$y=f^2(x)$, $y=f^4(x)$, $y=f^{2n}(x)$의 그래프가 그림과 같으므로

$$\int_{-2n}^{2n} f^{2n}(x)dx=-2n$$

$$\int_{-2n}^{0} f^{2n}(x)dx=\int_{0}^{2n} f^{2n}(x)dx=-n$$

$$\int_{0}^{n} f^{2n}(x)dx=\int_{n}^{2n} f^{2n}(x)dx=-\frac{n}{2}$$

곧, $\int_{-2n}^{t} f(t)dt=\int_{-2n}^{0} f(t)dt+\int_{0}^{n} f(t)dt=-\frac{3}{2}n$이므로

t가 최소인 경우는 $t<-2n$일 때이다.

$\int_{t}^{-2n} f^{2n}(x)dx\leq\frac{3}{2}n$일 때

$$\int_{t}^{n} f^{2n}(x)dx=\int_{t}^{-2n} f^{2n}(x)dx+\int_{-2n}^{n} f^{2n}(x)dx$$

$$\leq\frac{3}{2}n-\frac{3}{2}n=0$$

이므로 $\int_{n}^{t} f^{2n}(x)dx=-\int_{t}^{n} f^{2n}(x)dx\geq0$

이때 $\int_{t}^{-2n} f^{2n}(x)dx$는 한 변의 길이가 $-2n-t$인 직각이등변 삼각형의 넓이이므로

$$\int_{t}^{-2n} f^{2n}(x)dx=\frac{1}{2}(-2n-t)^2$$

$\frac{1}{2}(-2n-t)^2\leq\frac{3}{2}n$이므로

$-2n-\sqrt{3n}\leq t\leq-2n+\sqrt{3n}$

곧, 실수 t의 최솟값 $g(n)=-2n-\sqrt{3n}$

$g(n)$의 값이 정수이면 $\sqrt{3n}$이 자연수이므로 조건을 만족시키는 100 이하의 자연수 n은

$n=3\times1^2=3$, $n=3\times2^2=12$, $n=3\times3^2=27$,

$n=3\times4^2=48$, $n=3\times5^2=75$

이다. 따라서 n값의 합은 165이다. 🗒 165

07. 정적분의 활용

01 ③	02 2	03 ④	04 ③	05 $\frac{1}{3}$
06 ②	07 ④	08 ③	09 $\frac{32}{3}$	10 ④
11 8	12 ④	13 $\frac{27}{4}$	14 ⑤	15 1
16 ③	17 2	18 ⑤	19 ④	20 ④
21 ⑤	22 ②	23 20	24 ④	25 ⑤
26 ①	27 ②	28 530 m	29 $\frac{4}{3}$	30 ③
31 $\frac{2}{3}$				

01

곡선 $y=6x^2-12x$와 x축의 교점의 x좌표
는 $6x^2-12x=0$에서
$$6x(x-2)=0$$
$$\therefore x=0 \text{ 또는 } x=2$$
따라서 구하는 넓이는

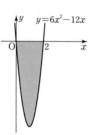

$$\int_0^2 \{-(6x^2-12x)\}dx$$
$$=\int_0^2 (-6x^2+12x)dx$$
$$=\left[-2x^3+6x^2\right]_0^2 = 8$$

답 ③

02

곡선 $y=4x^3-12x^2+8x$와 x축의 교
점의 x좌표는 $4x^3-12x^2+8x=0$에
서

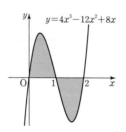

$$4x(x-1)(x-2)=0$$
$$\therefore x=0 \text{ 또는 } x=1 \text{ 또는 } x=2$$
따라서 구하는 넓이는

$$\int_0^1 (4x^3-12x^2+8x)dx+\int_1^2\{-(4x^3-12x^2+8x)\}dx$$
$$=\int_0^1 (4x^3-12x^2+8x)dx+\int_1^2(-4x^3+12x^2-8x)dx$$
$$=\left[x^4-4x^3+4x^2\right]_0^1+\left[-x^4+4x^3-4x^2\right]_1^2$$
$$=1+1=2$$

답 2

03

$$f(x)=\int (x^2-1)dx=\frac{1}{3}x^3-x+C$$
$f(0)=0$이므로 $C=0$
따라서 함수 $f(x)=\frac{1}{3}x^3-x$이고,

곡선 $y=\frac{1}{3}x^3-x$와 x축의 교점의

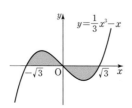

x좌표는 $\frac{1}{3}x^3-x=0$에서

$$\frac{1}{3}x(x+\sqrt{3})(x-\sqrt{3})=0$$
$$\therefore x=0 \text{ 또는 } x=\pm\sqrt{3}$$
따라서 구하는 넓이는

$$\int_{-\sqrt{3}}^0 \left(\frac{1}{3}x^3-x\right)dx+\int_0^{\sqrt{3}}\left(-\frac{1}{3}x^3+x\right)dx$$
$$=\left[\frac{1}{12}x^4-\frac{1}{2}x^2\right]_{-\sqrt{3}}^0+\left[-\frac{1}{12}x^4+\frac{1}{2}x^2\right]_0^{\sqrt{3}}$$
$$=\frac{3}{4}+\frac{3}{4}=\frac{3}{2}$$

답 ④

Note

색칠한 두 부분의 넓이가 같으므로 구하는 넓이는
$$2\int_0^{\sqrt{3}}\left(-\frac{1}{3}x^3+x\right)dx=2\times\frac{3}{4}=\frac{3}{2}$$

04

곡선 $y=x^2-4x+3$과 직선 $y=3$의
교점의 x좌표는 $x^2-4x+3=3$에서

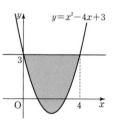

$$x(x-4)=0$$
$$\therefore x=0 \text{ 또는 } x=4$$
따라서 구하는 넓이는

$$\int_0^4 \{3-(x^2-4x+3)\}dx$$
$$=\int_0^4 (-x^2+4x)dx$$
$$=\left[-\frac{1}{3}x^3+2x^2\right]_0^4=\frac{32}{3}$$

답 ③

05

곡선 $y=-2x^2+3x$와 직선 $y=x$의
교점의 x좌표는 $-2x^2+3x=x$에서

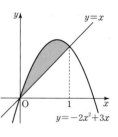

$$-2x(x-1)=0$$
$$\therefore x=0 \text{ 또는 } x=1$$
따라서 구하는 넓이는

$$\int_0^1 (-2x^2+3x-x)dx$$
$$=\int_0^1 (-2x^2+2x)dx$$
$$=\left[-\frac{2}{3}x^3+x^2\right]_0^1=\frac{1}{3}$$

답 $\frac{1}{3}$

06

두 곡선 $y=x^2$, $y=\frac{1}{4}x^2$과 직선
$x=4$는 그림과 같으므로 구하는 넓이
는

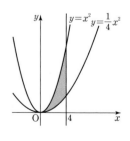

$$\int_0^4 \left(x^2-\frac{1}{4}x^2\right)dx$$
$$=\int_0^4 \frac{3}{4}x^2 dx$$
$$=\left[\frac{1}{4}x^3\right]_0^4=16$$

답 ②

07

곡선 $y=x^3-3x^2+x$와 직선
$y=x-4$의 교점의 x좌표는
$x^3-3x^2+x=x-4$에서
$$(x+1)(x-2)^2=0$$
$$\therefore x=-1 \text{ 또는 } x=2$$
따라서 구하는 넓이는
$$\int_{-1}^{2}\{(x^3-3x^2+x)-(x-4)\}dx$$
$$=\int_{-1}^{2}(x^3-3x^2+4)dx$$
$$=\left[\frac{1}{4}x^4-x^3+4x\right]_{-1}^{2}=\frac{27}{4}$$

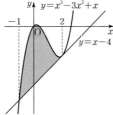

답 ④

08

두 점 P, Q를 지나는 직선의 방정식은
$$y-1=\frac{1-3}{1-0}(x-1)\qquad\therefore y=-2x+3$$
곡선 $y=x^2$과 직선 $y=-2x+3$의 교점
의 x좌표는 $x^2=-2x+3$에서
$$(x+3)(x-1)=0$$
$$\therefore x=-3 \text{ 또는 } x=1$$
따라서 구하는 넓이는
$$\int_{0}^{1}\{(-2x+3)-x^2\}dx$$
$$=\int_{0}^{1}(-x^2-2x+3)dx$$
$$=\left[-\frac{1}{3}x^3-x^2+3x\right]_{0}^{1}=\frac{5}{3}$$

답 ③

09

두 곡선 $y=2x^2-4x$,
$y=x^2-2x+3$의 교점의 x좌표는
$2x^2-4x=x^2-2x+3$에서
$$(x+1)(x-3)=0$$
$$\therefore x=-1 \text{ 또는 } x=3$$
따라서 구하는 넓이는
$$\int_{-1}^{3}\{(x^2-2x+3)$$
$$-(2x^2-4x)\}dx$$
$$=\int_{-1}^{3}(-x^2+2x+3)dx$$
$$=\left[-\frac{1}{3}x^3+x^2+3x\right]_{-1}^{3}=\frac{32}{3}$$

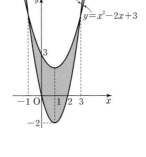

답 $\frac{32}{3}$

10

$y=|x(x-1)|$의 그래프와 직선
$y=x+3$의 교점의 x좌표는
$x^2-x=x+3$에서
$$(x+1)(x-3)=0$$
$$\therefore x=-1 \text{ 또는 } x=3$$
따라서 구하는 넓이는 직선

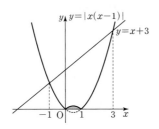

$y=x+3$과 곡선 $y=x(x-1)$로 둘러싸인 부분에서 색칠한 부분의 넓이를 두 번 뺀 것과 같으므로
$$\int_{-1}^{3}\{x+3-x(x-1)\}dx-2\int_{0}^{1}(-x^2+x)dx$$
$$=\int_{-1}^{3}(-x^2+2x+3)dx-2\int_{0}^{1}(-x^2+x)dx$$
$$=\left[-\frac{1}{3}x^3+x^2+3x\right]_{-1}^{3}-2\left[-\frac{1}{3}x^3+\frac{1}{2}x^2\right]_{0}^{1}$$
$$=\frac{32}{3}-\frac{1}{3}=\frac{31}{3}$$

답 ④

Note

다음과 같이 계산해 넓이를 구해도 된다.
$$\int_{-1}^{0}\{(x+3)-x(x-1)\}dx+\int_{0}^{1}[(x+3)-\{-x(x-1)\}]dx$$
$$+\int_{1}^{3}\{(x+3)-x(x-1)\}dx$$

11

두 곡선 $y=ax^3$, $y=-\frac{1}{a}x^3$과 직선 $x=2$로 둘러싸인 도형의 넓이는
$$\int_{0}^{2}\left(ax^3+\frac{1}{a}x^3\right)dx=\left(a+\frac{1}{a}\right)\int_{0}^{2}x^3dx$$
$$=\left(a+\frac{1}{a}\right)\left[\frac{1}{4}x^4\right]_{0}^{2}$$
$$=4\left(a+\frac{1}{a}\right)$$

이때 a가 양수이므로
$$4\left(a+\frac{1}{a}\right)\geq 4\times 2\sqrt{a\times\frac{1}{a}}=8$$
$$\left(\text{단, 등호는 } a=\frac{1}{a}, \text{ 곧 } a=1\text{일 때 성립}\right)$$
따라서 구하는 넓이의 최솟값은 8이다.

답 8

12

$y=x^2+1$에서 $y'=2x$
곧, 곡선 위의 점 $(2, 5)$에서 접선의
기울기는 $2\times 2=4$이므로 접선의 방정
식은
$$y-5=4(x-2)$$
$$\therefore y=4x-3$$
따라서 구하는 넓이는
$$\int_{0}^{2}\{(x^2+1)-(4x-3)\}dx-\frac{1}{2}\times 3\times\frac{3}{4}$$
$$=\int_{0}^{2}(x^2-4x+4)dx-\frac{9}{8}$$
$$=\left[\frac{1}{3}x^3-2x^2+4x\right]_{0}^{2}-\frac{9}{8}=\frac{37}{24}$$

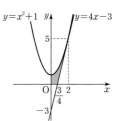

답 ④

13

$y=x^3+x-3$에서 $y'=3x^2+1$
곧, 곡선 위의 점 $(1, -1)$에서 접선의 기울기는
$3\times 1^2+1=4$이므로 접선의 방정식은

$$y+1=4(x-1)$$
$$\therefore y=4x-5$$

곡선 $y=x^3+x-3$과 직선 $y=4x-5$
의 교점의 x좌표는
$x^3+x-3=4x-5$에서

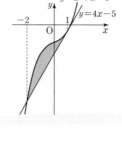

$$(x-1)^2(x+2)=0$$
$$\therefore x=-2 \text{ 또는 } x=1$$

따라서 구하는 넓이는

$$\int_{-2}^{1}\{(x^3+x-3)-(4x-5)\}dx$$
$$=\int_{-2}^{1}(x^3-3x+2)dx$$
$$=\left[\frac{1}{4}x^4-\frac{3}{2}x^2+2x\right]_{-2}^{1}=\frac{27}{4}$$

답 $\dfrac{27}{4}$

14

함수 $f(x)=x^3+x \ (x\geq 0)$의 역함수
가 $g(x)$이므로 $y=f(x)$와 $y=g(x)$
의 그래프는 직선 $y=x$에 대칭이다.
그림에서 A와 B 두 부분의 넓이는 같
으므로 구하는 넓이는

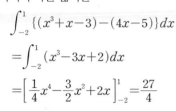

$$2\times 10-\int_{0}^{2}(x^3+x)dx$$
$$=20-\left[\frac{1}{4}x^4+\frac{1}{2}x^2\right]_{0}^{2}=20-6=14$$

답 ⑤

15

함수 $f(x)=x^3-3x^2+3x \ (x\geq 0)$
의 역함수가 $g(x)$이므로 $y=f(x)$와
$y=g(x)$의 그래프는 직선 $y=x$에
대칭이다.

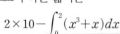

$$f'(x)=3x^2-6x+3$$
$$=3(x-1)^2\geq 0$$

이므로 $y=f(x)$, $y=g(x)$의 그래
프는 그림과 같고, 두 곡선의 교점은 곡선 $y=f(x)$와 직선 $y=x$
의 교점과 같다.
$f(x)=x$에서 $x^3-3x^2+3x=x$

$$x(x-1)(x-2)=0$$
$$\therefore x=0 \text{ 또는 } x=1 \text{ 또는 } x=2$$

따라서 구하는 넓이는

$$2\int_{0}^{1}\{f(x)-x\}dx+2\int_{1}^{2}\{x-f(x)\}dx$$
$$=2\left\{\int_{0}^{1}(x^3-3x^2+2x)dx+\int_{1}^{2}(-x^3+3x^2-2x)dx\right\}$$
$$=2\left\{\left[\frac{1}{4}x^4-x^3+x^2\right]_{0}^{1}+\left[-\frac{1}{4}x^4+x^3-x^2\right]_{1}^{2}\right\}$$
$$=2\left(\frac{1}{4}+\frac{1}{4}\right)=1$$

답 1

16

곡선 $y=x^2-4x$와 직선 $y=-x$의 교점의 x좌표는
$x^2-4x=-x$에서

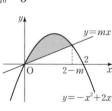

$$x(x-3)=0$$
$$\therefore x=0 \text{ 또는 } x=3$$

$$S_1=\int_{0}^{3}(-x-x^2+4x)dx$$
$$=\int_{0}^{3}(-x^2+3x)dx$$
$$=\left[-\frac{1}{3}x^3+\frac{3}{2}x^2\right]_{0}^{3}=\frac{9}{2}$$

$$S_2=\int_{0}^{4}|x^2-4x|dx-S_1=\int_{0}^{4}(-x^2+4x)dx-\frac{9}{2}$$
$$=\left[-\frac{1}{3}x^3+2x^2\right]_{0}^{4}-\frac{9}{2}=\frac{37}{6}$$
$$\therefore 3|S_1-S_2|=3\left|\frac{9}{2}-\frac{37}{6}\right|=5$$

답 ③

17

곡선 $y=x^2-x$와 직선 $y=ax$의
교점의 x좌표는 $x^2-x=ax$에서

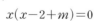

$$x(x-a-1)=0$$
$$\therefore x=0 \text{ 또는 } x=a+1$$

$$\int_{0}^{a+1}\{ax-(x^2-x)\}dx$$
$$=\int_{0}^{a+1}\{(a+1)x-x^2\}dx$$
$$=\left[\frac{1}{2}(a+1)x^2-\frac{1}{3}x^3\right]_{0}^{a+1}=\frac{1}{6}(a+1)^3$$

색칠한 부분의 넓이가 $\dfrac{27}{6}$이므로

$\dfrac{1}{6}(a+1)^3=\dfrac{27}{6}$에서 $(a+1)^3=27$

이때 a는 실수이므로
$$a+1=3 \quad \therefore a=2$$

답 2

18

곡선 $y=-x^2+2x$와 x축의 교점의 x좌표는 $-x^2+2x=0$에서
$$x(x-2)=0 \qquad \therefore x=0 \text{ 또는 } x=2$$

따라서 곡선 $y=-x^2+2x$와 x축으로 둘러싸인 부분의 넓이는

$$\int_{0}^{2}(-x^2+2x)dx=\left[-\frac{1}{3}x^3+x^2\right]_{0}^{2}=\frac{4}{3}$$

또 곡선 $y=-x^2+2x$와 직선 $y=mx$
의 교점의 x좌표는 $-x^2+2x=mx$
에서

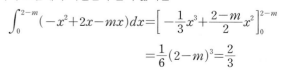

$$x(x-2+m)=0$$
$$\therefore x=0 \text{ 또는 } x=2-m$$

따라서 그림에서 색칠한 부분의 넓이는

$$\int_{0}^{2-m}(-x^2+2x-mx)dx=\left[-\frac{1}{3}x^3+\frac{2-m}{2}x^2\right]_{0}^{2-m}$$
$$=\frac{1}{6}(2-m)^3=\frac{2}{3}$$

이때 $2-m$은 실수이므로

$$2-m=\sqrt[3]{4} \qquad \therefore m=2-\sqrt[3]{4}$$

답 ⑤

19

두 곡선 $y=x^4-x^3$, $y=-x^4+x$로 둘러싸인 부분의 넓이는 곡선 $y=-x^4+x$와 곡선 $y=ax(1-x)$로 둘러싸인 부분의 넓이의 2배이므로

$$\int_0^1 \{(-x^4+x)-(x^4-x^3)\}dx$$

$$=2\int_0^1\{(-x^4+x)-ax(1-x)\}dx$$

$$\int_0^1(-2x^4+x^3+x)dx$$

$$=2\int_0^1\{-x^4+ax^2+(1-a)x\}dx$$

$$\int_0^1\{x^3-2ax^2+(2a-1)x\}dx=0$$

$$\left[\frac{1}{4}x^4-\frac{2a}{3}x^3+\frac{2a-1}{2}x^2\right]_0^1=0$$

$$\frac{1}{4}-\frac{2}{3}a+\frac{2a-1}{2}=0 \qquad \therefore a=\frac{3}{4}$$

답 ④

20

$A:B=1:2$에서 $B=2A$

포물선 $y=x^2-4x+k$는 직선 $x=2$에 대칭이므로

$$\int_0^2(x^2-4x+k)dx=0 에서$$

$$\left[\frac{1}{3}x^3-2x^2+kx\right]_0^2$$

$$=\frac{8}{3}-8+2k=0$$

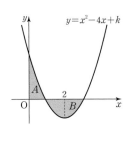

따라서 $k=\frac{8}{3}$이므로 $3k=8$

답 ④

21

$-x^2+6x+k=0$의 두 근을 α, β $(\alpha<\beta)$라 하면

$S=T$이므로

$$\int_0^\beta(-x^2+6x+k)dx=0 에서$$

$$\left[-\frac{1}{3}x^3+3x^2+kx\right]_0^\beta=\beta\left(-\frac{\beta^2}{3}+3\beta+k\right)=0$$

$\beta\neq0$이므로

$$-\frac{\beta^2}{3}+3\beta+k=0 \qquad \cdots ❶$$

$f(\beta)=0$이므로

$$-\beta^2+6\beta+k=0 \qquad \cdots ❷$$

❶$-$❷를 하면 $\frac{2}{3}\beta^2-3\beta=0$, $\beta\left(\beta-\frac{9}{2}\right)=0$

$$\therefore \beta=\frac{9}{2}, k=-\frac{27}{4}$$

답 ⑤

22

시각 $t=0$에서 $t=4$까지 점 P가 움직인 거리는

$$\int_0^4|v(t)|dt=\int_0^4(-t^2+4t)dt$$

$$=\left[-\frac{1}{3}t^3+2t^2\right]_0^4=\frac{32}{3}$$

답 ②

23

$t=2$에서 점 P의 운동 방향이 바뀌므로

$v(2)=0$에서 $4-2a=0$ $\qquad \therefore a=2$

따라서 $t=0$에서 $t=6$까지 점 P가 움직인 거리는

$$\int_0^6|v(t)|dt=\int_0^2(4-2t)dt+\int_2^6(-4+2t)dt$$

$$=\left[4t-t^2\right]_0^2+\left[-4t+t^2\right]_2^6$$

$$=4+16=20$$

답 20

24

높이가 최고일 때 $v(t)=0$이므로

$20-10t=0$ $\qquad \therefore t=2$

따라서 물체가 2초 동안 올라간 높이는

$$\int_0^2 v(t)dt=\int_0^2(20-10t)dt$$

$$=\left[20t-5t^2\right]_0^2=20(\text{m})$$

물체의 최고 높이에서 지면까지의 거리는 $20+30=50(\text{m})$이므로 물체가 지면에 떨어질 때까지 움직인 거리는

$$20+50=70(\text{m})$$

답 ④

25

t초 후 점 P의 위치를 $x(t)$라 하면

$$x(t)=2+\int_0^t v(t)dt=2+\int_0^t(4t-3t^2)dt$$

$$=2+\left[2t^2-t^3\right]_0^t=-t^3+2t^2+2$$

$x(t)=2$이면 $-t^3+2t^2+2=2$

$t^2(t-2)=0$ $\qquad \therefore t=0$ 또는 $t=2$

곧, $t=2$일 때 좌표가 2인 점으로 다시 돌아오므로 움직인 거리는

$$\int_0^2|v(t)|dt=\int_0^{\frac{4}{3}}(4t-3t^2)dt+\int_{\frac{4}{3}}^2(-4t+3t^2)dt$$

$$=\left[2t^2-t^3\right]_0^{\frac{4}{3}}+\left[-2t^2+t^3\right]_{\frac{4}{3}}^2$$

$$=\frac{32}{27}+\frac{32}{27}=\frac{64}{27}$$

따라서 $p=27$, $q=64$이므로 $p+q=91$

답 ⑤

26

$$\int_0^{10}v(t)dt=\frac{1}{2}\times8\times2k-\frac{1}{2}\times2\times k=7k$$

10초 후 점 P의 위치가 $\frac{35}{3}$이므로 $7k=\frac{35}{3}$ $\qquad \therefore k=\frac{5}{3}$

따라서 출발한 후 10초 동안 점 P가 움직인 거리는
$$\int_0^{10} |v(t)|\,dt = 8k + k = 9k = 15$$
🔳 ①

27

ㄱ. $\int_0^1 v(t)\,dt = 1$이므로 $t=1$에서 P의 위치는 1이다. (거짓)

ㄴ. $v(t)$의 부호가 두 번 바뀌므로 운동 방향을 2번 바꾼다. (참)

ㄷ. $\int_0^3 |v(t)|\,dt = \int_0^2 v(t)\,dt + \int_2^3 \{-v(t)\}\,dt$
$$= 2 + \frac{3}{2} = \frac{7}{2}$$

따라서 $t=0$에서 $t=3$까지 움직인 거리는 $\frac{7}{2}$이다. (거짓)

따라서 옳은 것은 ㄴ이다.
🔳 ②

28

$v(t) \geq 0$이므로 $t=20$일 때 열기구의 높이는
$$30 + \int_0^{20} v(t)\,dt = 30 + \int_0^{10} 4t\,dt + \int_{10}^{20}(60-2t)\,dt$$
$$= 30 + \Big[2t^2\Big]_0^{10} + \Big[60t - t^2\Big]_{10}^{20}$$
$$= 30 + 200 + 300 = 530\,(\mathrm{m})$$
🔳 530 m

29

P, Q의 속도가 같아지면 $v_1(t) = v_2(t)$이므로
$3t^2 + t = 2t^2 + 3t$에서 $t(t-2) = 0$ ∴ $t=0$ 또는 $t=2$
이때 $t > 0$이므로 $t = 2$

$t=2$일 때 점 P의 위치는
$$\int_0^2 v_1(t)\,dt = \int_0^2 (3t^2 + t)\,dt = \Big[t^3 + \frac{1}{2}t^2\Big]_0^2 = 10$$

$t=2$일 때 점 Q의 위치는
$$\int_0^2 v_2(t)\,dt = \int_0^2 (2t^2 + 3t)\,dt = \Big[\frac{2}{3}t^3 + \frac{3}{2}t^2\Big]_0^2 = \frac{34}{3}$$

이때 두 점 사이의 거리는
$$\frac{34}{3} - 10 = \frac{4}{3}$$
🔳 $\frac{4}{3}$

30

$t=a$일 때 점 P의 위치는
$$\int_0^a v_1(t)\,dt = \int_0^a (3t^2 + 6t - 6)\,dt$$
$$= \Big[t^3 + 3t^2 - 6t\Big]_0^a = a^3 + 3a^2 - 6a$$

$t=a$일 때 점 Q의 위치는
$$\int_0^a v_2(t)\,dt = \int_0^a (10t - 6)\,dt$$
$$= \Big[5t^2 - 6t\Big]_0^a = 5a^2 - 6a$$

$t=a$일 때 두 점의 위치가 같으므로
$$a^3 + 3a^2 - 6a = 5a^2 - 6a$$
$$a^2(a-2) = 0 \quad ∴ a = 2\;(∵ a > 0)$$
🔳 ③

31

시각 t에서 점 P의 위치를 $x_1(t)$라 하면
$$x_1(t) = 3 + \int_0^t v_1(t)\,dt = 3 + \int_0^t (-4t + 2)\,dt$$
$$= 3 + \Big[-2t^2 + 2t\Big]_0^t = -2t^2 + 2t + 3$$

시각 t에서 점 Q의 위치를 $x_2(t)$라 하면
$$x_2(t) = 9 + \int_0^t v_2(t)\,dt = 9 + \int_0^t (2t - 6)\,dt$$
$$= 9 + \Big[t^2 - 6t\Big]_0^t = t^2 - 6t + 9$$

시각 t에서 두 점 P, Q 사이의 거리는
$$|x_2(t) - x_1(t)| = 3t^2 - 8t + 6 = 3\Big(t - \frac{4}{3}\Big)^2 + \frac{2}{3}$$

따라서 두 점 사이의 거리의 최솟값은 $t = \frac{4}{3}$일 때 $\frac{2}{3}$이다.
🔳 $\frac{2}{3}$

step B 실력 문제
83~86쪽

01 ⑤	02 $\frac{4}{3}$	03 ①	04 5	05 ④
06 $\frac{16}{15}$	07 $\frac{4}{3}$	08 12	09 ④	10 ④
11 ⑤	12 $a=0$, 최솟값 : 8	13 $\frac{1}{3}$	14 ⑤	
15 $\frac{16}{9}$	16 54	17 ④	18 ⑤	19 3
20 ④	21 ⑤	22 ②	23 63 m	24 190 m

01

[전략] 곡선 $y=f(x)$와 직선 $y=k$의 교점을 찾고, 그래프를 그린다.
$$f'(x) = 4x^3 - 4x = 4x(x+1)(x-1)$$
$f'(x) = 0$에서 $x=-1$ 또는 $x=0$ 또는 $x=1$

x	⋯	-1	⋯	0	⋯	1	⋯
$f'(x)$	$-$	0	$+$	0	$-$	0	$+$
$f(x)$	↘	극소	↗	극대	↘	극소	↗

따라서 $f(x)$는 $x=-1$, $x=1$에서 극소, $x=0$에서 극대이다.
$$f(x) = \int f'(x)\,dx = x^4 - 2x^2 + C$$

극댓값이 k이므로 $f(0) = k$에서 $C = k$, $f(x) = x^4 - 2x^2 + k$
곡선 $y = f(x)$는 y축에 대칭이므로
$$x^4 - 2x^2 + k = k$$에서 $x^2(x + \sqrt{2})(x - \sqrt{2}) = 0$
따라서 그래프는 그림과 같으므로 색칠한 부분의 넓이는
$$\int_{-\sqrt{2}}^{\sqrt{2}} \{k - f(x)\}\,dx$$
$$= \int_{-\sqrt{2}}^{\sqrt{2}} (2x^2 - x^4)\,dx$$
$$= 2\int_0^{\sqrt{2}} (2x^2 - x^4)\,dx$$

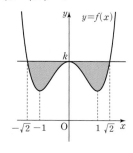

$$=2\left[\frac{2}{3}x^3-\frac{1}{5}x^5\right]_0^{\sqrt{2}}=\frac{16\sqrt{2}}{15}$$

답 ⑤

02

[전략] 점 $P(x,\ x^2)$으로 놓고, $\overline{AP}^2$이 최소가 되는 x의 값을 구한다.

점 $P(x,\ x^2)$이라 하면
$$\overline{AP}^2=(x-3)^2+x^4=x^4+x^2-6x+9$$
$f(x)=x^4+x^2-6x+9$라 하면
$$f'(x)=4x^3+2x-6$$
$$=(x-1)(4x^2+4x+6)$$
$f'(x)=0$에서 $x=1$

x	$\cdots$	1	$\cdots$
$f'(x)$	$-$	0	$+$
$f(x)$	$\searrow$	극소	$\nearrow$

따라서 $f(x)$는 $x=1$에서 극소이고 최소이다.

이때 $P(1,\ 1)$이므로 색칠한 부분의 넓이는
$$\int_0^1 x^2 dx+\frac{1}{2}\times 2\times 1=\frac{4}{3}$$

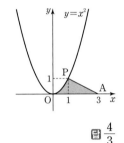

답 $\dfrac{4}{3}$

03

[전략] 그래프를 그리고 영역을 나누어 넓이를 구한다.

$y=x^2$과 $y=mx$에서
$$x^2=mx,\ x(x-m)=0$$
$$\therefore x=0 \text{ 또는 } x=m$$
$y=x^2$과 $y=(m+1)x$에서
$$x^2=(m+1)x$$
$$x(x-m-1)=0$$
$$\therefore x=0 \text{ 또는 } x=m+1$$
따라서 색칠한 부분의 넓이는
$$\int_0^{m+1}\{(m+1)x-x^2\}dx-\int_0^m (mx-x^2)dx$$
$$=\left[\frac{m+1}{2}x^2-\frac{1}{3}x^3\right]_0^{m+1}-\left[\frac{m}{2}x^2-\frac{1}{3}x^3\right]_0^m$$
$$=\frac{(m+1)^3}{6}-\frac{m^3}{6}$$

색칠한 부분의 넓이가 $\dfrac{7}{6}$이므로
$$\frac{(m+1)^3}{6}-\frac{m^3}{6}=\frac{7}{6},\ m^2+m-2=0$$
$$(m+2)(m-1)=0$$
$$\therefore m=1\ (\because m>0)$$

답 ①

04

[전략] 그림에서 곡선의 $y=x^2-4x$ 부분과 $y=-x^2+4x$ 부분을 나누어 생각한다.

$y=|x^2-4x|$의 그래프와 직선 $y=x$의 교점의 x좌표는 $x=0,\ x=3,\ x=5$이다.

따라서
$$A=\int_0^3 (-x^2+4x-x)dx$$
$$=\int_0^3 (-x^2+3x)dx$$
$$=\left[-\frac{1}{3}x^3+\frac{3}{2}x^2\right]_0^3=\frac{9}{2}$$
$$B=\int_3^4 \{x-(-x^2+4x)\}dx+\int_4^5 \{x-(x^2-4x)\}dx$$
$$=\int_3^4 (x^2-3x)dx+\int_4^5 (-x^2+5x)dx$$
$$=\left[\frac{1}{3}x^3-\frac{3}{2}x^2\right]_3^4+\left[-\frac{1}{3}x^3+\frac{5}{2}x^2\right]_4^5$$
$$=\frac{11}{6}+\frac{13}{6}=4$$
$$\therefore 10(A-B)=5$$

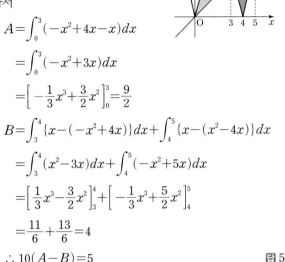

답 5

05

[전략] 접선의 방정식을 구한 다음, 구간을 나누어 넓이를 구한다.

접점을 $(t,\ t^2)$이라 하면 $y'=2x$이므로 접선의 방정식은
$$y-t^2=2t(x-t)$$
점 $\left(\dfrac{1}{2},\ -2\right)$를 지나므로
$$-2-t^2=2t\left(\frac{1}{2}-t\right)$$
$$t^2-t-2=0,\ (t+1)(t-2)=0$$
$$\therefore t=-1 \text{ 또는 } t=2$$
접점의 좌표는 $(-1,\ 1)$, $(2,\ 4)$이므로 접선의 방정식은
$$y=-2x-1,\ y=4x-4$$
따라서 구하는 넓이는
$$\int_{-1}^{\frac{1}{2}}\{x^2-(-2x-1)\}dx+\int_{\frac{1}{2}}^2\{x^2-(4x-4)\}dx$$
$$=\int_{-1}^{\frac{1}{2}}(x^2+2x+1)dx+\int_{\frac{1}{2}}^2(x^2-4x+4)dx$$
$$=\left[\frac{1}{3}x^3+x^2+x\right]_{-1}^{\frac{1}{2}}+\left[\frac{1}{3}x^3-2x^2+4x\right]_{\frac{1}{2}}^2$$
$$=\frac{9}{8}+\frac{9}{8}=\frac{9}{4}$$

답 ④

Note
$$\int_{-1}^{\frac{1}{2}}(x+1)^2 dx+\int_{\frac{1}{2}}^2(x-2)^2 dx$$
$$=\left[\frac{1}{3}(x+1)^3\right]_{-1}^{\frac{1}{2}}+\left[\frac{1}{3}(x-2)^3\right]_{\frac{1}{2}}^2$$
로 계산해도 된다.

06

[전략] 직선 l의 방정식을 $y=ax+b$, 접점의 x좌표를 α, β라 하면
$$f(x)-(ax+b)=(x-\alpha)^2(x-\beta)^2$$
직선 l을 $y=g(x)$라 하자.

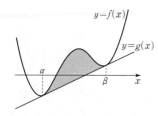

$g(x)=ax+b$라 하고, 직선 $y=g(x)$와 곡선 $y=f(x)$의 접점의 x좌표를 α, β $(\alpha<\beta)$라 하면

$f(x)$의 최고차항이 x^4이므로

$$x^4-2x^2-2x+3-(ax+b)=(x-\alpha)^2(x-\beta)^2$$

x^3의 계수를 비교하면 $0=-2(\alpha+\beta)$ ∴ $\beta=-\alpha$

이때 (우변)$=(x-\alpha)^2(x+\alpha)^2=x^4-2\alpha^2x^2+\alpha^4$

x^2의 계수를 비교하면 $-2=-2\alpha^2$

$\alpha<\beta$이므로 $\alpha=-1$, $\beta=1$

∴ $f(x)-g(x)=x^4-2x^2+1$

따라서 구하는 넓이는

$$\int_{-1}^{1}\{f(x)-g(x)\}dx=\int_{-1}^{1}(x^4-2x^2+1)dx$$
$$=2\int_{0}^{1}(x^4-2x^2+1)dx$$
$$=2\left[\frac{1}{5}x^5-\frac{2}{3}x^3+x\right]_{0}^{1}$$
$$=\frac{16}{15}$$

답 $\dfrac{16}{15}$

07

[전략] $\displaystyle\int_{a}^{b}f(x)dx+\int_{b}^{c}f(x)dx=\int_{a}^{c}f(x)dx$임을 이용하여 주어진 식을 간단히 한다.

$f(x)$는 x^2의 계수가 1이고 $f(3)=0$인 이차함수이므로

$f(x)=(x-\alpha)(x-3)$으로 놓을 수 있다.

$\displaystyle\int_{0}^{2000}f(x)dx=\int_{3}^{2000}f(x)dx$에서

$$\int_{0}^{3}f(x)dx+\int_{3}^{2000}f(x)dx=\int_{0}^{2000}f(x)dx$$

∴ $\displaystyle\int_{0}^{3}f(x)dx=0$

그런데

$$\int_{0}^{3}f(x)dx=\int_{0}^{3}(x-\alpha)(x-3)dx$$
$$=\int_{0}^{3}\{x^2-(\alpha+3)x+3\alpha\}dx$$
$$=\left[\frac{1}{3}x^3-\frac{\alpha+3}{2}x^2+3\alpha x\right]_{0}^{3}=\frac{9\alpha-9}{2}$$

이므로

$9\alpha-9=0$ ∴ $\alpha=1$

따라서 구하는 넓이는

$$-\int_{1}^{3}(x-1)(x-3)dx=-\int_{1}^{3}(x^2-4x+3)dx$$
$$=-\left[\frac{1}{3}x^3-2x^2+3x\right]_{1}^{3}$$
$$=\frac{4}{3}$$

답 $\dfrac{4}{3}$

08

[전략] 직선 PQ의 방정식을 $y=g(x)$라 할 때, $g(x)-x^2$은 a, b로 간단히 나타낼 수 있다.

직선 PQ의 방정식을 $y=g(x)$라 하면 교점의 x좌표가 a, b $(a<b)$이므로

$$x^2-g(x)=(x-a)(x-b)$$

따라서 직선과 곡선 사이의 넓이는

$$\int_{a}^{b}\{g(x)-x^2\}dx$$
$$=\int_{a}^{b}\{-(x-a)(x-b)\}dx$$
$$=\left[-\frac{1}{3}x^3+\frac{a+b}{2}x^2-abx\right]_{a}^{b}$$
$$=\frac{1}{6}(b-a)^3$$

조건에서 $\dfrac{1}{6}(b-a)^3=36$

a, b는 실수이므로 $b-a=6$

이때

$$\overline{\mathrm{PQ}}=\sqrt{(b-a)^2+(b^2-a^2)^2}$$
$$=\sqrt{(b-a)^2\{1+(b+a)^2\}}$$
$$=6\sqrt{1+(2a+6)^2}$$
$$=6\sqrt{4a^2+24a+37}$$

이므로

$$\lim_{a\to\infty}\frac{\overline{\mathrm{PQ}}}{a}=\lim_{a\to\infty}\frac{6\sqrt{4a^2+24a+37}}{a}=6\times2=12$$

답 12

Note

$$\int_{a}^{b}(x-a)(x-b)dx=-\frac{1}{6}(b-a)^3$$

을 이용하여 넓이를 구할 수도 있다.

09

[전략] 역함수의 그래프는 직선 $y=x$에 대칭이다. 따라서 곡선 $y=f(x)$와 직선 $y=x$로 둘러싸인 부분의 넓이를 이용한다.

$y=f(x)$와 $y=g(x)$의 그래프는 직선 $y=x$에 대칭이고, $x=1$, $x=2$인 점에서 만나므로 교점의 좌표는 $(1, 1)$, $(2, 2)$이다.

$y=f(x)$가 이 두 점을 지나므로

$1=a+b$, $2=4a+b$ ∴ $a=\dfrac{1}{3}$, $b=\dfrac{2}{3}$

$f(x)=\dfrac{1}{3}x^2+\dfrac{2}{3}$이고,

$A=2\displaystyle\int_{0}^{1}\{f(x)-x\}dx$, $B=2\displaystyle\int_{1}^{2}\{x-f(x)\}dx$이므로

$$A-B=2\int_{0}^{2}\{f(x)-x\}dx$$
$$=2\int_{0}^{2}\left(\frac{1}{3}x^2-x+\frac{2}{3}\right)dx$$
$$=2\left[\frac{1}{9}x^3-\frac{1}{2}x^2+\frac{2}{3}x\right]_{0}^{2}=\frac{4}{9}$$

답 ④

Note

A, B의 값을 각각 구해 계산해도 된다.

10

[전략] $y=f(x)$, $y=x$, $y=-x+8$로 둘러싸인 부분의 넓이를 이용한다.

$f'(x)=3x^2+12x+13$
$\qquad =3(x+2)^2+1>0$

이므로 $f(x)$는 증가한다.

또 $f(x)-x=(x+2)^3$이고,
$y=f(x)$와 $y=g(x)$의 그래프는
직선 $y=x$에 대칭이다.

곡선 $y=f(x)$와 직선 $y=-x+8$은
점 $(0, 8)$에서 만난다.

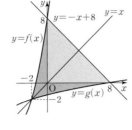

따라서 구하는 넓이는

$$2\int_{-2}^{0}\{f(x)-x\}dx+\frac{1}{2}\times 8\times 8=2\int_{-2}^{0}(x+2)^3dx+32$$
$$=2\left[\frac{1}{4}(x+2)^4\right]_{-2}^{0}+32$$
$$=40 \qquad \text{⊟ ④}$$

11

[전략] 넓이를 a로 나타낸 다음, a에 대한 다항식이면 미분을, a에 대한 분수식이면 산술평균과 기하평균의 관계를 생각한다.

그림에서 $A+B=S(a)$라 하면
$S(a)$
$\quad=-\int_{0}^{a}(x^2-ax)dx$
$\qquad +\int_{a}^{1}(x^2-ax)dx$
$\quad=-\left[\frac{1}{3}x^3-\frac{a}{2}x^2\right]_{0}^{a}+\left[\frac{1}{3}x^3-\frac{a}{2}x^2\right]_{a}^{1}$
$\quad=\frac{a^3}{3}-\frac{a}{2}+\frac{1}{3}$

$S'(a)=a^2-\frac{1}{2}$이므로 $0<a<1$에서 $S'(a)=0$의 해는

$a=\frac{\sqrt{2}}{2}$

따라서 $S(a)$는 $a=\frac{\sqrt{2}}{2}$일 때 극소이고 최소이다. ⊟ ⑤

12

[전략] 넓이를 a로 나타낸 다음, a에 대한 다항식이면 미분을, a에 대한 분수식이면 산술평균과 기하평균의 관계를 생각한다.

두 도형의 넓이의 합을 $S(a)$라 하면
$S(a)$
$\quad=\int_{-2}^{a}(x^2-4)(x-a)dx$
$\qquad -\int_{a}^{2}(x^2-4)(x-a)dx$
$\quad=\left[\frac{1}{4}x^4-\frac{a}{3}x^3-2x^2+4ax\right]_{-2}^{a}$
$\qquad -\left[\frac{1}{4}x^4-\frac{a}{3}x^3-2x^2+4ax\right]_{a}^{2}$
$\quad=-\frac{1}{6}a^4+4a^2+8$

$$S'(a)=-\frac{2}{3}a^3+8a=-\frac{2}{3}a(a^2-12)$$

$-2<a<2$에서 $S'(a)=0$의 해는 $a=0$

따라서 $S(a)$는 $a=0$일 때 극소이고, 최소이다.

이때 최솟값은 $S(0)=8$이다. ⊟ $a=0$, 최솟값 : 8

13

[전략] 직선 AB의 방정식을 구하고 S_1 또는 S_2의 값은 정적분으로 구한다.
또 S_1+S_2의 값은 삼각형 OAB의 넓이임을 이용한다.

직선 AB의 방정식은 $y=-\frac{3}{2}x+3$

직선 AB와 곡선 $y=ax^2$의 교점의 x좌표를 p라 하면

$$-\frac{3}{2}p+3=ap^2 \qquad \cdots ❶$$

이때

$$S_1=\int_{0}^{p}\left\{\left(-\frac{3}{2}x+3\right)-ax^2\right\}dx$$
$$=\left[-\frac{3}{4}x^2+3x-\frac{1}{3}ax^3\right]_{0}^{p}$$
$$=-\frac{3}{4}p^2+3p-\frac{1}{3}ap^3 \qquad \cdots ❷$$

한편 $S_1+S_2=\frac{1}{2}\times 2\times 3=3$이고 $S_1 : S_2=13 : 3$이므로

$$S_1=3\times\frac{13}{16}=\frac{39}{16}$$

❷와 비교하면 $-\frac{3}{4}p^2+3p-\frac{1}{3}ap^3=\frac{39}{16}$

❶을 대입하면 $-\frac{3}{4}p^2+3p-\frac{1}{3}p\left(-\frac{3}{2}p+3\right)=\frac{39}{16}$

$$-\frac{1}{4}p^2+2p=\frac{39}{16}, (2p-3)(2p-13)=0$$

$0<p<2$이므로 $p=\frac{3}{2}$

이것을 ❶에 대입하면 $-\frac{9}{4}+3=\frac{9}{4}a$ $\qquad \therefore a=\frac{1}{3}$ ⊟ $\frac{1}{3}$

14

[전략] 평행이동한 꼴이므로 곡선 $y=f(x)$와 $y=g(x)$의 교점을 지나고 y축에 평행한 직선에 두 곡선이 대칭임을 이용한다.

$g(x)=-(x-2)(x-6)$이므로

$f(x)=g(x)$에서
$\quad -x(x-4)=-(x-2)(x-6)$
$\quad \therefore x=3$

두 곡선 $y=f(x)$와 $y=g(x)$는 직선
$x=3$에 대칭이다.

따라서

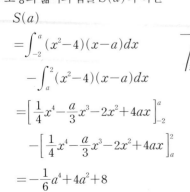

$$S_1=\int_{0}^{3}f(x)dx-\int_{2}^{3}g(x)dx$$
$$=\int_{0}^{3}(-x^2+4x)dx$$
$$\quad -\int_{2}^{3}(-x^2+8x-12)dx$$
$$=\left[-\frac{1}{3}x^3+2x^2\right]_{0}^{3}-\left[-\frac{1}{3}x^3+4x^2-12x\right]_{2}^{3}$$

$$=9-\frac{5}{3}=\frac{22}{3}$$

$$S_2=2\int_2^3 g(x)dx=2\times\frac{5}{3}=\frac{10}{3}$$

$$S_3=S_1=\frac{22}{3}$$

$$\therefore \frac{S_2}{S_1+S_3}=\frac{\dfrac{10}{3}}{\dfrac{22}{3}+\dfrac{22}{3}}=\frac{5}{22}$$ 답 ⑤

Note

오른쪽 그림에서 색칠한 두 부분의 넓이가 같으므로

$$S_1=\int_1^3 f(x)dx$$

$$S_2=2\int_0^1 f(x)dx$$

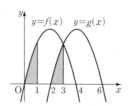

로 구할 수도 있다.

15

[전략] 등차수열이므로 $2S_2=S_1+S_3$이다.
또 전사각형의 넓이이므로 $S_1+S_2+S_3=1$이다.
따라서 S_1, S_2, S_3 중 하나만 정적분으로 구한다.

$$S_1+S_2+S_3=1,\ 2S_2=S_1+S_3 \quad \cdots ❶$$

$$S_1=\int_0^1 \frac{1}{2}x^2dx=\left[\frac{1}{6}x^3\right]_0^1=\frac{1}{6} \quad \cdots ❷$$

❶, ❷에서 $S_2=\dfrac{1}{3}$, $S_3=\dfrac{1}{2}$

곡선 $y=ax^2$과 직선 $y=1$에서 $ax^2=1$

$x>0$일 때 $x=\dfrac{1}{\sqrt{a}}$이므로

$$S_3=\int_0^{\frac{1}{\sqrt{a}}}(1-ax^2)dx=\left[x-\frac{a}{3}x^3\right]_0^{\frac{1}{\sqrt{a}}}$$

$$=\frac{1}{\sqrt{a}}-\frac{1}{3\sqrt{a}}=\frac{2}{3\sqrt{a}}$$

$S_3=\dfrac{1}{2}$이므로 $3\sqrt{a}=4$ $\therefore a=\dfrac{16}{9}$ 답 $\dfrac{16}{9}$

16

[전략] 넓이가 같은 부분이 있으면 정적분이 0이 되는 꼴이 있는지 찾아본다.

직선 l의 방정식을 $y=mx+n$이라 하자.

사다리꼴 OABC의 넓이가 곡선 $y=f(x)$와 x축으로 둘러싸인 부분의 넓이와 같으므로 그림에서 색칠한 부분의 넓이와 빗금친 부분의 넓이는 같다.

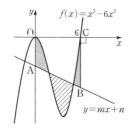

$$\int_0^6 (x^3-6x^2-mx-n)dx=0$$

$$\left[\frac{1}{4}x^4-2x^3-\frac{m}{2}x^2-nx\right]_0^6=0$$

$$-108-18m-6n=0$$

$$\therefore n=-3m-18$$

이때 l은

$$y=mx-3m-18,\ m(x-3)-(y+18)=0$$

이므로 m의 값에 관계없이 등식이 성립하려면 $x=3$, $y=-18$이다.

따라서 D$(3, -18)$이고 삼각형 ODC의 넓이는

$$\frac{1}{2}\times 6\times 18=54$$ 답 54

17

[전략] $\displaystyle\int_3^6 f(x)dx=\int_3^6\{f(x-3)+4\}dx=\int_0^3 f(x)dx+4\times 3$ 임을 이용한다.

$g(x)=f(x-3)+4$라 하면 $y=g(x)$의 그래프는 $y=f(x)$의 그래프를 x축 방향으로 3만큼, y축 방향으로 4만큼 평행이동한 것이다.

$$\therefore \int_3^6 f(x)dx=\int_3^6\{f(x-3)+4\}dx$$

$$=\int_0^3 f(x)dx+4\times 3$$

(나)에서

$$\int_0^6 f(x)dx=\int_0^3 f(x)dx+\int_3^6 f(x)dx=0$$

이므로

$$\int_0^3 f(x)dx+\int_0^3 f(x)dx+12=0$$

$$\therefore \int_0^3 f(x)dx=-6,\ \int_3^6 f(x)dx=6$$

따라서 구하는 넓이는

$$\int_6^9 f(x)dx=\int_6^9\{f(x-3)+4\}dx$$

$$=\int_3^6 f(x)dx+4\times 3$$

$$=6+12=18$$ 답 ④

18

[전략] 속도가 $g(t)$일 때, $t=0$에서 $t=3$까지 움직인 거리는 $\displaystyle\int_0^3 |g(t)|dt$이다.

ㄱ. $f(t)=t(t-1)$이므로 P는 $t=1$에서 운동 방향을 한 번 바꾼다. (참)

ㄴ. 시각 t에서 P, Q의 가속도는 각각
$f'(t)=2t-1$, $g'(t)=-6t+6$이다.
$p=f'(2)=3$, $q=g'(2)=-6$이므로 $pq<0$이다. (참)

ㄷ. $g(t)=-3t(t-2)$이므로 $t=0$에서 $t=3$까지 Q가 움직인 거리는

$$\int_0^3 |g(t)|dt=\int_0^2 g(t)dt+\int_2^3\{-g(t)\}dt$$

$$=\int_0^2(-3t^2+6t)dt-\int_2^3(-3t^2+6t)dt$$

$$=\left[-t^3+3t^2\right]_0^2-\left[-t^3+3t^2\right]_2^3$$

$$=4+4=8 \text{ (참)}$$

따라서 옳은 것은 ㄱ, ㄴ, ㄷ이다. 답 ⑤

19

[전략] A의 출발점을 원점이라 하면 x분 후

A의 위치는 $\int_0^x a\,dt$

B의 위치는 $18+\int_0^x (3t^2-8t)dt$이다.

A의 출발점을 원점, B의 출발점을 18이라 하면 x분 후

A의 위치는 $\int_0^x a\,dt=ax$

B의 위치는 $18+\int_0^x (3t^2-8t)dt=18+x^3-4x^2$

A와 B가 적어도 한 번 만나므로 $x>0$에서 방정식

$ax=x^3-4x^2+18$의 해가 적어도 하나 있다.

곧, $f(x)=x^3-4x^2+18$, $g(x)=ax$라 하면 곡선 $y=f(x)$와 직선 $y=g(x)$가 $x>0$에서 적어도 한 번 만난다.

$f'(x)=3x^2-8x$이므로 그래프는 그림과 같고, 직선 $y=g(x)$가 곡선의 접선일 때 a가 최소이다.

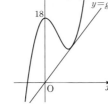

접점의 x좌표를 p라 하면 접선의 방정식은

$y-p^3+4p^2-18$
$=(3p^2-8p)(x-p)$

이 직선이 원점을 지나므로

$-p^3+4p^2-18=(3p^2-8p)(-p)$

$p^3-2p^2-9=0$, $(p-3)(p^2+p+3)=0$

$p>0$이므로 $p=3$

a의 최솟값은 접선의 기울기이므로

$a=f'(3)=3$

달 3

20

[전략] 구간 $[0,a]$, $[a,b]$, $[b,c]$, $[c,d]$에서 곡선과 x축으로 둘러싸인 부분의 넓이를 S_1, S_2, S_3, S_4라 하고, 정적분을 이 값으로 나타낸다.

그림과 같이 각각의 넓이를 S_1, S_2, S_3, S_4라 하자.

$\int_0^a |v(t)|dt=\int_a^d |v(t)|dt$

이므로

$S_1=S_2+S_3+S_4$ ⋯ ❶

ㄱ. $S_1>S_2+S_3$이므로 P는 원점을 다시 지나지 않는다. (거짓)

ㄴ. $\int_0^c v(t)dt=S_1-S_2-S_3$, $\int_c^d v(t)dt=S_4$

이므로 ❶에서 $\int_0^c v(t)dt=\int_c^d v(t)dt$ (참)

ㄷ. $\int_0^b v(t)dt=S_1-S_2$, $\int_b^d |v(t)|dt=S_3+S_4$

이므로 ❶에서 $\int_0^b v(t)dt=\int_b^d |v(t)|dt$ (참)

따라서 옳은 것은 ㄴ, ㄷ이다.

달 ④

21

[전략] $f(t)\geq0$, $g(t)\geq0$이므로 시각 t에서 A, B의 높이는 각각

$\int_0^t f(t)dt$, $\int_0^t g(t)dt$이다.

ㄱ. $\int_0^a f(t)dt>\int_0^a g(t)dt$이므로 $t=a$에서 A는 B보다 높은 위치에 있다. (참)

ㄴ. $f(t)\geq0$, $g(t)\geq0$이므로 A, B의 높이는 계속 높아진다.

$0<t<b$일 때 $f(t)>g(t)$, $b<t<c$일 때 $f(t)<g(t)$이므로 $0<t<b$일 때 A가 B보다 빨리 올라가고, $b<t<c$일 때 B가 A보다 빨리 올라간다.

따라서 $t=b$일 때, A와 B의 높이의 차가 최대이다. (참)

ㄷ. $\int_0^c f(t)dt=\int_0^c g(t)dt$이므로 시각 $t=c$에서 A, B는 같은 높이에 도달한다. (참)

따라서 옳은 것은 ㄱ, ㄴ, ㄷ이다.

달 ⑤

22

[전략] 수도관의 단면의 넓이를 S라 하면 x초 동안 흘러나온 물의 양은

$S\times\int_0^x v(t)dt$이다.

물이 멈추는 순간 $v(t)=0$이므로 $t=4$

수도관의 단면의 넓이는 $\pi\times3^2=9\pi\,(\text{cm}^2)$이므로 4초 동안 흘러나온 물의 양은

$9\pi\times\int_0^4 v(t)dt=9\pi\int_0^4 (4t-t^2)dt$

$=9\pi\left[2t^2-\dfrac{1}{3}t^3\right]_0^4=96\pi\,(\text{cm}^3)$

달 ②

23

[전략] 가속도를 적분하면 속도를 구할 수 있다.

$0\leq t\leq2$, $2\leq t\leq10$, $10\leq t$일 때로 나누어 속도를 구하고 엘리베이터가 멈추는 시각을 구한다.

t초 후 엘리베이터의 속도를 $v(t)$ m/s라 하자.

2초에서 10초까지 속도는 6 m/s이므로 $t\geq10$일 때, 속도는

$v(t)=6+\int_{10}^t (-2)dt$

$=-2t+26$

따라서 $v(t)=0$, 곧 $t=13$일 때 엘리베이터가 멈춘다.

$\therefore v(t)=\begin{cases} 3t & (0\leq t\leq2) \\ 6 & (2\leq t\leq10) \\ -2t+26 & (10\leq t\leq13) \end{cases}$

따라서 $v(t)$의 그래프는 그림과 같으므로 엘리베이터가 움직인 거리는

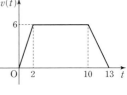

$\int_0^{13} v(t)dt$

$=\dfrac{1}{2}\times(13+8)\times6=63\,(\text{m})$

달 63 m

24

[전략] A가 B를 추월할 때의 시각을 구한다.

A의 속도는 72 km/h이므로 $\dfrac{72000}{3600}=20(\text{m/s})$이다.

A가 P 지점에서 제동장치를 작동하여 -5 m/s²의 가속도로 운행할 때, t초 후 A의 속도는 $20-5t$이므로 4초 동안 달린 거리는

$$\int_0^4 (20-5t)dt=\left[20t-\dfrac{5}{2}t^2\right]_0^4=40(\text{m})$$

따라서 4초 후 A는 B의 60 m 뒤에 있고, A의 속도는 0이다.

이때부터 B는 6 m/s²의 가속도로, A는 10 m/s²의 가속도로 움직이므로 A가 B를 t초 후 추월한다고 하면

$$\int_0^t 10t\,dt=60+\int_0^t 6t\,dt, \left[5t^2\right]_0^t=60+\left[3t^2\right]_0^t$$

$$t^2=30 \qquad \therefore t=\sqrt{30}(\text{초})$$

이때 A가 달린 거리는 $5\times(\sqrt{30})^2=150(\text{m})$

따라서 A가 B를 추월하는 지점까지 달린 거리는

$$40+150=190(\text{m}) \qquad\qquad \text{답 } 190\text{ m}$$

---

step C 최상위 문제
87쪽

01 $\dfrac{8\sqrt{2}-7}{3}$	**02** $\dfrac{4}{3}$	**03** $\dfrac{23}{12}$	**04** $\dfrac{10}{3}$

01

[전략] 직선 EG, HF가 x축, y축이고
세 점 B, H, C를 지나는 이차함수의 그래프의 식을 구한 다음,
제1사분면에서 색칠한 부분의 넓이를 생각한다.

직선 EG, HF가 x축, y축인 좌표평면을 생각한다.

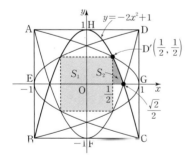

세 점 B, H, C를 지나는 이차함수의 그래프의 식을 $y=ax^2+1$이라 하면 이 그래프가 점 C$(1,-1)$을 지나므로

$$-1=a+1 \qquad \therefore a=-2 \qquad \therefore y=-2x^2+1$$

그림에서 점 D$'$은 $y=-2x^2+1$의 그래프와 직선 $y=x$의 교점이므로

$$-2x^2+1=x,\ 2x^2+x-1=0,\ (2x-1)(x+1)=0$$

$x>0$이므로 $x=\dfrac{1}{2} \qquad \therefore$ D$'\left(\dfrac{1}{2},\dfrac{1}{2}\right)$

$y=-2x^2+1$의 그래프와 x축의 교점의 x좌표는

$$-2x^2+1=0 \qquad \therefore x=\pm\dfrac{\sqrt{2}}{2}$$

따라서 그림에서 S_2의 넓이는

$$S_2=\int_{\frac{1}{2}}^{\frac{\sqrt{2}}{2}}(-2x^2+1)dx=\left[-\dfrac{2}{3}x^3+x\right]_{\frac{1}{2}}^{\frac{\sqrt{2}}{2}}$$

$$=\dfrac{\sqrt{2}}{3}-\dfrac{5}{12}$$

$S_1=1$이므로 구하는 넓이는

$$S_1+8S_2=\dfrac{8\sqrt{2}-7}{3} \qquad\qquad \text{답 } \dfrac{8\sqrt{2}-7}{3}$$

02

[전략] 직선의 방정식이 $y=m(x-1)+2$이므로 $x^2=m(x-1)+2$의 해를 $\alpha,\ \beta$라 하면 $S(m)=\int_\alpha^\beta (mx-m+2-x^2)dx$임을 이용한다.

점 $(1,2)$를 지나고 기울기가 m인 직선의 방정식은
$$y=m(x-1)+2$$

곡선 $y=x^2$과 직선 $y=m(x-1)+2$가 만나는 점의 x좌표를 $\alpha,\ \beta\ (\alpha<\beta)$라 하면 $\alpha,\ \beta$는 방정식 $x^2=m(x-1)+2$, 곧

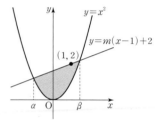

$x^2-mx+m-2=0$의 근이다.

이때 $x^2-mx+m-2=(x-\alpha)(x-\beta)$이고, 근과 계수의 관계에서 $\alpha+\beta=m,\ \alpha\beta=m-2$

곡선 $y=x^2$과 직선 $y=m(x-1)+2$로 둘러싸인 부분의 넓이 $S(m)$은

$$S(m)$$
$$=\int_\alpha^\beta (mx-m+2-x^2)dx$$
$$=-\int_\alpha^\beta \{x^2-(\alpha+\beta)x+\alpha\beta\}dx$$
$$=-\left[\dfrac{1}{3}x^3-\dfrac{\alpha+\beta}{2}x^2+\alpha\beta x\right]_\alpha^\beta$$
$$=-\left\{\dfrac{1}{3}(\beta^3-\alpha^3)-\dfrac{\alpha+\beta}{2}(\beta^2-\alpha^2)+\alpha\beta(\beta-\alpha)\right\}$$
$$=\dfrac{1}{6}(\beta-\alpha)^3$$

이때
$$(\beta-\alpha)^2=(\alpha+\beta)^2-4\alpha\beta$$
$$=m^2-4(m-2)$$
$$=(m-2)^2+4$$

이므로
$$S(m)=\dfrac{1}{6}\{\sqrt{(m-2)^2+4}\}^3$$

따라서 $m=2$일 때 $S(m)$의 최솟값은 $\dfrac{4}{3}$이다. 답 $\dfrac{4}{3}$

Note

$f(x)=a(x-\alpha)(x-\beta)$일 때
$$\int_\alpha^\beta f(x)dx=-\dfrac{a}{6}(\beta-\alpha)^3$$
임을 이용하면 보다 간단히 계산할 수 있다.

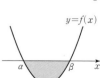

03

[전략] 구간 $[t, t+1]$에서 $f(x)$의 극값을 포함하는 경우, 증가하는 경우, 감소하는 경우로 나누어 $g(t)$의 값을 구한다.

$x \geq 0$일 때,
$f(x) = -f(-x) = -x^2 - 2x$
이므로 $y = f(x)$의 그래프는 원점에 대칭이고, 그림과 같다.

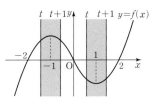

$t < -\dfrac{3}{2}$일 때, $g(t) = f(t)$

$-\dfrac{3}{2} \leq t < 0$일 때, $g(t) = f(t+1)$

$0 \leq t \leq 1$일 때,
$\quad g(t) = f(1) = -1$

$t \geq 1$일 때, $g(t) = f(t)$

따라서 $y = g(t)$의 그래프는 그림의 파란 곡선이다.

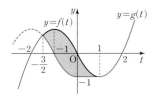

$-\dfrac{3}{2} \leq x < -1$일 때,
$\quad f(x) - f(x+1)$
$\quad = (-x^2 - 2x) - \{-(x+1)^2 - 2(x+1)\}$
$\quad = 2x + 3$

$-1 \leq x < 0$일 때,
$\quad f(x) - f(x+1) = (-x^2 - 2x) - \{(x+1)^2 - 2(x+1)\}$
$\qquad = -2x^2 - 2x + 1$

이므로 두 곡선 $y = f(x)$, $y = g(x)$로 둘러싸인 부분의 넓이는

$\displaystyle \int_{-\frac{3}{2}}^{0} \{f(x) - f(x+1)\} dx + \int_{0}^{1} \{f(x) - (-1)\} dx$

$\displaystyle = \int_{-\frac{3}{2}}^{-1} (2x+3) dx + \int_{-1}^{0} (-2x^2 - 2x + 1) dx$

$\displaystyle \qquad + \int_{0}^{1} (x^2 - 2x + 1) dx$

$\displaystyle = \left[x^2 + 3x \right]_{-\frac{3}{2}}^{-1} + \left[-\frac{2}{3}x^3 - x^2 + x \right]_{-1}^{0} + \left[\frac{1}{3}x^3 - x^2 + x \right]_{0}^{1}$

$\displaystyle = \frac{1}{4} + \frac{4}{3} + \frac{1}{3} = \frac{23}{12}$ **답** $\dfrac{23}{12}$

04

[전략] $v(t)$의 그래프를 그리고 넓이를 이용하여 움직인 거리 3개를 비교한다.

$v(t)$의 그래프는 다음과 같다.

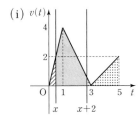 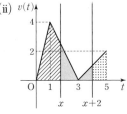

시각 $t = 0$에서 $t = x$까지 움직인 거리를 $f_1(x)$,
시각 $t = x$에서 $t = x+2$까지 움직인 거리를 $f_2(x)$,
시각 $t = x+2$에서 $t = 5$까지 움직인 거리를 $f_3(x)$라 하자.
$f_1(x)$, $f_2(x)$, $f_3(x)$는 각각 그림에서 빗금친 부분, 색칠한 부분, 점 찍은 부분의 넓이이다.

(i) $0 < x \leq 1$일 때,
$f_1(x)$의 최댓값은 2, $f_3(x)$의 최솟값은 2이므로
$$f(x) = f_1(x) - \frac{1}{2} \times x \times 4x = 2x^2$$

(ii) $1 \leq x < 3$일 때,
$f_1(x)$의 최솟값은 2, $f_3(x)$의 최댓값은 2,
$f_2(x)$는 감소하는 함수이고, $f(3) = 0$이므로
$$f(x) = f_3(x) = 2 - \frac{1}{2}\{(x+2) - 3\}^2 = -\frac{1}{2}x^2 + x + \frac{3}{2}$$

(i), (ii)에서
$$f(x) = \begin{cases} 2x^2 & (0 < x \leq 1) \\ -\dfrac{1}{2}x^2 + x + \dfrac{3}{2} & (1 \leq x < 3) \end{cases}$$

$\displaystyle \therefore \int_0^3 f(x) dx = \int_0^1 2x^2 dx + \int_1^3 \left(-\frac{1}{2}x^2 + x + \frac{3}{2} \right) dx$

$\displaystyle \qquad = \left[\frac{2}{3}x^3 \right]_0^1 + \left[-\frac{1}{6}x^3 + \frac{1}{2}x^2 + \frac{3}{2}x \right]_1^3$

$\displaystyle \qquad = \frac{2}{3} + \frac{8}{3} = \frac{10}{3}$ **답** $\dfrac{10}{3}$

Memo

Memo

Memo

절대등급

정답 및 풀이

수학Ⅱ